大 学 问

始 于 问 而 终 于 明

守望学术的视界

超越猿类

人类道德心理进化史

［加］维克多·库马尔 ［加］里奇蒙·坎贝尔 著
殷融 译

广西师范大学出版社
·桂林·

超越猿类：人类道德心理进化史
CHAOYUE YUANLEI: RENLEI DAODE XINLI JINHUA SHI

A BETTER APE: THE EVOLUTION OF THE MORAL MIND AND HOW IT MADE US HUMAN was originally published in English in 2022. This translation is published by arrangement with Oxford University Press. Guangxi Normal University Press Group CO., LTD. is solely responsible for this translation from the original work and Oxford University Press shall have no liability for any errors, omissions or inaccuracies or ambiguities in such translation or for any losses caused by reliance thereon.

《超越猿类：人类道德心理进化史》英文原版出版于2022年。此译本由牛津大学出版社授权出版。广西师范大学出版社对此译本负有全部责任，牛津大学出版社对此译本中的任何错误、遗漏、不准确、歧义，以及因此而产生的损失概不负责。

© Oxford University Press 2022

著作权合同登记号桂图登字：20-2024-165 号

图书在版编目（CIP）数据

超越猿类：人类道德心理进化史 /（加）维克多·库马尔,（加）里奇蒙·坎贝尔著；殷融译. -- 桂林：广西师范大学出版社, 2025. 3. -- ISBN 978-7-5598-7575-4

Ⅰ．B82-054

中国国家版本馆 CIP 数据核字第 2024DJ0382 号

广西师范大学出版社出版发行

（广西桂林市五里店路 9 号　邮政编码：541004）

网址：http://www.bbtpress.com

出版人：黄轩庄

全国新华书店经销

广西昭泰子隆彩印有限责任公司印刷

（南宁市友爱南路 39 号　邮政编码：530001）

开本：880 mm×1 240 mm　1/32

印张：12.25　字数：349 千

2025 年 3 月第 1 版　2025 年 3 月第 1 次印刷

印数：0 001~5 000 册　定价：79.00 元

如发现印装质量问题，影响阅读，请与出版社发行部门联系调换。

为了我们的孩子以及孩子的孩子们

"这种生命观是何等宏伟……"
——查尔斯·达尔文,《物种起源》

目　录

序言：起源　　　　　　　　　　　　　　　　　001
引言：道德　　　　　　　　　　　　　　　　　005

第一部分　道德猿类

第一章　利他　　　　　　　　　　　　　　　　027
第二章　情感　　　　　　　　　　　　　　　　054

第二部分　道德心理

第三章　规范　　　　　　　　　　　　　　　　087
第四章　多元化　　　　　　　　　　　　　　　117
第五章　推理　　　　　　　　　　　　　　　　144

第三部分　道德文化

第六章　部族　　　　　　　　　　　　　　173
第七章　制度　　　　　　　　　　　　　　201

第四部分　道德进步

第八章　进步　　　　　　　　　　　　　　233
第九章　包容性　　　　　　　　　　　　　263
第十章　平等　　　　　　　　　　　　　　285

结语：生存　　　　　　　　　　　　　　　317
参考文献　　　　　　　　　　　　　　　　321
索引　　　　　　　　　　　　　　　　　　370
译后记　　　　　　　　　　　　　　　　　387

序言：起源

起初，一缕缕有机物漂浮于深海表面。在横行无忌的自然野蛮力量面前，它们全无抵抗之力。然而，一旦细胞堡垒建立起来，它们就摆脱了被任意践踏的命运。于是，生命的种类和数量日渐繁盛。

简单细胞生物书写了地球生命史一半的篇幅。20亿年前，出现了一些细胞吞噬其他细胞的现象。细胞群中的细胞被赋予了不同的专业任务，如存储设计蓝图或生成能量。又过了5亿年，复杂细胞才聚集在一起，形成了新的超级有机体。

慢慢地，多细胞生命走向了不同轨道，于是出现了植物、真菌、蠕虫和鱼类。在几亿年的时间内，所有这些生物都获得了离开海洋、定居陆地的必要条件。

从三四千万年前开始，一些动物又向前迈出了关键一步，它们建立了社会群体，群体成员会互相保护、分享食物以及共同抚养后代。大象、狼、海豚、鲸、猴子和猿等动物应运而生。

最终，在生命之树的一小个分支上（准确地说，是灵长类动物这个小分支上的某个更小的分支）进化出了一种超级合作动物。大自然于浩瀚生命史的最后一瞬间创造了人类。

何其幸哉？

不，一切言之过早。

***

地球慷慨地孕育了丰富的生命形态。在生存斗争中，自然选择法则偏爱那些碰巧拥有优秀生存和繁殖能力的个体。一般来说，大自然不会特别关照那些无法照顾好自己的生物，更不会青睐那些为竞争对手奉上自己的利益的生物。

然而，个体也会联合起来供整体驱策，这一趋势出现在生命史上的几次重大进化转场中。复杂生物体的活动开始包含其组成部分的活动。因此，进化慢慢拓展了它的聚焦范围：自然选择的单位不再只是单个细胞，还有细胞组成的独立生命体，以及一个个独立生命体组成的群体。

冲突似乎不可避免，微观的个体单元间会产生持续的利益冲突，对私利的盲目追求会为宏观集体单元带来灾难性后果。

在一个复杂的生物体中，微观个体单元不具备各自为政、唯利是图的条件，细胞无法在群体这个大家园之外独自存活。然而，在合作性动物的大集体中，动物个体能够以牺牲群体为代价来满足自我利益，它们会反复面对这类诱惑。

合作动物通常与同伴相互依赖，所以个体自身利益与同伴利益紧密相联。但有时，为了在生殖适应性方面获得更丰厚的个体回报，它们也会甘冒利用集体的风险。合作动物在自然界中已经很罕见了，而具有高度灵活合作能力的动物则更为罕见，实际上，地球上目前只存在一种这样的动物。

※※※

我们之所以能与其他人友好共存，是因为我们的祖先找到了一种维持依赖关系的方法，他们成了道德动物。随着人类进化史纵向延伸，我们的亲缘"感受"范围在不断拓展。通过一以贯之地相互关爱，人类实现了世代繁衍生息，而这仅仅是个开始。

我们不仅仅是道德动物，还是文化动物。人类能够通过语言和观察传递大量的适应性信息，而不单单依赖基因复制。利用文化进化渠道，人类群体可以不断继承并完善道德准则，从而减少冲突，维持合作。

文化积累产生了复杂的社会制度，如政治和宗教，从而促进了知识、技术和社会组织的戏剧性革命。更重要的是，通过道德"升级"，社会制度使得人类可以生活在一个兼具多样性和统一性的大型社会中——尽管人类要付出杀戮、暴力、压迫以及剥削的代价。

这一切都不是智能设计的结果。就像地球上的生命形态从简单的单细胞生物逐渐进化成复杂哺乳动物一样，人类道德是在自然选择与进化的塑造下缓慢形成的。

道德是一种生物文化适应，它的进化功能是解决相互依存的生活问题以及维护集体团结。因此，道德承诺，不管是好是坏，一定会为生命史带来一次重大进化转变。

※※※

我们接下来要讲述关于道德进化的故事，这个故事的真实性已经得到了很多科学领域的实证检验。我们会阐明道德是如何进化的。不仅如此，我们还会解释道德如何让人类在许多其他方面实现了重大进化突破。

正是道德让一群合作动物进化出了令人难以置信的复杂社会制度，道德促进了智力进步和知识创新。道德不仅仅是人性特征，还是让人类从自然界脱颖而出的重要原因。

引言：道德

在查尔斯·达尔文（Charles Darwin）于1859年出版《物种起源》之前，人们普遍相信，所有生命形式都源于神奇的超自然力量。这种想法完全合情合理。自然界中每一种植物、每一种动物都雕刻着高等智慧的印记。毕竟没有设计师，何来设计图？没有钟表匠，何来钟表？

很久很久以前，人类就已经领悟了许多支配物质世界的物理定律，但生物世界的情况似乎大不相同。生物活动不仅受制于物理规律，而且受制于它们自身的"目标"，这些目标是由造物主的意志所决定的。

如果说上帝设计了人类，那么他的意志也必然决定了我们的目标。因此，许多人曾相信，上帝的意志决定了人类生活的意义，决定了我们前行的方向，也决定了我们对彼此的羁绊。

在达尔文理论的冲击下，这些神学思想都不再具有生存空间。[1]

---

[1] 为什么说"在达尔文理论的冲击下，这些神学思想都不再具有生存空间"？达尔文的进化论为自然界的"生物设计"提供了唯物主义解释，这一解释削弱了上帝以及上帝创世学说的可靠性。当然，宗教信徒可能依然支持神学理论，依然坚信上帝是物质世界的终结主宰者。他们可能会承认人类不是特殊创造的产物，但仍坚称是上帝设定了进化过程。在这里我们并不是要指出有神论思想就是错的，而是说有神论失去了重要根基。要证明上帝存在，一个最好的论据就是"上帝设计并创造了形形色色的生物"。然而，鉴于达尔文的进化科学为生物设计提供了更合理的解释，上帝创世学说就不再具有说服力。因此，我们可以认为达尔文思想捣毁了神学思想的根基。

进化最终会塑造出一种聪明到足以理解进化过程的生物。虽然在达尔文之前,没有人能真正描述清楚生命的起源,但其他思想家早就提出过生命之树的猜测,而达尔文是第一个证实这一假设的人——他准确领悟了进化规律。

地球上存在如此丰富多样的生物,其机制非常简单:生物是复杂的物理和化学系统,它们通过竞争筛选过程而被设计出来,并产生越来越多的复制品。就像地球上现存的所有其他生命一样,人类也有长达40亿年的演化史,我们只是这棵古老生命巨树上最新发出的嫩芽。

达尔文比任何其他哲学家都更深刻地改变了我们对自身以及自身在自然界中的位置的认识。然而,进化科学不仅仅能解释我们从何而来,它还可以讲述我们到底是什么,以及为什么我们会成为现在的样子。

一 道德心理

本书会试图让你相信,达尔文的进化科学阐明了许多道德问题。人类有一种经由进化形成的道德心理。我们会揭示道德心理是怎样产生的,它如何为人类的社会文化实践所塑造,以及它在当今时代的演变方向。

为了说明我们的观点,我们将诉诸一种人类进化的一般理论,这种理论相对来说还比较"年轻",但它已经是进化科学领域必不可少的一部分,它就是基因–文化共同进化(gene-culture co-evolution)。基因和文化是两种不同的遗传机制,它们都会受到达尔文选择的影响。基因会被直接传递给后代，而文化的传播途径则更为多样。[1]人类之所以会成为如今的样子，正是因为基因进化和文化进化在相互推动。

基因和文化同步进化。因此，严格意义上讲，几乎没有任何复杂的人类特征仅仅源于遗传设计。从生命伊始，个体就是先天遗传和后天环境的共同产物。人类心智结构中没有任何一种能力是纯粹与生俱来的，也没有任何一种能力是我们必然会拥有的。

经由进化形成的道德心理同样如此，它不仅仅来自我们的生理遗传，也来自文化实践。但在人类社会中，文化早已存在且根深蒂固，因此几乎所有人都具备道德心理。如今，人们早已普遍认识到，我们说一种特征具有生物遗传性，并不意味着它不可避免。但另一则相对应的知识却尚未广为人知，那就是，我们说一种特征由文化所塑造，并不意味着它具有可选择性。

文化对人类生物性的发展至关重要。如果儿童没有从父母、长辈和同伴那里获得文化信息输入，便无法启动发育模式。被严重剥夺了爱、友谊或教导的个体可能会缺乏成熟的道德心理。同其他任何特征一样，道德文化既源于人类正常的后天发展，也源于天生的人性。

人类道德是原始时代的遗产，但它并不会被永远封固在"进化适应环境"（environment of evolutionary adaptation）[2]中。更新世确实是道德心理的主要进化背景，但那段时光早已远去。道德一定程度上是由文化所塑造的，所以它不会历经数万年或数十万年的洗礼而一如既往，不发生任何变异。本书要论述的主题正是生物-文化道德心理（bio-cultural moral mind）以及不同社会在道德心理模式方面的相似性

---

[1] 严格来说，基因并不是只能传递给后代。横向基因转移也会发生，而且它可以解释进化过程中的一些主要转变，可参照 Quammen (2018)。

[2] "进化适应环境"指人类祖先经历的生活环境。——译者注

与差异性。

我们将基于进化科学研究的新进展来阐明道德心理的三大主要构成系统。第一套系统是最古老的核心道德情感（core moral emotions），它负责控制行为、表情和习得机制。其他动物也有道德情感，但人类拥有更丰富、更复杂的情感能力。正如哲学家大卫·休谟（David Hume）所指出的，情感为我们所处的世界描绘上了道德价值。[1]

道德心理的第二套构成系统是核心道德规范（core moral norms），它灵活地指导期望、合作和惩罚。只有人类才具备学习和内化规则的心智能力，哲学家伊曼努尔·康德（Immanuel Kant）对这些由人类内心生发出的道德法则感到惊奇与敬畏，尽管他可能没有充分意识到道德法则是具有多样性的，且有时会产生内在冲突。[2]

道德心理的第三套构成系统是核心开放式道德推理能力（core capacity for open-ended moral reasoning）。科学家经常淡化道德推理，哲学家们则素来倾向于夸大道德推理的意义。过去十几年，通过在学术期刊上发表大量文章，我们已经解释了道德推理到底如何起作用。道德推理并不是一种个体官能，而是一种文化实践和社会能力。人类必须重视与接受来自亲朋好友的经验，我们会基于与亲友的互动"学会"该做什么以及该对特定事件产生何种反应，这是一种重要的进化设计方案。

其他合作动物，如黑猩猩和大象，也有类似人类道德的特征。例如，它们和我们一样具有同情心。但正是因为它们缺乏道德心理的其他复杂要素，这些生物无法像人类那样，开展长期、大规模、精细化

---

[1] Hume (1739).

[2] Kant (1785).

的合作项目，而我们早在几十万年前就开始这么做了。只有人类才有能力与敌人进行和平协商，清晰表述出个体应该遵守的规则，并创造出更包容、更平等的社会。

然而，人类也是唯一会妖魔化素昧平生的"圈外人"、自诩有原则却口惠而实不至、以自以为是的道德优越感凌驾于他人之上的合作动物。不要认为人性一定是好的。称某一特质为人类独有的特质，并不等于为它授予荣誉徽章。

也就是说，本书从进化角度解读了哲学家和其他领域学者所推崇的人类的"高贵"特性。一方面，人类的道德心理是和平与正义的基础，但另一方面，在本书最后，我们也会看到人类道德心理中黑暗的一面。某些人类生存和进步的最大威胁就来自道德本身。

二 达尔文主义的解释

如果大自然是"残暴无情"的，那么道德看起来不可能是达尔文式进化过程的产物。[1]乍一看，无情竞争似乎确实是自然选择的唯一诉求，但只要仔细考虑一下，我们就会发现，合作显然也具有适应意义。在生命进化史上，正是合作推动了重大的进化转变，简单细胞变得复杂，单细胞生物融合成多细胞生物，个体形成紧密团结的群体。

数百万年前，我们的祖先只是另一群合作动物。他们以群居方式生活，避免自己遭遇外部威胁的伤害，他们会彼此分享资源和情感。在这些方面，它们与现在的狼、海豚、黑猩猩没有太大区别。当早期人类开启进化历程后，一切都改变了，人类祖先的智能也发生了第一

---

[1] Tennyson (1850).

次飞跃。

在社会分工的基础上,人类编织了一张复杂的社会关系网络,大规模人际关系网络在我们祖先的生活中发挥了重要作用,例如:捕捉令人生畏的凶猛猎物;防止暴君的严酷统治;处理与邻近部落时而冲突、时而和平的关系;哺育、保护和教导后代度过漫长的童年与青春期。人类的智能与复杂社会结构同步进化,而道德也是如此。

相互依存构成了人类进化的核心动力。在严酷而多变的环境中,大自然孕育了友谊和联盟。那些和善、可信、乐于助人且知恩图报的个体会受到自然选择的青睐,因为他们能够从合作中获益。缺乏社会纽带意味着危险与死亡。

当我们的祖先开始积累文化并进化出社会规范时,人类和其他合作动物之间的差异就出现了。规范划定了合理行为的范围,包括我们应该做什么、不应该做什么以及如何对违规行为进行制裁。在文化传播的助推下,规范为合作提供了更精确灵活的工具。人类进化出了与道德情感交织在一起的独特道德规范,也进化出了道德推理能力,我们拥有无限多元的情感和规范,同时还可以根据具体需求构建规范,从而减少道德不确定性,化解冲突,协调行为。

情感、规范和推理的生物-文化交互进化无意中为社会制度的文化进化架好了舞台。各种错综复杂的文化适应机制将小部落捆绑成大群体,从而使人类历史转向了一条截然不同的轨道。自从人类有了文化积累,达尔文式的选择就开始将群体也纳入选择对象中,但群体竞争的成功有时会以个体的牺牲为代价。

以上内容初步概括了达尔文主义思想对道德的解释。然而,有些进化论叙事犯了"故弄玄虚"的毛病。所谓故弄玄虚,就是进化理论对某一特质的解释看似合理,却缺乏必要的经验证据支持。请注意,尽管人们很渴望对特征的成因给出"原来如此"式的说明,但并不是所有人类特征都源于适应机制。有些特征是随机进化漂移的结果，有的是其他进化特征带来的副产品，有的则可能是通过经验和学习获得的。

最常被指责"故弄玄虚"的科学家是进化心理学家。例如，他们会研究性别差异问题，许多进化心理学家认为，男性之所以天生比女性更容易做出滥交行为，是因为他们有更高的生殖潜力。女性每年生孩子的次数不会超过一次，而男性的潜在繁殖率要高得多。[1]不过，滥交行为在一定程度上也取决于父权文化，这种文化增强了男性特权，同时会限制女性在性方面的自由选择权。所以即使面对并非真正具有适应性的特征，我们也很容易编织出一个貌似合理的解释。

然而，要想明白那些表现出"复杂适应性"的特征从何而来，如心血管系统、视觉感知以及其他生物系统，我们必须求助于达尔文式的解释。复杂适应性特征由一套紧密连接的机制组成，这些机制之所以存在，是因为它们发挥了至关重要的作用，或者说因为它们为生物体的生存繁衍做出了贡献。[2]

我们将让读者看到，道德心理也具有复杂适应性。尽管不同地区文化差异很大，但人类道德心理的核心机制完全相同，包括道德情感、道德规范和道德推理，这三个核心要素并不彼此孤立。正如本书前半部分将要阐释的，道德心理是一套紧密连接的情感和认知能力，各构成要素都发挥着至关重要的作用。从广义上看，道德最初的功能是解决人类的相互依存问题。

由于道德心理具有复杂适应性，它很可能是自然选择和文化选择

---

[1] 反面论据可参照 Cordelia Fine (2017)。

[2] 换句话说，这种观点认为，如果一种特征表现出与环境的复杂功能契合，那么它就极有可能是自然选择导致的结果。许多研究者都提出过这一观点，达尔文本人就是如此，而哲学家丹尼尔·丹尼特（Daniel Dennett, 1995）对这一观点进行了最清晰的阐述。

的共同产物。但这并不意味着任何传统的达尔文式解释都足够正确。要想区分出麦子和谷壳,我们需要凭借可观察的经验证据,而不是自圆其说的猜想。同样,证据也是区分正确进化解释与故弄玄虚说辞的必要依据。接下来,我们就要介绍一种可靠的方法论,在此基础上我们能够发展出更为可信的道德心理理论。

三 进化科学

可信的人类进化理论能够获得诸多研究领域的广泛支持,包括灵长类动物学、比较动物研究、遗传学、发展心理学、认知心理学、社会心理学、行为经济学、博弈论、古生物学、人类学和考古学。

这些科学领域可以共同构建出对我们的遥远过去的可靠描述,只有当一种理论能够解释来自不同领域的各种科学证据时,它才是最好的解释。

我们是哲学家,不是科学家。我们不在实验室做实验,也不在野外进行实地考察。但面对科学时,我们是"贪婪"而"挑剔"的用户。我们会在涉及进化的各个研究领域进行层层筛选,找出证据稳固的观点,摒弃证据不足或被偏见蒙蔽的观点,在此基础上构建出一幅连贯完整的人类进化图景。

作为哲学家,我们接受过逻辑思维专业训练,我们会寻求所有相关证据的最佳解释,我们也会找出现有理论中尚未显现的内涵,并讨论科学的伦理和政治影响。总之,本书会找出有关人类进化的最可靠观点,用它们编织出一张条理明晰的网,并将其撒向尚未探索的空间,从而建立起对道德的科学化叙事。

科学家和哲学家有时说,他们只是想讨论道德和达尔文主义是如何相容的。也就是说，他们希望说明道德"可能如何"进化。然而，我们认为达尔文主义原则不仅仅能与道德现象兼容，还足以充分解释道德的进化。

本书第一部分和第二部分会通过从许多不同领域获取指向一致的证据，总结出道德心理进化假设。相比之下，第三部分中关于史前道德制度的文化演变的内容可能带有更高程度的推测性，因为相关研究缺乏直接实证证据。尽管如此，我们认为这些进化假说是较为可信的，因为它们为各种间接证据和现象提供了最合理的解释。

关于人类进化的著作常常围绕某个特定想法展开深入讨论。例如，理查德·兰厄姆（Richard Wrangham）认为人类进化的关键之处在于我们成功掌握了用火技巧。[1]另一位人类学家萨拉·赫迪（Sarah Hrdy）则认为，合作养育后代是人类独特进化的重要起点。[2]以上说法以及其他几个关于人类进化的想法很可能都是正确的，在人类进化过程中不存在单一、决定性的驱动力，更不存在什么能够突破所有进化障碍的"灵丹妙药"。火很重要，合作育儿也很重要，每一个可信理论都为人类起源谜题的答案提供了一块拼图。[3]

不过，本书也确实围绕一个特定想法展开了深入讨论。书中提出的观念综合了兰厄姆、赫迪和其他人的假说，同时将人类合作的进化理论纳入一个更宽广的背景中。我们的核心想法是：道德推动了人类进化。[4]人类之所以存在，是因为道德、智力和复杂的社会性这三大要素之间产生了动态循环作用。这种动态循环不仅在更新世及更新世

---

[1] Wrangham (2009).

[2] Hrdy (2009).

[3] 有关人类进化不是由一个因素而是由许多因素所驱动的观点，更清晰的表述可参见 Sterelny (2012)。

[4] 感谢艾伦·布坎南（Allen Buchanan）提出了这一想法。

之前塑造了我们的生物属性，还在全新世和人类世塑造了我们的部族和社会。

我们的祖先在新环境中幸存下来，这些环境既包括自然环境，也包括"人造"环境，后者的存在是因为人类构建出了一个复杂而相互依存的社会。大自然会选择出那些聪明到足以适应复杂社会环境的个体。而复杂社会性之所以成为可能，是因为人类具有道德情感和思想，它们有助于协调社会关系。没有道德，复杂的社会性和智能之间的动态关系会走向崩溃。因此，道德在错综复杂的进化故事中扮演一个核心角色。

正如我们将看到的，道德、智力和复杂社会性的共同进化有助于解释人类知识积累和社会制度建构。然而，本书的焦点在于道德本身。我们想了解这种共同进化过程如何创造了我们的道德心理以及之后如何不断继续重塑它们。人类之所以能够进行广泛而灵活的合作，是因为我们进化出了一套日益复杂的道德适应机制，它体现在情感、行为、规则、推理、制度和意识形态等方方面面。本书将整合诸多进化学科中最可信的研究证据，形成完善的道德心理学体系，并基于此解释人类社会的产生与进化过程。

四 道德心理学

人类是纯粹的自私动物吗，还是我们有时也会做出无私的利他举动？是什么驱动个体做出好事？是否情感才是道德行为的主人，而理性只是仆从？不同社会在某些道德原则上有没有可能存在根本区别？

对这些问题的研究贯穿了西方道德哲学史：从柏拉图到亚里士多德，从霍布斯到休谟，从康德到穆勒。然而，这些哲学家生活在道德科学尚未蓬勃发展的前科学时代。如今的道德思想家们就幸运多了，来自认知科学、社会科学和生物科学等领域的实证研究为道德心理学中古老的哲学问题提供了新启示。[1]

传统的道德心理研究者（从古代哲学家到20世纪的科学家）常常忽视文化因素。[2] 21世纪的道德科学则表明，过往的想法犯了多么严重的错误！只有在文化之光的照耀下，道德才有意义。[3]

首先，作为一种文化信息，道德规范已传播了数十万年，它们对人类的身体和心智施加了深刻而持久的选择压力。例如，暴虐领袖或搭便车者都为道德规则所不容。在高度合作的群体生活中，道德规范发挥了引导作用，人类个体逐渐保留了更多的幼态特征，如友好、温顺，简而言之，我们变得越来越像狗，而不是狼。

早在我们驯化其他动物之前，我们就已经开始利用文化来驯化我们人类自身了——尽管这一切都是无意的。[4]因此，自我驯化让大脑"准备好"去感受道德情感以及学习和内化文化规范。我们的祖先养育出了多愁善感且循规蹈矩的后代。[5]通过长期的基因-文化共同进化，我们从生理上改变了自身的道德属性。

通过进化，我们还改变了自己的道德文化。早在10万年前，人类就开始表现出"现代行为模式"和技术创新。这一重要进化转变似乎是由另一种重要适应机制——社会制度促成的，后者的进化初衷是协调发生在个人之间和群体之间的冲突。通过文化传播，早期社会制度催生了更广泛的相互依存、更专业的劳动分工以及更严格的等级体

---

[1] Nichols (2004); Anderson (2010); Livingstone Smith (2011); Tomasello (2016); Buchanan (2020).
[2] 休谟和尼采是少数的例外。
[3] 多布赞斯基（Dobzhansky，1973）写道："若无演化之启发，生物学将毫无意义。"
[4] Boehm (1999、2012); Wrangham (2019).
[5] Nichols (2004).

系，这又推动了原本缓慢的文化适应机制的发展，包括已被考古记录证实的复杂知识和技术。

由文化所建构的道德心理与社会制度共同进化，创造出了道德制度体系。因此，对于现代人类来说，我们道德情感和思想的形成会受到政治、宗教以及家庭等社会制度的影响。诸如此类的制度驯化了我们的文化心理，但不会重塑我们与生俱来的心理禀赋。

对此，许多哲学家可能有不同的看法，他们长期以来都坚信道德心理是一种一元化事物，构成道德基础的是一种所有人都具备的单一能力，如同理心或实践理性。现在，随着我们对道德生物进化和文化进化了解的加深，我们已经有足够理由放弃哲学家的传统观点了。

人类的道德心理是一种极度多元化的事物，即使回溯到30万年前现代人刚刚诞生时，它也同样如此。情感、规范和推理是道德的三大核心系统，其中每个系统本身都足够复杂，它们为人类提供了进行道德思考及实践道德行为的基本驱动力。正因如此，道德价值观也总是多元化的，不同的美德之间可能产生冲突，不存在永远统一协调的道德观。

与所有其他现代人一样，你也是具有道德多元化特征的个体。此外，你还隶属于各类或大或小的社会群体。不同文化背景下的制度规范会产生不同的道德推理模式及道德意识形态，它们在个体发展期会塑造个体的道德情感与道德观。家庭、宗教和政治造就了千差万别的道德思想，而这些思想之间可能只具有家族相似性[1]。

本书的第一和第二部分会就道德心理的多元化属性进行阐述。我们将看到每个生物-文化组成部分是如何随着特定科、属、种的诞生

---

[1]"只具有家族相似性"指不同单元在局部上彼此相似，但没有统一的特征或边界。——中译注

而得以进化的。第三和第四部分则主要探索道德心理学中的制度因素。这一视角解释了不同社会中丰富的道德多样性，我们将看到，道德心理和社会制度的共同进化似乎是心理结构演变和重大社会变革的源动力。

进化很重要。在长达几千年的时间里，人类起源之谜一直为宗教迷雾所笼罩。达尔文的进化理论终于让我们对自身以及我们在自然世界中的地位有了清晰的认识。但进化论还有另一个重要意义，我们将在本书第四部分看到，它可以帮助我们对我们所生活的世界做出正确反应。在我们了解了"我们是谁"与"我们从哪儿来"之后，我们可能会更好地把握我们的未来。

五 进化和道德

进化论与道德原则的第一次联姻是一场噩梦。在社会达尔文主义的影响下，"适者生存"从可信的科学理论变成了令人憎恶的政治意识形态。这种意识形态主张：既然大自然偏爱那些最有能力应对环境压力的个体，那么人类就必须尊重并遵循大自然的选择。我们应该任由那些不依靠他人施舍就无法生存的人自生自灭，让他们淹没在适者生存的洪流中。

值得庆幸的是，社会达尔文主义如今已不再那么受人追捧，尽管它曾经是一种非常流行的道德信念和政治观点。20世纪上半叶，不仅德国，美国、英国和加拿大（以及其他许多国家）都曾基于这一思想开展了骇人听闻的优生学运动。在那些运动中，为了维护"优等人种"的纯洁性，避免"劣等遗传"在国民中蔓延，"有缺陷"的个体被实施了强制绝育或被直接杀害。

社会达尔文主义的问题之一在于，它错误地将一种极具个人主义色彩的政治纲领和阶级特权意识投射到了自然世界。事实上，那些最具适应性、最优秀的人类也会依赖他人，相互依存原本就是人类重要的适应方式。另外，社会达尔文主义最致命的缺陷是它混淆了自然界实际的运作方式和它"本该"如何运作。大自然的意志并不一定代表了我们应该追求的意志。

这就涉及了道德哲学领域的一个核心想法：描述性观念和评价性观念之间存在本质区别。"我摔倒了"是描述性的，"你不应该推我"是评价性的。因此，有些观点的目标是描述世界"是什么样的"，如果世界真实情况不符合描述内容，就必须改变描述；同时，有些观点的目标是评价世界"应该是什么样的"，如果世界真实情况与评价内容不符，那么需要改变的是世界。[1]

哲学家们早就认识到了描述与评价之间的壁垒，二者不能画等号。例如，一种社会实践形式可能源于生物进化或文化进化机制，但这并不意味着这种社会实践应该持续下去。如果它会伤害或压迫人民，我们可以并应该摒弃它。因此，社会达尔文主义者没有看到，一种社会安排有利于"适应"（描述），并意味着它在道德上是合理的（评价）。

正如哲学家所说：要注意"如是"（is）和"应是"（ought）的鸿沟[2]，否则就会犯"自然主义谬误"（naturalistic fallacy）[3]。

在本书中，我们会谨慎避免为描述性观点涂抹上评价性的色彩。

---

[1] 在这里，我们借鉴了安斯库姆（Anscombe, 1957）对两个"适应方向"的区分，有些想法应该适应世界（包括描述性观念），而有些想法则应该让世界适应它们（包括规范性观念）。安斯库姆曾举例说，前者就像库存清单，它应该如实反映库存情况；而后者就像是购物清单，你应该让购物车里的物品与之一致。

[2] Hume (1739).

[3] Moore (1903).

例如，我们会说道德进化是因为它使人类能够相互依存地生活在一起，但这并不意味着道德应该总是服务于"合作"这一目标。有时候，正确的做法很可能是破坏一个合作系统，解放其中被剥削压迫的弱势者。

如果进化科学是描述性的，而伦理学是评价性的，那么进化论似乎与道德伦理无关。的确，进化科学本身并不会带来任何道德结论。就我们所知，没有从自然上"如是"通往道德上"应是"的阶梯。

尽管如此，描述性的进化观点也可以与伦理道德产生关联：它们能与评价性观点相结合。只要我们选择了一些合理的道德假说作为起点（至少对我们和本书大多数读者来说是合理的），那么，进化科学将会提供足够的实证杠杆来撬开新的伦理结论。

道德心理、文化与制度性社会结构之间具有共同进化性。进化科学既能解释心理和制度间的动态反馈如何在过去推动了良善的道德目标，也可以提供线索，让我们明白在未来该如何继续追求那些道德目标。同样，进化科学既能解释等级制度和从属观念等意识形态间的动态反馈在过去如何滋生和维护了道德恶习，也可以提供启示，让我们明白该如何有效克服那些道德恶习。

科学是一项描述性的事业，因此它并不直接评价哪些目标值得追求。但科学有能力为我们达成目标提供工具。因此，进化科学确实能帮助我们回答伦理道德研究中的某些评价性问题，我们将在本书的第四部分对此展开论述。

六 科学和哲学

科学和哲学中的某些主题具有很强的学术专业性，有关这些主题的文章与书籍必须采用大量专业概念，或许只有具备一定专业背景的读者才能正确理解那些概念的含义。这种做法是必要的，它能保证信息传达的完整性与准确性，从而更好地推动知识进步。

然而，本书要探讨的并不是一个特别专业化的主题，我们想讲述的是人类家族谱系中隐秘的道德戏剧。

我们将逐一讨论引言中涉及的各个科学和哲学话题，在此过程中，我们将不可避免地引用一些复杂的科学研究证据和抽象哲学观念。但所有文献、专业概念解释以及尚有争议的科学或哲学结论都会列在本书注释中。

本书并不是为学术专家所写就的，但它确实反映了人类进化研究领域的最新学术思想，并试图为该领域的成果积累尽微薄之力。我们将综合诸多学科的观点，借助它们来解释道德进化，并进一步发展一套基于进化视角的道德心理学体系。因此，研究人类进化或道德问题的科学家、哲学家及其他研究人员也会为本书所吸引。

我们相信，科学家可能会对书中的两部分内容格外感兴趣。首先是关于人类道德、智力和社会性共同进化的总体理论框架，我们会完善这一框架，并基于这一框架对人类进化的不同阶段以及不同的生物和文化组织层级做出解释。另外，他们可能还会对本书所能提供的科学"收益"感兴趣：一系列层层嵌套、逐步抽象化的实证假说，这些假说涉及我们身体、心理和文化中的道德结构。

哲学家则可能会关心本书提出的道德心理学议题，我们会就道德情感（第一章和第二章）、道德规范（第三章和第四章）、道德推理（第五章）以及道德制度（第六章和第七章）等话题展开全新的哲学讨论。我们还会在伦理学理论中播撒下一颗种子，引领之后的哲学家思考制度化的道德体系如何随着时间的推移而改善或崩溃（第八章、第九章和第十章）。

你正在阅读的这本书始于两位作者十五年前开始的研究合作，我们致力于理解道德哲学思想与道德科学研究之间的关联。其中，我们最主要的研究集中于一种我们称之为"道德一致性推理"（moral consistency reasoning）的道德现象。[1]这种推理形式在法律体系和日常道德对话中司空见惯，它涉及道德情感和道德规范的适宜范围；另外，它一般是在社会互动中形成的，而不是出自个人对道德原则的抽象思考。

许多科学家和哲学家认为，道德推理通常只是对直觉反应的"事后合理化"。[2]本书旨在纠正这一错误认识。我们认为，在适当的社会环境中，道德一致性推理能对道德思想和道德情感产生强大影响。

本书以我们之前的研究为基础，表明了一致性推理在道德进化过程中能起到至关重要的作用，原因在于它有利于维持开放式的灵活合作。正如我们将看到的那样，道德推理并非只具有历史意义，推理和社会制度之间的正反馈循环不仅在过去能推动道德社会的发展，而且有望在未来继续扮演同样的角色。

七 路线图

最后，我们再简单介绍一下本书的"路线图"，我们的旅程分为四个阶段。第一部分《道德猿类》描述了道德的进化起源，它涵盖了从我们与类人猿的共同祖先出现到人属诞生这一漫长的时间跨度，我们将揭示黑猩猩和人类在道德能力方面的相似（第一章）及差异之处

---

[1] Campbell and Kumar (2012, 2013); Kumar and Campbell (2012, 2016); Campbell (2014, 2017); Campbell and Woodrow (2003).

[2] Haidt (2012).

（第二章）。这些原始的道德能力是通过自然选择产生的，它为文化对人类进化施加影响铺平了道路。

第二部分《道德心理》涵盖了道德开花结果的过程，在此过程中，作为一种独立物种的智人经历了基因-文化共同进化。我们将点出道德心理的三个核心要素，并解释它们是如何相互结合的。核心道德规范将我们与更古老的人属成员区分开来（第三章）；核心道德情感与这些规范共同进化，产生了道德直觉（第四章）；核心道德推理使人类群体能够解释直觉情感和规范，并使它们保持一致（第五章）。

第三部分《道德文化》主要基于道德心理理论来揭示人类社会的近代文化进化，从行为意义上的现代人（第六章）开始，直到由农业和城市化所引发的社会变革（第七章）。我们将使用达尔文文化进化理论来解释制度道德：文化通过家庭、宗教和政治等社会制度重塑了道德心理。我们认为，制度导致了不同社会在道德思想和道德情感表达方面复杂多变的差异。

第四部分《道德进步》探讨了过去几个世纪中引发道德进步、道德倒退和道德停滞的心理与社会机制。在工业革命和后工业革命（包括技术革命和社会革命）之后，人类取得了各种进步，但某些方面也有所倒退（第八章）。社会变得更加包容了，但同时也更加不包容（第九章）；变得更加平等了，但同时也更加不平等（第十章）。我们将借鉴第一至第三部分所提供的启发，解释道德心理和社会制度如何能推动道德进步，阻挡道德倒退。关键之处在于不同社群间以制度为支架的道德推理，虽然这只是道德进步变革的一个向量，但我们坚信，它能以最可靠、最持久的方式促进人类道德社会发展。

道德自进化而来，并且会继续进化，这是本书贯穿始终的核心论点。道德、智力和复杂社会组织之间产生了共同进化。达尔文式的选择过程解释了我们的道德心理结构和人类的由来，它还可以解释和预测现代人类社会的道德进步与道德倒退。

我们算得上是好的猿类吗？

很难说。但我们可以变得更好。

第一部分

道德猿类

第一章

利他

　　人类不是上帝按照自己的形象创造的，我们是类人猿，与黑猩猩、倭黑猩猩、大猩猩和猩猩同属一个大家族。这个家族所有成员最近的共同祖先是不折不扣的树栖动物，但我们的祖先则另辟蹊径，走出森林，进入周围的林地和草地，靠近湖泊与河流生活。新的生态环境构成了抚育人类的摇篮，在这种环境中，我们不再攀爬，开始直立行走，并逐渐适应了游牧迁徙式的生活方式。

　　在六七百万年前，我们早期的祖先从更早的祖先家族中分离出来，其中一些成员后来逐渐进化成南方古猿（Australopithecus）。[1]南方古猿的历史持续了数百万年，并辐射发展出许多亚种。[2]虽然它们和我们一样用两条腿走路，但相比黑猩猩或人类与黑猩猩最近的共同祖先，南方古猿的脑容量并没有更大。[3]

---

[1] 在这里，我们所给出的人类与黑猩猩最近的共同祖先所生存的日期，以及随后一系列人种进化出现的日期，都是综合目前已发现的遗骸、分子钟和其他证据后给出的估计值，它们并不是确定的日期。

[2] Leakey et al. (1995).

[3] Strait (2010).

将近200万年前，一个南方古猿亚种进化成直立人（Homo erectus）。[1]直立人可能是第一个有资格被称为"人"的猿类。[2]他们进化出了适合长途跋涉的身体结构，因此开始形成狩猎采集等生活方式。[3]直立人还拥有比其祖先大得多的大脑，这使其具备了探索和占据新环境所需的行为灵活性。[4]直立人可能是我们祖先中第一个不仅会使用工具还会自行发明并制造工具的物种，他们开创了依赖技术和专业知识的新时代。[5]

大约80万年前，直立人中的一支又进化为海德堡人（Homo heidelbergensis），他们是解剖学意义上的现代人与更原始祖先之间过渡的一环。[6]海德堡人的大脑比直立人更大[7]，行为模式也更灵活，部分原因是他们的童年和青春期更长，而且他们构建了新的物质技术形式。这促使他们又分化出了许多拥有更大大脑的后代，包括尼安德特人（Neanderthals）和丹尼索瓦人（Denisovans），二者都出生在欧亚大陆，尽管后者由于发现时间较晚，知名度要远逊于前者。[8]

尼安德特人和丹尼索瓦人是智人（Homo sapiens）失散已久的表亲。我们与他们的共同祖先可以追溯到80万年前的非洲海德堡人。

---

[1] Herries et al. (2020).

[2] 关于哪个物种代表了人属的第一个成员，存在一些争议。一些研究人员认为是能人，而另一些研究人员则认为是南方古猿。能人可能也像直立人一样善于制造工具。总的来说，不同物种和属之间没有明显界限，所以至于"哪个物种是严格意义上的第一个人属"，这一问题本身就是错误的。此外，请注意，一些研究人员会将直立人分为两个物种：早期的直立人（Homo ergaster）和晚期的直立人（Homo erectus）。同样，他们之间其实也没有明显的边界。

[3] Ungar et al. (2006); Willems and van Schaik (2017).

[4] Anton et al. (2016).

[5] Richards (2002).

[6] Rightmire (1998).

[7] Rightmire (2004).

[8] Gómez-Robles (2019); Douka et al. (2019); McNulty (2016); Dembo et al. (2015); Strait et al. (2015).

在人类谱系分裂很久之后，不同人种之间也可能发生交配关系。[1]基因组分析表明，现存人类中，除非洲人之外的所有人类都与尼安德特人有2%的相同DNA；澳大利亚原住民和美拉尼西亚人同丹尼索瓦人也有5%的相同DNA。[2]

离开非洲后，直立人及其后代花了数十万年的时间探索欧亚大陆，他们在各地开枝散叶[3]，而我们的直系祖先则一直没有走出非洲大陆。人类的亚当和夏娃大约诞生于30万年前，他们的伊甸园位于非洲东部森林的边缘地带。[4]

智人最终遍布非洲大陆，取代了他们的其他祖先。然而在很长一段时间里，他们的活动范围极其有限。[5]这很可能不是因为他们缺乏探索精神，而是因为他们的领土扩张受到了边境地带其他人类种群的限制。智人在大约7万年前才开始大规模殖民欧亚大陆。[6]他们在5万年前到达澳大利亚[7]，在4万年前到达西欧[8]，在1.5万年前到达美洲[9]。随着他们的对外迁徙，智人取代了尼安德特人、丹尼索瓦人以及其他当时尚存的远亲。

文化有力地塑造了人类的进化历程。野蛮的体格让位于另一种生

---

[1] 参见Reich (2018)，同样的杂交也发生于尼安德特人和丹尼索瓦人之间。

[2] Reich (2018: 58).

[3] Fleagle et al. (2010).

[4] 这些日期也是近似值，就像这本书中给出的大多数其他遥远日期一样。目前，一些研究相信智人物种形成的时间是30万年前（而不是原来的20万年前），这得到了化石证据（Hublin et al., 2017）、基因测序（Mallick et al., 2016）和远古DNA分析（Reich, 2018）的支持。另外，其他一些日期也可能会有明显偏差。现有证据不能排除人类于更早前到达美洲的可能性，也就是说，人到达美洲不是在1.5万年前，而是在2万—2.5万年前，甚至更早。

[5] Mounier and Mirazón Lahr (2019).

[6] Haber et al. (2019); Rito et al. (2019); cf. Posth et al. (2016).

[7] O'Connell and Allen (2015); Cf. Clarkson et al. (2017).他们认为人类在6.5万年前到达澳大利亚。

[8] Finlayson (2005).

[9] Skoglund et al. (2015).

存手段：获取和分享信息的认知能力。通过这种能力，个体既能了解环境，也能了解环境中的生物。信仰、习惯、经验、技术等都是非常宝贵的文化工具包，为了保证后代的生存繁衍，这些工具包必须被准确无误地传承下去。

所有的合作动物都有一些文化，但只有人类具备这种复杂的累积性文化。早在智人的时代到来前，我们的身体和大脑就已经被文化塑造了几十万年。然而，在旧石器时代中到晚期——大约从10万年前开始，经过了2.5万—5万年的加速发展，我们的祖先点燃了文化和物质技术大爆发的引线：他们发明了强大的工具、致命的武器、坚固的住所和一系列令人震惊的人工制品。[1] 在这一时期，他们还创造了音乐、绘画、雕塑与其他形式的艺术，以及宗教仪式、招魂术和烦琐精细的葬礼仪式。

人类文化继续像滚雪球一样发展。在1.2万年前开始的新石器时代，农业和畜牧业促使一些人类群体扩大了食物产量，于是人口急剧增长，从数百万年前离开森林以来，人类祖先第一次放弃了四处迁徙的生活方式。[2] 许多部落选择定居下来，不断扩张的定居点最终孕育了强大的城邦、精细的劳动分工、复杂的社会等级、系统化的政治组织以及多元交织混杂的文化，这些正是我们如今习以为常的人类生活面貌。

在这本书中，我们将探讨道德心理的进化及其在文化发展中的作用。道德促成了新人类物种的形成，并使他们能够迁徙至世界各地，不断创造出新技术和新生活方式。事实上，从我们最早的人类祖先一直到现代社会，道德对人类文化的塑造从未止步。

---

[1] McBrearty and Brooks (2000); Conrad (2006).
[2] Bocquet-Appel (2011).

一 利他主义的可能性

为了避免错过一些重要历史进程，我们一定要选择好道德进化的"起点"。任何人性进化宗谱都应该从类人猿开始，类人猿正是我们祖先的典型形象。像人类一样，类人猿和其他社会性灵长类动物都是合作动物，它们会为伙伴着想，并为了伙伴的利益而开展特定行动。我们在与人类最亲近的表亲身上可以看到利他主义，也许这正是道德古老起源的最重要线索，换言之，人类与黑猩猩有着共同的道德源头。

在本章中，我们会阐述一些类人猿所具备的基本道德，它们是人类和黑猩猩共有的，因此我们与黑猩猩六七百万年前的共同祖先很可能也拥有这些道德（当然，这或许能追溯到更古老的社会灵长类动物）。我们认为，同情与忠诚的能力在猿类道德中占据核心位置。猿类身上会表现出利他主义：它们关怀群体成员，对家人和朋友有着深厚的忠诚情感。我们将循序渐进地解释，在一个达尔文式的世界里，在没有智能设计师存在的情况下，这种利他主义精神是如何从我们的猿类家族树中生长出来的。

本书的第一部分（第一章和第二章）将划定出人类与其他类人猿共有的道德情感以及人类特有的道德情感。我们将揭示数百万年前稳定猿类社会组织的情感能力，它们也构成了人类道德心理的基础。明白了这一点后，我们在第二部分中就能理解人类如何发展出独有的道德特征。

人类的道德进化史始于猿类家族中的同情和忠诚。但是，要开始我们的道德起源之旅，我们必须追溯到更久远的生命史。我们必须探究自然界中利他主义的可能性。

利他主义在自然界的存在看似一个悖论，它是如此自相矛盾，以至一些科学家否认任何生物具有真正的利他主义特征。这些科学家坚持认为，利己主义始终是行为根源，既然自然是"残暴无情"的，那么进化就不会允许任何其他的可能性发生。[1]

正如达尔文在一个半世纪前发现的那样，自然选择有三个主要因素：变异、遗传和适应差异。[2]当生物的遗传性状发生变化时，它们的生存和繁殖能力可能受到影响。随着时间推移，适应性高的性状在种群中出现的频率就会增加。因此，达尔文提出了"适者生存"的口号。[3]

达尔文的理论暗示，利己主义是生物的原始设定：自然选择最青睐有利于提高生物个体自身适应性或降低其他个体适应性的策略。在一个马尔萨斯式的世界里，空间、资源和繁殖机会的有限性形成了零和游戏。换句话说，你的收益与我的收益成反比。

如果一种生物的某一特质能够以牺牲自身适应性为代价来促进他者的适应性，那么根据达尔文的自然选择原则，这种特质理应从种群中被淘汰。因此，"利他主义"似乎可以等同于"低生物适应性"。如果这是真的，那么高唱自私论调的科学家们就说对了：利他主义不可能通过自然选择而得以进化。

然而，我们有充分的理由相信利他主义进化的可能性：正如我们将在下文中看到的，利他主义存在于整个动物世界中。在本章中，我

---

[1] Huxley (1897); Ghiselin (1974); Dawkins (1976); Wright (1994).

[2] Lewontin (1985).

[3] 关于达尔文的自然选择原理是不是一个同义反复概念，而非一个可检验的科学假说（解释为什么会进化出适应性更好的生命体），科学界和哲学界一直存在争论。在本书中，我们采取的立场是，自然选择是一个可检验的科学假说。要了解对这一问题的探讨，可参见Campbell and Robert (2005)。

们将区分两种类型的利他主义——生物利他主义和心理利他主义，并解读动物利他主义的进化机制。有了这些概念工具，我们就能解释进化如何在猿类家族中产生了利他主义。

本章的目的之一是证实自然界存在利他主义的可能性。然而，我们最主要目标还是确定类人猿共有的道德能力，并解释它们是如何进化的。正是由于具备这些道德能力，人类和黑猩猩的共同祖先才能在数百万年前通过利他主义行为维持复杂的合作群体，从而为更智能的类人猿的进化奠定了基础。

二 生物利他主义

在自然界中，只有一类生物能超越人类和类人猿的超社会性，那就是群居昆虫。许多种蚂蚁、蜜蜂和黄蜂都生活在社会性极强的群体中。昆虫群落中最奇特的一点是，为了蚁后和它的后代，很大一部分成员愿意完全放弃自身利益。这些个体往往"选择"不育，它们自己不生育后代，而是毕生为其他成员服务：它们负责觅食、喂养蚁后、照顾幼虫、建造蚁巢以及击退入侵者，有时甚至不惜牺牲自己的生命。

群居昆虫的活动方式正是生物利他主义最典型的例子：一个有机体牺牲了自己的适应性，只为提高其他生物的生殖适应性。[1]生物利他主义在群居昆虫中普遍存在，但不限于此。例如，有些鸟类经常帮忙抚育"隔壁"的雏鸟[2]；吸血蝙蝠会把血反刍给那些饿肚子的同

---

[1] 参见Okasha (2020)对生物利他主义的回顾。
[2] Skutch (1935, 1961); Fry (1972).

伴[1]；长尾猴会发出警报声让同伴警惕捕食者，尽管这么做会让它们更加显眼，增加它们自身成为狩猎目标的可能性[2]。

在这些生物身上，我们好像能看到大自然并不总是"残暴无情"的。考虑到达尔文的自然选择进化原理，这怎么可能呢？答案在于三种进化机制，通过这些机制，生物利他主义赢得了适者生存的考验。

生物利他主义进化的第一种方式是亲缘选择（kin selection）。[3]如果一个基因导致有机体可以为了亲属而牺牲自身的适应性，那么随着时间推移，这个基因在种群中出现的频率就会增加。有机体或许自身无法实现繁衍生息，但同样拥有自我牺牲基因的近亲却可能得到繁衍。例如，合作养育在某些鸟类中很常见，部分原因是照顾侄子侄女是间接传递基因的好方法。[4]

在亲缘选择的情况下，自然选择的基本对象是基因而不是个体。因此，个体可以是利他的，即使它们的基因非常"自私"。[5]亲缘选择解释了为什么许多动物对亲属的利他程度大致与它们之间的共享基因数量成正比。正如20世纪初的生物学家约翰·B. S. 霍尔丹（John B. S. Haldane）所说："我会牺牲自己的生命来救一个兄弟吗？不，但我愿意为救两个兄弟或八个表兄弟而那么做。"[6]

生物利他主义进化的第二种方式是互惠利他主义，这一次的选择对象是"个体"。[7]如果一个有机体可以以很小的代价帮助另一个有

---

[1] Wilkinson (1984); Carter and Wilkinson (2013).
[2] Cheney and Seyfarth (1990).
[3] Hamilton (1964); Maynard Smith (1964); West-Eberhard (1975).
[4] Brown (1974); Fry (1977); Hatchwell (2009); Hrdy (2009: 177–184); cf. Stacey (1979); Kingma et al. (2011).
[5] 自私的基因这一说法来自Dawkins (1976)。
[6] 参见Maynard Smith (1975)。
[7] Trivers (1971); Axelrod and Hamilton (1981).

机体，而这一帮助行为会使得后者日后予以回报，且后者的回报超出了前者当初付出的代价，那么从长远来看，双方都可以从这种互惠行为中获益。简单来说，与其自己挠背，徒劳无功，不如我先给你挠背，你再给我挠背。

在亲缘选择的情况下，生物利他行为之所以得以进化，是因为它们是更广泛意义上利己主义的一部分。自然选择的对象是个体，但选择过程是在一个漫长的时间尺度上展开的。为了保证长期的互惠主义在收益上能超过短期的利己主义，个体间需要反复发生互动，并且每个参与者都必须能够跟踪彼此过去的行为。因此，这种反复互利模式似乎可以解释吸血蝙蝠的慷慨救助行为。研究人员发现，当某只吸血蝙蝠食物短缺时，如果它在过去常常帮助其他个体，此刻它会更容易收到来自它们的反刍。[1]

第三种能够产生生物利他主义的进化机制是群体选择。[2]成员相互帮扶的群体往往比每个成员都只满足自己需要的群体更繁荣昌盛。团队合作有助于内群体与外群体开展竞争，因此利他主义者的群体比利己主义者的群体具有更强的适应性和更高的繁殖速率。在群体选择的情况下，自然选择的对象不是个体或基因，而是整个群体。

在这里我们可以看一个令人信服的群体选择案例，即对产蛋母鸡的人工选择。[3]如果农场主想提高鸡蛋产量，他们可以尝试选择产蛋量最高的母鸡。然而，鸡群中产量最高的母鸡往往也是最凶猛的。这一育种选择可能导致的结果是，一只凶狠的母鸡会降低鸡群中其他母

---

[1] Wilkinson (1984); Carter and Wilkinson (2013); Wilkinson et al. (2019).

[2] Wilson (1975); Wilson and Dugatkin (1997); Sober and Wilson (1998); Henrich(2004); cf. Maynard Smith (1976).

[3] Sober and Wilson (1998: 122–133).

鸡的产蛋量。所以，更有效的策略是选择生产率最高的母鸡群体。[1]那些发病率和死亡率最低的鸡群能够生产最多的鸡蛋。

在自然界（鸡舍外），群体选择造就了真核细胞和多细胞生物。它们之所以得以进化，都是因为单细胞有机体卸下了防御，选择联合起来。[2]群体选择还可能是社会性昆虫得以进化的原因。[3]利他主义成员组成的群体会比自私成员组成的群体繁殖出更多的后代。

一些生物学家认为，群体选择在动物中相对罕见，因为它容易受到内部颠覆。换句话说，群体选择更容易为"搭便车"的问题所挫败。[4]为了理解这个问题，我们先假定秉持利他主义信念的群体比秉持利己主义信念的群体更适合生存。然而，在利他主义群体中，那些搭便车者可以通过利用其他慷慨的群体成员而获益，因此它们具有更强的适应性优势。由于个体繁殖速率快于群体繁殖速率，个体选择优势将压倒群体选择优势。这意味着，在一个群体中，利己主义者最终会取代利他主义者。[5]

只有个体层面的生物利己主义为一些稳固结构所抑制时，群体选择才能起作用。我们将在本书的第二部分和第三部分中看到，人类文化创造了这种稳固结构，进而使得群体选择的力量得以增强，推动了道德进化。不过，现在我们先来看看前面讨论过的其他机制在自然界中是如何选择利他主义的。为了弄清楚这一点，我们需要理解另一种利他主义形式——心理利他主义，并更深入地思考利他主义与利己主义之间始终存在的博弈。

---

[1] Muir (1996); Wade (1976).

[2] Maynard Smith and Szathmary (1997); Blackstone (2013); Shelton and Michod(2020).

[3] Nowak et al. (2010); cf. Abbot et al. (2011).

[4] Williams (1966); Wilson (1975); Pinker (2015); Boehm (2016).

[5] Maynard Smith (1964).

三 心理利他主义

生物学上的利他主义是以生殖适应性来定义的,因此它有别于人们更为熟悉的"利他主义"概念,后者是道德的核心,它是从心理动机角度来定义的。当个体做出某种行为时,假定他以他人利益为最终目的,而不是将该行为视作达成利己目的的手段,那么这个行为就是心理上的利他行为。简而言之,从心理动机上看,如果我是为了你的好处而帮你,我就是在"利他";如果我是为了自己的长期好处而帮你,我就是在"利己"。

生物利他主义不要求心理利他主义,它只要求有机体做出增强其他个体适应性且降低自身适应性的行为。因此,即使是完全没有心理状态的生物体,也可以表现出生物利他主义,例如,从这个意义上说,细菌可以是一种无私生物。[1]对生物利他主义来说,重要的是行为对适应性的影响;对心理利他主义来说,重要的是行为背后的动机。

考虑到原始自然状态,我们几乎可以肯定,最早的心理利他主义之所以得以进化,是因为它们在生物上具有直接利己性。例如,想想父母对子女的付出,许多动物为了确保后代得到足够的食物,宁愿自己忍饥挨饿。在这种情况下,心理利他主义会增强个体的适应能力。相比不那么尽心照顾后代的父母,自然选择更青睐那些为了自己利益而关心后代的父母,因为后者可以比前者抚育更多的健康后代。

---

[1] Lee et al. (2010).

然而，在合作动物中，心理利他主义并不是明确的生物利己主义。对于一些哺乳动物和鸟类来说，心理利他主义会提高其他个体的生存和繁殖能力，但这需要以降低个体适应性为代价，至少从短期来看是这样。尽管如此，自然选择还是会青睐有机体关心其他生物的行为模式，这可能是因为这些其他生物是拥有相同基因的亲属（比如会照看孩子的鸟类），也可能是因为从长远来看，它们会对利他主义行为予以回报（比如分享血液的蝙蝠）。

稍后我们将看到，我们的祖先首先通过个体选择和亲缘选择，然后通过微妙的互惠利他主义，最后通过更加微妙的群体选择过程，最终进化出了心理利他主义的能力。个体选择、亲缘选择和互利主义是早期道德能力进化的基础（我们将在本章和下一章讨论）。

然而，要理解道德以及道德是如何进化的，就必须认识到道德的局限性。自然界尽管存在心理利他主义者，却不存在道德圣徒。适者生存使心理利己主义成为大多数动物的行为准则。如果行为的最终动机是利己，那么这种行为就是心理利己主义。例如，动物王国中普遍存在着生物就食物、领地和配偶而与同类展开的暴力竞争，像我们这样的猿类当然也不例外。[1]

有一种将利己主义置于优先地位的人类动机理论在一些圈子中获得了众多拥趸。根据"心理享乐主义"（psychological hedonism），人类的行为总是无一例外地以享乐为最终目的。这种观点似乎只是受到了自以为是的犬儒主义者启发，但其实没有任何科学依据。[2] 就科学家所知，快乐并不是动机的唯一来源。事实上，心理学研究表明，人类有时会努力赢得或追求一些可能引发不愉快感的奖励。[3]

---

[1] de Waal (1982); Wrangham and Peterson (1996).
[2] 削弱心理享乐主义的证据，参见 Batson and Shaw (1991)。
[3] Schroeder (2004).

尽管乍一看，进化论并没有为心理享乐主义提供任何支持，但是生物上的自身利益可能是行为的远因（ultimate cause，指的是某种行为模式的进化成因，它可以提高生物的生存或繁殖概率），而心理利他主义可能是行为的近因（proximal cause，指的是当下驱动行为的原因，一般是个体的动机）。为了他者利益而真诚关心其他个体，可能是一种提高自身生殖适应性的有效策略。[1] 无私的双亲就是一个明显的例子，而且不是唯一的例子。

在合作动物中，自然选择的力量倾向于将利他主义和利己主义的心理动机混合在一起。尽管如此，正如我们已经看到的，一些动物的行为方式在心理上具有利他性。这种行为背后的动机或许来自亲缘选择或互惠利他主义，也可能来自直接的生物利己主义。在本章开头我们强调了利他主义悖论，现在你应该已经明白，这个悖论是一种错觉，利他主义可以经由达尔文式的进化过程而产生。

到目前为止，我们已经掌握了生物利他主义和心理利他主义是如何通过许多不同的远因机制而得以进化的。现在是时候把这些远因进化机制和产生社会动物利他行为的近因心理能力结合起来了。这一步从进化领域跨越至心理学领域，它将揭示道德能力到底从何而来——正是依靠这种能力，我们古老的猿类祖先才能维持复杂的相互依赖关系。

四 同情

心理利他主义起源于同情心，这是一种在动物世界中普遍存在的

---

[1] Sober and Wilson (1998: ch. 10).

古老能力。"同情"这个概念可能有些模棱两可，具体来说，在这里我们指的是生物对另一个生物的情感关注，如关心或爱护。因此，同情与关心和爱护密切相关，正是这种温暖的感觉激发了仁慈与慷慨。（"同理心"大致是指与另一个生物有相同的感受或想法，我们将在下一章讨论同理心。）

很久以前，当同情心首次出现在动物身上时——主要是雌性动物，它增加了亲代对子代的投入。[1]记住，从生物学意义上讲，这种行为通常不具有利他性：雌性对后代的关怀会提高后代的生存适应性，但这当然也会提高它自身的适应性。同情最初之所以会出现，是因为它通过直接的生物利己主义促进了个体的适应性。只是后来同情又被"迁徙"到了其他关系中。因此，正如哲学家帕特里夏·丘奇兰（Patricia Churchland）所言，道德利他主义本质上植根于母亲对后代的抚育职责。[2]

在一些动物中，同情并不局限于养育关系。这些动物不仅仅会关心自己的亲属，也会关心其他群体成员。"扩展版"的同情能力主要出现在群居哺乳动物身上，它们生活在一起是为了共同抵御捕食者或合作获取食物。[3]群居哺乳动物普遍性情较为温和，相比对外群体成员，它们能够更宽容地对待内群体中的其他成员。

一种哺乳动物的合作模式越丰富，它们所具有的同情能力就越突出。其中最为明显的例子是合作养育动物，即那些要依靠协作来抚养后代的动物[4]，如狼、大象、海豚和鲸[5]，在这些动物身上，我们可以

---

[1] Eibl-Eibesfeldt (1974); de Waal (2007); Rogers and Bales (2019).

[2] Churchland (2019); Hrdy (2009).

[3] Wrangham (1980); van Schaik (1983); Feistner and McGrew (1989).

[4] Hrdy (2009).

[5] 狼的研究参见Packard (2003)；大象的研究参见Moss (1988), Payne (1998)；海豚的研究参见Caldwell and Caldwell (1966), Connor and Norris (1982)。

看到同情心与丰富的合作形式相辅相成。为了共同生存，合作动物要在情感上关心同伴，要做到这一点，它们必须对其他个体的心理状态有一个基本了解。

事实上，猿类和很多非人动物都有能力把握自己同伴的心理状态，并在情感上关心它们的遭遇。一些读者可能觉得这一论断犯了"拟人化"的错误，就像多愁善感的宠物爱好者一样，我们为动物赋予了太多它们本不具有的复杂情感。不过，稍后我们就会看到，其实上述观点并不是人们一厢情愿的美好想象，它具有可靠的科学证据。另外我们要强调，虽然偏爱会导致错误，但偏见也会甚至更容易导致错误。人类可能剥削、奴役和折磨其他动物，这种做法由来已久，尤其是在农场和实验室。正如生态学家卡尔·萨芬纳（Carl Safina）所言，我们之所以习惯这么做，是因为我们大大低估了那些受害动物的心理复杂程度。[1]

我们不会对证明狼、大象、海豚和鲸具有同情能力的科学文献进行一一核实，但我们会介绍关于灵长类同情心的研究，当然，对它们的科学研究也恰好有很多。我们在这里重点讨论黑猩猩，并不是因为它们比其他合作动物表现出更突出的心理利他主义，而是因为人类道德的根源可追溯至我们与黑猩猩的共同祖先。人类是古猿家族的后裔，我们道德的原始核心正是猿类的心理利他主义。

在本章中，我们为思考生物利他主义和心理利他主义的进化机制提供了一个总体框架。我们还确定了奠定利他主义进化基础的心理能力：动物对后代的同情，始于关怀自己的后代，然后发展为关怀其他社群成员。接下来，我们先基于这一框架分析猿类的情况，之后再解释人类的情况。

---

[1] Safina (2015); de Waal (2016).

五 猿类合作

为什么猿是群居动物？如果类人猿像大多数群居动物一样，那么群居生活对猿类祖先来说一定非常具有吸引力，因为群居能更有效地保护它们免受猎食动物的侵害。[1]当有大型食肉动物在四周环伺时，更多同伴能带来明显的好处，类人猿会相互发出警告，也会团结起来积极抵御捕食者。

除了捕食者，也许另一类威胁更为重要：具有亲缘关系的灵长类物种或同一灵长类物种内部成员之间常常发生群体暴力，尤其是当群体需要保卫领地或争夺资源时。为了与邻居展开竞争，一些猿选择了彼此协作。[2]生活在合作群体中具有显著的竞争优势——只要成员能够找到一种方法，避免群体内部自相残杀。

群体性之所以能够持续存在并蓬勃发展，是因为群体不仅可以保护个体免受暴力侵害，还为更丰富的合作形式奠定了基础。类人猿之间会分享食物和协同劳作。[3]许多猿都发展出了一定程度的合作育儿行为，它们能够相互照料与喂养后代。[4]对于幼崽要长期依赖抚育者的动物来说，这一点很重要。根据人类学家与灵长类动物学家萨拉·赫迪的说法，"异亲"（alloparents）——母亲以外的抚养者是灵

---

[1] Busse (1977); van Schaik (1983).

[2] Nishida et al. (1985); Wrangham and Peterson (1996); Crofoot and Wrangham (2010).

[3] Boesch (1994, 2002).

[4] Hrdy (1976); Williams et al. (1994); Tardiff (1997); Chism (2000); Snowdon and Ziegler (2007); Burkart and van Schaik (2010); Ren et al. (2012); Tecot and Baden (2015); Rogers and Bales (2019).

长类动物进化的一个关键创新。[1]类人猿出生后，要经历很长的成长期才能发育成熟，这种发展模式是积攒学习经验的必要条件，但也加重了母亲的负担，异亲的角色安排则可以有效缓解这一压力。

正如赫迪所言，在一些灵长类动物中，雌性异亲常常充当保姆，它们会保护幼崽，并为幼崽提供食物。异亲与幼崽可能具有生物意义上的亲缘关系，也可能没有。在前一种情况下，雌性的基因会通过亲缘选择而受益，在后一种情况下，雌性则获得了宝贵的育儿实践经验。因此，无论是从基因层面看还是从个体层面看，异亲都会受到自然选择的青睐。

类人猿之间还有另一种普遍的合作方式——结成同盟。[2]雄性黑猩猩首领常常会在群体中发展出几个亲信，以防自己被篡权夺位。[3]对于普通雄性黑猩猩来说，联盟关系也很有价值。如果一只雄性黑猩猩不够强大，无法独自取得统治地位，它可能会与其他雄性黑猩猩结成联盟，以便提升它们在群体中的支配等级。[4]

雌性黑猩猩也会依靠联盟来提升自己的社会地位。[5]联盟关系有助于雌性获得资源，同时保护自己免受雄性的奴役和攻击。与许多进化心理学家设想的相反，并不是只有雄性猿类热衷于追求地位。[6]

联盟是个体适应性的福音，它经常可以超越亲缘关系。另外，如果个体间要达成持久稳定的联盟关系，它们还需要能够记录彼此过去

---

[1] Hrdy (2007, 2009, 2016); Isler and van Schaik (2012); Burkart et al. (2009).从专业角度看，"异亲"是指亲生父母以外的抚育者，而"异母"是指亲生母亲以外的抚育者。

[2] de Waal (1982); Byrne and Whiten (1988); Harcourt (1992).

[3] de Waal (1982); Silk (1993); Nishida et al. (1996).

[4] Riss and Goodall (1977); Nishida (1983); Nishida et al. (1996); van Schaik et al.(2004).

[5] Wrangham (1980); de Waal (1984); Isbell and Young (2002); Silk et al. (2003); Newton-Fisher (2006).

[6] Fine (2017).

的行为。基于这些要素，我们推测，联盟很可能是通过互惠利他主义进化而来的。与此同时，联盟又构成了友谊的远因。因此，亲子关系和友谊为猿类道德的进化提供了条件。

总之，类人猿之所以能进化成一种善于进行群体合作的社会性动物，是因为这种生活方式可以保护它们免受外来威胁，增强它们与外群体开展竞争时的应对能力，为它们提供协同抚养幼崽的社会环境，并促成超越亲缘关系的联盟。但是，类人猿究竟是如何实现这些合作的呢？我们现在知道了合作的原因，但合作的基本心理机制是什么？在本章接下来的内容中，我们将通过考察我们最亲近表亲的道德能力证据，为这一问题寻求答案。

我们会根据达尔文主义理论、进化博弈论和灵长类动物学的研究证据指出，虽然猿类进化出了普遍的利他主义倾向，但这种倾向只针对内群体，同情和忠诚构成了猿类的基本道德观。在接下来的几页中，我们将首先介绍本书的核心目标，即提出一套更为透彻详尽的道德心理学理论，它足以解释人类和其他类人猿的进化轨迹。

六 猿类利他主义

灵长类动物学家对类人猿的利他能力问题并没有达成共识。[1]然而，许多长时间与黑猩猩或倭黑猩猩近距离生活在一起的灵长类动物学家，如珍妮·古道尔（Jane Goodall），都相信类人猿存在显而易见的利他行为，而且这些利他行为会涉及许多方面。[2]弗朗斯·德瓦尔（Frans de Waal）所记录的大量观察结果显示，黑猩猩会关心彼此，

---

[1] Jensen and Silk (2013).
[2] Goodall (1990).

尤其是它们的朋友，它们能理解其他黑猩猩的想法和感受。[1]

更严格规范的实证研究也证明，黑猩猩的利他行为很普遍[2]：当朋友处于悲伤或痛苦中时，黑猩猩会有所察觉，并安慰它们[3]；黑猩猩常常帮助盟友争夺食物和地位；在野外进行的对照研究表明，黑猩猩可以安慰受到攻击的受害者，并在打斗后寻求和解[4]；在实验室里，当黑猩猩可以选择时，它们更喜欢让另一只黑猩猩也得到食物，而不是只有自己得到食物[5]；即使不涉及直接的自身利益，它们也乐于帮助群体中的另一只黑猩猩[6]；黑猩猩也会对死者表现出明显的哀悼[7]；此外，圈养的黑猩猩甚至可以跨越物种界限，对人类表示关心[8]。

某些利他行为更为引人注目，尽管它们可能没那么常见。德瓦尔曾记叙一只聪明的黑猩猩"杰基"对另一只黑猩猩"克罗姆"的行为，后者是前者的姨妈，也是它的异母：

> 一天，克罗姆对一个内部积蓄了一些水的轮胎很感兴趣。倒霉的是，这只轮胎排在最后，前面还挂着六只沉重的轮胎。克罗姆把它想要的那个轮胎拉了又拉，却怎么也拉不下来。它又把轮胎往后推，但轮胎撞到了障碍物上，也无法移开。克罗姆忙活了十几分钟，却徒劳无功，其他同伴好像都没看到这一切，只有七岁的杰基例外。克罗姆在年轻时照顾过年幼的杰基。在克罗姆

---

[1] de Waal (1997).

[2] 关于非人类人猿的研究证据，参见Andrews and Gruen (2014)。

[3] Goldsborough et al. (2020).

[4] de Waal and van Roosmalen (1979); Kutsukake and Castles (2004); Fraser et al. (2008); Fraser and Aureli (2008); Romero et al. (2010); Romero and de Waal (2010).

[5] Horner et al. (2011)；反面评价可参见Skoyles (2011)。

[6] Yamamoto et al. (2009).

[7] Anderson et al. (2010); Biro et al. (2010).

[8] 还有很多富有说服力的逸闻故事，可参见Warneken et al. (2007)。

放弃目标并走开后,杰基立即赶过来,它毫不犹豫地把轮胎一个个从圆木上推了下来,从最前面的轮胎开始,然后是第二排的轮胎,就像一位专业的装卸工。当它推到最后一个轮胎时,它小心翼翼地把它卸了下来,以免轮胎里的水流出来。[1]

德瓦尔还专门强调,杰基解决问题的能力在黑猩猩中并不算突出,它"乐于助友"的程度也很平常,但令人感到惊讶的是,它很明显能够准确地理解克罗姆想要什么,而且它愿意帮助克罗姆达成心愿,没有其他原因,只是出于纯粹的利他动机。

当然,纯粹的自私动机也会主导黑猩猩的许多行为。愤怒会引发攻击和暴力,雄性和雌性都为了社会地位而争斗和耍心机。[2]然而,雄性尤为容易对雌性实施暴力。众所周知,它们会攻击雌性并强迫雌性与其发生性关系,它们有时也会杀死其他雄性的幼崽。[3]

这些攻击行为在一般合作动物中很常见,但黑猩猩还会表现出另一种在其他动物身上很少见的攻击行为模式。黑猩猩会组成由雄性黑猩猩领导的突袭队,攻击并杀死其他群体中的落单成员。这种暴力活动不仅仅是被动防御性的或触发性的,黑猩猩常主动猎杀其他的外群体黑猩猩,它们会寻找并驱赶在自己领地徘徊的其他外群体黑猩猩,目的一般是扩大内群体的领地范围。

当然,同样性质的暴力活动在人类中也普遍存在。男性对其他男性、对女性和对外来者的攻击行为似乎有着古老的根源(下一章将进一步讨论这个话题)。[4]人类和其他类人猿都是利他主义者,但群体

---

[1] de Waal (2006: 31–32).

[2] de Waal (1982).

[3] Goodall (1977); Takahata (1985); Hamai et al. (1992); Watts et al. (2002).

[4] Wrangham and Peterson (1996).

边界构成了我们的利他主义边界。事实上，对朋友的热切情感之所以能够进化，部分原因是它可以帮助猿类联手对陌生群体实施冷血残杀。

综上所述，黑猩猩是熟练的利他主义者，它们不只会同情其他个体，它们还能理解其他个体的感受和想法。也就是说，它们至少有初级的"心理理论"（theory of mind）。"理论"一词可能会引起误解，因为对其他个体心理状态的判断往往是自动化的和内隐式的。从这个意义上看，心理理论也包括"同理心"，即代入他者视角、体验他者所思所感的能力。[1]

专注于动物行为和认知特征的研究者一度倾向于否认类人猿具有心理理论。[2]但现在他们更倾向于相信类人猿具备心理理论，起码具备一些初级形式的心理理论。[3]例如，最近的研究似乎已证明，黑猩猩可以通过"虚假信念任务"测试[4]，也就是说，它们能够区分另一只黑猩猩所认为的"真相"与"事实真相"之间的差异，这表明它们至少在一定程度上可以掌握其他动物的心理状态。

利他主义和心理理论的基本能力可能形成于灵长类动物进化的更早阶段。虽然它们在黑猩猩身上体现得最为明显，但其他社会性灵长类动物似乎也具备这些能力。例如，如果恒河猴获得食物时，相邻笼子里的朋友或邻居会遭受电击，那么它们宁愿忍饥挨饿数天。[5]当然，自然行为往往比对照实验证据更为令人震撼，也更具有说服力，杰基帮助克罗姆的故事就是一个典型例子。

---

[1] Andrews and Gruen (2014).
[2] Povinelli et al. (1996); Call and Tomasello (1999).
[3] Call et al. (2004); Buttelman et al. (2007).
[4] Karg et al. (2015); Krupenye et al. (2016); Kano et al. (2019).
[5] Masserman et al. (1964).

总之，灵长类动物学对黑猩猩行为的研究证实了灵长类动物利他主义的存在，但同时也突出了其局限性。正如我们接下来要论证的，从近因层面看，对内群体成员的同情和忠诚造就了黑猩猩的行为模式。在几种进化机制的共同作用下，这些道德情感在人类、黑猩猩和其他类人猿（在世的和已灭绝的）祖先身上得以产生。

七 内群体同情和忠诚

为了有效开展合作，类人猿需要关心群体中的其他成员，同时对朋友保持忠诚，这就是现存类人猿具有这些道德能力的原因。我们认为，同情和忠诚是类人猿家族共有的两种基本道德情感（在下一章中，我们将转向人类独有的道德情感）。

在科学和哲学领域，人们普遍认为同情心是人类道德的源泉。但是，除了少数例外，研究人员很少注意到，忠诚这样一种将家人和朋友联系在一起的情感几乎同样重要。在前一节中，我们强调了灵长类表亲的利他行为模式。在本节中，我们将提出一个关于这两种潜在道德情感演变机制的假设。

通过相互梳理毛发培养出亲密友谊后，类人猿会对同伴产生关心与爱护之情，这在本质上会让它们自身受益。[1] 在面对陌生人和敌人时，它们也会感受到与朋友之间忠诚依恋的情感纽带。同情和忠诚都有助于合作养育子女和抵御外部威胁，而忠诚在维持小型联盟方面尤为重要。同情和忠诚也有助于减少群体内部的摩擦与暴力。当涉及群体之间的关系时，这两种道德情感都能保证类人猿对外敌发动更有效

---

[1] de Waal and Luttrell (1988); Bonnie and de Waal (2004).

的战争。

群体内的同情和忠诚似乎是在个体选择、亲缘选择和互惠利他主义的共同作用下进化而来的。进化论者有时会声称，其中一种机制是道德进化的关键，而其他机制则只是从旁协助。然而，我们完全有理由相信这些机制都在发挥重要作用。

首先，内群体同情往往是生物利己主义的产物。与群体中其他人的社会联结可以让个体避免危险，更好地抚养后代并从合作中获益。要理解这一点，我们不妨基于进化博弈论来思考合作互动形式。

让我们想象一场猎鹿活动。[1]两个猎人需要猎取食物，他们可以狩猎野兔或鹿。如果他们愿意，每个人都可以独自捕获一只野兔。但野兔体型较小，因此热量价值远不如鹿，但他们只有合作才能捕获鹿。如果这两个猎人能够相互沟通，那么他们最好合作捕猎，以鹿为共同目标。所以，对自身利益的重视可以促成合作。

不过，这个场景的重点并不在于狩猎。事实上，肉类在大多数猿的饮食清单中都不占据重要位置。但猎鹿选择描述出了许多不同类型"非零和"（non-zero-sum）社会互动的收益模式，包括战争、联盟形成和合作育儿等等。这些活动之所以是"非零和"的，是因为一旦参与者达成合作，一方收益并不以另一方的损失为代价。事实上，参与者可以实现共赢。

通过对其他群体成员表现出同情和忠诚，猿类获得了结成伙伴关系的机会，这让它们走上了"合作猎鹿"的道路。[2]那些没有合作伙伴的猿只能获得"兔子"这样的小额回报，而那些有合作伙伴的猿则能获得"鹿"这样的大额回报。因此，当社会互动符合猎鹿模式时，

---

[1] Skyrms (2004).
[2] Silk (2007); Tomasello et al. (2012).

个体层面的选择会导向群体内的同情和忠诚，因为它们能够促成生物意义上的"自私型合作"。[1]

同情和忠诚也可以通过亲缘选择得到强化。引发这些行为模式的基因增强了生物亲属的适应性。在猿类祖先的社群中，并不是所有成员都来自同一家族，但内群体亲属关系已经多到足以让个体不加区分地照顾其他成员成为一种合理选择。

互惠利他主义对于内群体同情和忠诚情感的进化也是必要的。短期内帮助联盟伙伴有利于获得长期回报，仅仅通过个体选择与亲缘选择尚不足以促成联盟关系，因为它会涉及非亲属之间的付出与收益。灵长类动物学研究证据表明，猿类能够记录朋友和对手的行为。[2] 它们会对朋友忠诚，但前提是朋友也对它们忠诚。忠诚的友谊可以满足互惠利他主义的需求，在这种关系中，忠诚者们在适应性方面可以实现共赢。

在本章中，我们了解到利他主义是真实存在的，我们还了解了它所依托的几种不同进化机制。尽管大自然向来是残暴无情的，但它也有温情脉脉的一面。我们还看到，类人猿会真心关怀同伴、忠于同伴，但对陌生者则不是如此。早期道德能力可以解释猿类如何开展合作，同时也有助于解释合作如何得以进化。在道德的引导下，猿类可以游刃有余地处理复杂社会关系，同时它们也成为更聪慧的动物。

---

[1] 博弈论中关于猎鹿的研究经常强调"保证"。两个个体可能出于对自身利益的考虑去"猎鹿"，但前提是两个个体都做出了同样的选择。假设我选择猎鹿，而你选择猎兔，那我就输了，因为我一个人抓不到鹿，我还不如自己去猎一只兔。关心和同情似乎不足以解决猎鹿问题，因为这时还缺少合作保证。的确，稍后我们将讨论有助于通过保证实现协同行动的信任情感。然而，尽管这种反对意见是有道理的，但它忽略了灵长类动物合作的现实生态。通常，"猎鹿"发生在个体可以看到它们的伙伴是否选择合作的环境中，它们可以根据伙伴的行为来决定是去猎鹿还是猎兔。因此，保证是通过直接确认同伴的行为来实现的。在下一章，我们还会讨论基于深度同理心而产生的信任感。

[2] Cheney and Seyfarth (1982, 1985, 1986).

在生命之树的许多分支中，智力进化似乎都是由环境复杂性所推动的。[1]当动物面对的世界变得更加复杂和不确定时，为了预测和应对环境中的机遇与威胁，它们需要更复杂的认知能力。对于猿类和其他合作性动物来说，环境复杂度的提升主要是由社会复杂度的提升所导致的。[2]因此，对生物适应性的追求赋予了类人猿足够的智慧，使它们有能力驾驭复杂社会环境。

一些进化学者接受这种关于智力和社会性之间联系的理论，但对其进行了马基雅维利式的曲解：大自然选择了智力，因为它允许类人猿欺骗和操纵同伴。[3]毫无疑问，这符合真相，但只符合部分真相。在猿的进化过程中，合作远比利用重要。合作的效益更高、可持续性更强。事实上，只有在对合作行为通常抱有期望的背景下，欺骗和操纵策略才有实施空间。

为了获得合作收益，为了贯彻智力选择路线，类人猿需要让它们庞大而复杂的群体保持稳定，道德承担了这一职责。猿类具有同情和忠诚的能力，它们帮助同伴，避免为了"狭隘"的个体私利损害同伴利益；当受到其他猿类的帮助和恩惠后，它们会予以回报；它们能通过合作保护自己免受捕食者和敌对团体的侵害；它们之间会分享食物，协同辅助养育后代，并结成联盟。在一个道德社会中，进化会青睐更聪明的类人猿，因为它们可以更好地通过掌握合作技巧来提高自身的生存适应性。

---

[1] Godfrey-Smith (1998, 2016, 2017); Grove (2017).

[2] 有些动物，比如章鱼，它们也会因为非社会环境复杂性而进化得非常聪明，这些动物不生活在合作群体中（Godfrey-Smith, 2016）。

[3] de Waal (1982); Byrne and Whiten (1988); Byrne (1996); Whiten (2018).

八 总结

人类是不是利他动物？是，也不是。人类并非纯粹的利他动物（这一点显而易见），我们拥有根深蒂固的利己主义动机，尤其是在面对外人时。然而，人类也有一些利他主义动机（也许不那么明显）。其他类人猿也会表现出利他主义行为，而且其存在原因可以用达尔文原理来解释。利他主义在猿类祖先身上的进化构成了人类利他主义的有力证据。

这是否意味着黑猩猩和其他类人猿是具有"充分"道德的生物？在本章中，我们是否一直认为人类与黑猩猩拥有完全相同的"道德基石"？[1] 当然不是。人类道德与猿类道德有很大区别。但是，道德也不是人类在越过了自我意识的门槛后突然冒出来的心理结构。这两种极端立场都站不住脚。

我们一直强调的是，人类道德和猿类道德在进化上具有"同源性"（homologies）。也就是说，它们从我们共同祖先所拥有的利他能力进化而来。人类和黑猩猩有两种共同的心理能力：群体内的同情和忠诚。这些道德情感通过个体选择、亲缘选择和互惠利他主义进化而成。同情和忠诚可以增强个体层面的适应性，也可以增强基因层面的适应性，因为同情和忠诚能使我们的猿类祖先抵御捕食者、开展群体间竞争、合作育儿以及形成联盟友谊。

接下来是什么？我们需要探讨人类道德与猿类道德是如何分化的。本章重点论述了道德在猿类家族的深层起源。下一章将考虑人类

---

[1] 关于人类和类人猿的"道德基石"的理论，可参见 de Waal (2006, 2009)，他认为同情和同理心是道德基石。在我们看来，人类的道德情感基石要丰富得多，后面几章会展开——讨论。

特有的道德情感，如果说亲友间的同情与忠诚构成了最初的道德火苗，当人类进化时，这些火苗逐渐升腾为烈火。道德情感系统成为人类道德心理的第一个核心成分。

在第二章中，我们将论证人类拥有信任、尊重、内疚和怨恨，这些情感在其他类人猿身上是不存在的，它们的进化起点可能是200万年前人类进化之初。人类道德情感是一个功能复杂的心理系统，它通过控制动机、表达和学习来维持更复杂的合作形式。另外，我们有能力改变道德，因为我们的道德进化设计本身就包含灵活性与可塑性机制。

随后，我们还将解释人类如何进化出了道德规范（第三章）、道德直觉（第四章）、道德推理能力（第五章），阐释重塑我们道德心理的复杂社会制度（第六、七章）以及它们带来的善恶之果（第八至十章）。然而，在本书的第一部分，我们的任务还是探讨人类与其他类人猿共有的情感能力（见第一章）以及使人类与众不同的情感能力（见第二章）。

第二章

情感

在过去的几百万年里，自然选择对我们的血统进行了无数次改造。我们的群体变得更大、更复杂；我们创造了新的工具和技术；我们放弃了强壮粗犷的身体，变得纤细优美；我们成为两足直立行走的动物，腿部肌肉和肌腱结构进化到足以支持长距离奔跑；我们的手、胳膊和肩膀变得适合精确抓握与投掷；还有最最重要的，我们的智力获得了爆炸性成长。所有这些非凡进展都始于200万年前的最早的人类，即我们智人属的最初成员。

直立人是南方古猿的后代，也是所有人类物种的老祖母。从南方古猿到直立人转变的标志是大脑体积扩大[1]，尤其是大脑新皮层灰质的增多[2]，以及更漫长的童年期[3]。直立人之所以会进化出更大的大脑和更灵活的发育可塑性，是因为这些特征可以使"早期人类"增强心理理论、自我控制、计划以及抽象推理等能力，进而能够理解和处理

---

[1] Antón et al. (2016).

[2] Kaas (2006).

[3] 作为比较，可参见 Coqueugniot et al. (2004)。

更复杂的社会关系。社会复杂性孕育了认知复杂性，反之亦然。[1]

猿类或其灵长类祖先最初选择群居生活方式的主要目的可能是保护自己免受狮子、豹子与狼等大型掠食者伤害。然而，群体规模的扩大和复杂性的增加又创造了更多进化机遇。大型群体能够通过合作应对更广泛的生态挑战，此外，大型群体在与其他群体开展竞争、掠夺其他群体的资源和领地方面也更有优势。更多的同伴也意味着更广泛的贸易市场。[2]通过吸纳合作伙伴，建立起互帮互助的关系网络，早期人类获得了更强的生存适应性。

然而，随着群体变得越来越庞大、越来越复杂，一些问题也随之加剧。[3]大型群体加剧了成员对食物和配偶的争夺，同时也为搭便车行为提供了更好的掩护，在大群体中，个体更容易逃避集体战斗，或摆脱集体抚育责任。[4]早期人类需要一种方法来应对大型复杂群体中出现的各种危险，这样他们才能从群体合作中获益。

黑猩猩和其他类人猿主要通过支配关系以及基于梳理毛发而形成的情感纽带来解决社会冲突。[5]然而，在最早的大型人类群体中，对统治权的争夺有可能变成破坏性的暴力活动。[6]一旦社会关系数量急剧膨胀，梳理毛发这种纽带机制就不再行之有效了。[7]

我们在第一章的主要观点是，人类和黑猩猩都具有基本道德能力，包括内群体同情和忠诚。对于类人猿和我们的共同祖先来说，这

---

[1] 罗宾·邓巴（Robin Dunbar，2016）是这一观点的长期支持者，他认为"社会脑假说"解释了灵长类动物大脑大小与群体规模之间的相关性。他认为，黑猩猩和南方古猿群体的最大规模约为50人，但人类群体的最大规模增长为150人左右。

[2] Brooks et al. (2018).

[3] Dunbar (2003).

[4] 关于搭便车的讨论，见Olson (1965); Hardin (1968)。

[5] Dunbar (1996).

[6] Boehm (1999).

[7] Dunbar (2016).

些情感是足够的，但它们不足以维持规模更大的早期人类群体的合作。为了解决复杂社会中不断升级的棘手问题，早期人类进化出了新的、更强大的道德情感。

同情和忠诚是"联结情感"，它们将猿类个体"捆绑"在一起，实现合作互助。但人类道德心理系统中还有更为丰富的核心情感。也许早在数百万年前，当第一批人类祖先出现于非洲大陆时，人类就进化出了新的"协作情感"——主要是信任和尊重。协作情感不同于联结情感，因为它们能促成更复杂的合作形式。另外，人类还进化出了新的"反应性情感"——内疚和怨恨以强化合作机制。

我们的理论认为，联结情感、协作情感和反应性情感构成了一个新的核心情感系统，该系统是人类道德的独特之处，也是人类道德心理的第一要素（见第二章至第四章）。正如我们将看到的那样，进化赋予了每种情感很强的可塑性，这有利于适应和促进新颖多样的社会关系。在灵活道德情感的指引下，人类可以在育儿、狩猎、战争和防御方面进行通力合作，稳妥地解决资源和统治权冲突，"自然而然"地关爱群体成员。简而言之，道德情感让我们能够在社群中享受和平与协作的生活。

道德情感在其他类人猿中是不存在的，它允许人类在相对平等的条件下相互回报。人类独特的合作方式的进化解释了这些情感的产生。在本章中，我们将说明核心道德情感的进化起源。核心道德情感的原始功能是让生活在大型复杂群体中的人类解决相互依存问题。

我们将回顾科学证据，这些证据表明人类道德的情感核心在儿童发育早期就出现了。从第一章中我们知道，我们最亲近的亲属也会表现出同情和忠诚。同样，类人猿在个体发育早期，已出现明显的道德情感迹象，这表明它们是与生俱来的。在第二章中，我们将看到，人类拥有比黑猩猩更为丰富的情感生活。

就像黑猩猩拥有的情感一样，人类情感似乎也会为狭隘的社群主义和社会等级制度所支配。但我们认为，在人类物种的进化过程中，我们的道德系统获得了很强的可塑性与灵活性，这是其他类人猿所不具备的。为了证明这一观点，我们必须首先描述早期人类新的合作形式，并解释它们如何导致了人类独有的道德情感进化。

一 信任与人类合作

我们与黑猩猩的共同祖先在群居生活中遇到了许多生态挑战。此外，掠夺与群体间暴力也构成了可怕的生存威胁。然而，与其他类人猿不同的是，早期人类开始广泛开展合作养育。根据心理学家迈克尔·托马塞洛（Michael Tomasello）的说法，这种情况主要可以归结于两个原因。[1] 其一，劳动分工的出现使一些人可以专门照顾孩子，而另一些人则去寻找食物或承担其他职责。其二，人类男女开始结成稳定的伴侣关系，伴侣在性方面的排他性使得后代的父系亲缘更为确定，这给了父亲以及他们的亲属一种生理激励，促使他们在抚养后代方面做出更大的贡献。"成功"的个体会留下更具适应性的后代，这些后代又继承了同样的育儿倾向。

相比于其他类人猿，人类需要更长时间才能发育成熟。我们之所以能形成该发展模式，部分原因在于一个强大的育儿团队分担了母亲的压力。这一育儿团队不仅包括父亲，更重要的是，还有外祖母、姨妈和姐姐。家庭成员可以为儿童提供食物并保护他们免受危险。在最早的人类种群中，异亲开始扮演另一个更新的角色：帮助孩子学习和

---

[1] Tomasello (2016: 42–43).

吸纳信息，到个体成年时，他们的大脑会充满各种有价值的生存信息。[1]

因此，早期人类面临的生态挑战是猿类祖先所面临挑战的延伸，比如躲避捕食者、群体竞争以及共同照顾后代。但正如托马塞洛所指出的那样，早期人类还面临着额外的全新挑战。[2]他们必须发展出灵活解决问题的能力，以适应不同环境。为了在这样的环境中繁衍壮大，他们需要依托各种各样的新合作形式。

在人类萌芽之初，非洲气候日益干旱，森林范围慢慢萎缩，草原面积则不断扩张。这大大加剧了资源竞争的激烈程度，特别是灵长类动物对水果的争夺。[3]因此，人类需要共同努力获取食物。他们一起寻找水果、块茎、种子和坚果，并在集体中分享成果。更重要的是，早期人类还会一起狩猎，目的是猎取体型更大的猎物——最常见的做法是，通过长途驱逐让猎物筋疲力尽。更早的时候，人类还会用石头和棍棒驱赶那些守着猎物残骸的食肉动物，然后用石器凿出猎物骨缝间的肉，享用大型食肉动物剩余的"残羹冷炙"。

正如托马塞洛所说，从某种意义上看，合作是"一种必要义务"，人类别无选择，只能共同努力。养育子女、觅食和狩猎都是生存必选项，而个体几乎无法单独完成这些任务。为了达成更复杂、更具开放性的合作形式，早期人类需要继续强化与完善道德系统。在托马塞洛研究的基础上，我们现在可以构建出一套关于潜在道德能力的假说。我们将首先确认新的道德情感，接着解释这些情感是如何进化的，并说明它们的生物机制，在本章最后，我们将完整描述这些情感的功能角色。

---

[1] Hrdy (2009).
[2] Tomasello (2016).
[3] Andrews (1992).

人类个体之间产生了一种信任感，它可以超越亲属关系而存在。不同于同情和忠诚，信任可以等同于信心或保证，它引导个人去依赖他人，并将自己的信念寄托在他人身上。当我确信你不会做违背我利益的事时，我信任你；如果你没有给予我应有的回报，我会撤回对你的信任。

就像早期的社会适应一样，相互信任是通过个体选择、亲缘选择和互惠利他主义这三种途径而得以进化的。如果个体在合作活动中可以更信任他人，他们便能提高自身适应性，因为合作行动给个体带来的收益超过了单独行动或不合作给个体带来的收益。[1]用进化博弈论的术语来说，信任让人类将"猎鹿"的优先级置于"野兔"之上。[2]信任的红利当然会惠及亲属，因此亲缘选择也可以促成信任的进化。

在信任感的进化过程中，互惠利他主义发挥了至关重要的作用。信任不是一条单行道，那些因行为不良而无法被信任的人，很难从合作中获得稳定的长期回报。因此，信任进化是通过"合作伙伴选择"来实现的，也就是说，被选择为合作伙伴会给个人带来未来收益。[3]简单地说，"我相信你"对你有利，"你相信我"对我有利。为了更好地达成信任与合作目标，人类也开始进化出更复杂的认知适应能力，以追踪他人声誉并管理自己的声誉。

到目前为止，我们已经解释了当新的合作机会出现在早期人类面前，一种新的协作情感——信任是如何得以进化的。后面我们还会对该过程的细节展开更多论述，我们将说明互惠利他主义如何帮助个体突破囚徒困境（prisoner's dilemma）的桎梏，我们还会讨论人类道德

---

[1] Baumard (2016).

[2] Skyrms (2004).

[3] Noë and Hammerstein (1994, 1995).

中道德情感的范围以及它们的功能和运作方式。但在此之前，我们首先需要介绍人类道德中的另一种协作情感。

二 尊重与囚徒困境

在其他类人猿中（包括我们与其他猿类的共同祖先）普遍存在一两个雄性支配整个群体的现象。所有群体成员，无论是雄性还是雌性，都必须严格遵循两性之间和两性内部的统治结构。然而，一旦早期人类开始更广泛地合作，旧的统治等级制度就难以存续了。一旦统治者可以拿走所有合作觅食与狩猎的战利品，合作的纽带将变得极为脆弱。如果我不能享用自己的劳动果实，那我还有什么动机与你合作呢？

为了应对统治问题，进一步的道德创新应运而生。人类的合作活动中开始纳入更强烈的平等性。正如人类学家克里斯托弗·博姆（Christopher Boehm）所说，世界各地的狩猎采集者社群都信奉平等价值观。他们的"平等"并不体现在生活所有方面，也不一定可以跨越典型的性别差异，但可以肯定的是，与当代大规模社群的社会成员相比，原始狩猎采集者之间要更为平等。[1]博姆的看法是，反独裁联盟的建立可以增加平等，减少专制。然而，博姆未能指出一种关键的进化心理机制，它的作用在于管理平等主义关系。

人与人之间的平等以相互尊重为基础。[2]尊重是一种可以促成合作的情感，它之所以得以进化，原因在于它削弱了旧有的统治等级制度。在旧有制度下，尊重只是自下而上的，换句话说，是从属者向支

---

[1] Boehm (2012).
[2] Darwall (1977); Gilbert (2014).

配者表示尊重。早期人类和其他类人猿一样，仍然非常关心权力和地位，这种倾向从未消失。事实上在现代社会，人们依然充满了对权力地位的向往。但是平等成为构建人类群体的另一支重要力量。因此，人类进化出了相互尊重的能力。那些企图随意支配和压迫同伴的恶霸要承受巨大风险。[1]他们可能只是为其他成员所排斥，但在一个合作物种中，被排斥其实也就意味着死亡。

在第一章中，我们基于进化博弈论探讨了一种典型合作形式——猎鹿选择，它可以促成双赢。相比于单打独斗，个体通过合作能够获得更多回报。然而，现实生活中还存在另一种更难解决的博弈情形——囚徒困境。我们之所以称该情形是一种难以解决的困境，是因为它不会促成双赢结果。这一博弈结构对于我们理解合作、相互信任和相互尊重的演变至关重要。[2]

眼下，让我们考虑一个名副其实的囚徒困境案例。假定你和我犯了罪，现在被逮捕了。警察将我们隔离在不同房间里，因为缺乏有利的直接证据，警方提出一项交易，如果我们中任何一个人认罪，认罪者就会受到较轻处罚，或者干脆被释放，但不认罪者则会受到严重处罚。如果你只关心自己的未来，显然你应该接受这笔交易。

更具体地说，假设我们俩都保持沉默，那么每人都会被判监禁一年；假设我们中有一个人叛变认罪，那么他将被释放，而另一个人将被送进监狱监禁十年；假设我们都背叛对方，我们都会被送进监狱监禁五年。这里的关键之处在于，看起来无论对方做什么，背叛都是一种对自己最有利的选择：如果你背叛，我也应该背叛，因为我将被判监禁五年而不是十年；但即使你保持沉默，我也应该背叛，因为这

---

[1] Wrangham and Peterson (1996).
[2] 囚徒困境与道德进化的关系，参见 Skyrms (1996)。

样一来我就可以被直接释放，而不是监禁一年。可令人沮丧的是，既然你我都选择了对自己最有利的方案——认罪，那么我们每人都要服刑五年，而假定我们可以商定好互不背叛，我们本可以各自只服刑一年。

不同于猎鹿选择，在囚徒困境中参与者的利益并不一致。所以，理性决策会导致玩家背叛彼此，然后以满盘皆输的结局告终。总的来说，合作是最好的"联合选择"。然而，就像我们上面分析的，无论对方做什么，双方都能从单方面的背叛中获益。换言之，不管你现在帮不帮我挠背，我的最佳选择都是"以后不帮你挠背"。可既然你知晓了这一切，现在也没必要帮我挠背了。在囚徒困境的例子中，这表现为每个参与者都要长期服刑。如果我们把监禁时间看成后代数量（二者呈反比关系），将理性抉择看作自然选择，那么自然选择的导向似乎完全与合作背道而驰。

猎鹿游戏并不是真正的狩猎，囚徒困境也不是真的要避免入狱。这些情境的要点在于，它们形象生动地展示了合作的博弈论原理。事实上，许多现实生活中的社会互动形式都是囚徒困境的翻版，比如合作狩猎或共同承担某项任务。总体而言，合作很好；但对个体来说，背叛（利用他人）更好。

最终，人类进化出了对背叛者的惩罚机制（我们将在第三章中看到）。然而，囚徒困境的最早解决方案是重复参与博弈选择，并记录谁可能合作，谁可能背叛。[1]背叛意味着今后的合作之路会被封闭：如果你曾做出背叛举动，那么我不会再和你合作。所以，为了获得更多合作机会，你应该克制自己当下的背叛冲动。

---

[1] 正如阿克塞尔罗德（Axelrod，1984）所指出的，在反复的囚徒困境游戏中，最可能成功的游戏策略是"以牙还牙"，即每个玩家在第一步行动中与另一个玩家合作，然后在下一轮游戏中复制另一个玩家之前的行动。这种策略以合作奖励合作，以背叛惩罚背叛。

因此,"自私自利"的最佳方式是有条件地给予他人信任和尊重。也就是说,通过平等的付出和回报(尊重),与他人互惠互利(信任),可以提高个体适应性。这样,在反复出现的囚徒困境中就会产生合作意愿。因此,互惠利他主义有利于人类进化出信任和尊重的协作情感,从而实现更复杂的开放式合作。[1]

到目前为止,我们已经揭示了哪些人类核心道德情感?四种基本道德情感包括两种联结情感——同情与忠诚,以及两种协作情感——信任与尊重。这些情感共同构成了一个更新颖同时也更复杂的心理利他主义体系,其中,同情和忠诚是人类与其他猿类所共有的情感,而信任和尊重似乎是人类所特有的(本章稍后将详细介绍)。这些情感之所以存在,是因为它们可以满足猿类和人类的合作需求。

然而,我们还没有完成对人类道德情感核心的剖析。我们还没有提到一些哲学家和科学家认为最明显的道德情感:一方面是内疚和羞耻,另一方面是怨恨和愤怒,它们也是情感核心的一部分[2],但承担的职责与联结情感和协作情感有所不同。为了理解这些道德情感的特殊作用,我们需要更仔细地研究另一种心理能力及其对道德的影响。

---

[1] 一旦信任和尊重情感开始发挥作用,再加上"深度同理心"(见下文),最终每个人都会想在共同行动中选择合作。这其中部分原因在于只要另一个人愿意合作,囚徒困境的回报结构就会发生变化。这个困境与其说是被解决了,不如说是"消失"了。收益不再是与"一个"囚徒的困境选择有关,因为参与者不会仅仅在乎自身的独立收益。当一方选择合作时,对另一方来说,背叛不再是最好的结果,因为双方都想避免对另一方不利的结果。由于双方都希望得到对伙伴有利的结果,双方都希望合作。在囚徒困境中,背叛似乎是最合理的选择,可一旦考虑到情感因素,合作就会成为最佳选择。

[2] Boehm (1999, 2012); Tomasello (2016).

三 内疚、羞耻以及深度同理心

人类的合作促成了协作情感的进化，但同时也强化了人类心理理论的能力。一般来说，为了成功地与他人进行合作，我必须知道他们的想法和感受。更具体地说，托马塞洛认为合作需要共享意向性（shared intentionality），也就是站在"我们"的立场上思考的能力。[1]"我们"可能是一对个体，也可能是一个更大的群体。不管是哪种情况，人类进化出了一种能力，这种能力使得我不仅能思考"我"在做什么，还能思考"我们"在做什么。

在共享意向性的基础上，个体可以形成对合作伙伴行动的期望，从而更高效地为实现共同目标而进行协商。发展心理学的证据表明，构建共同目标以及对实现共同目标的期望是人类根深蒂固的心理机制，甚至幼儿也会表现出这些倾向。菲利克斯·沃内肯（Felix Warneken）领导的研究小组发现，儿童会积极尝试同放弃合作的伙伴重新合作，面对一些他们本可以自己轻松完成的任务，他们也愿意等待伙伴，与伙伴一起完成任务。[2]

在这些情况下，儿童表现出的共享意向性似乎带有明显的利他主义性质。当两个人通过共同计划来实现他们的目标时，比如共同解决一个难题，他们不仅仅设定了相同目标，而且知道为了实现这一目标，彼此需要对方的参与。更重要的是，他们希望合作成功——部分原因是他们知道对方也希望合作成功。这种共享意向性是"深层次的"，因为继续合作的动机在一定程度上基于满足伙伴的愿望。从这

---

[1] Bratman (1992); Tomasello (2016: 50–53).
[2] Warneken et al. (2007).

个意义上说,共享意向性是利他的而不仅仅是利己的。

我们称这种现象为深度同理心,它体现在信任和尊重的道德情感中,某人感受到这类情感,部分原因是与他们合作的人也感受到了这类情感。在深度同理心的作用下,人类不会仅仅出于自身利益而行动,将他人视为达到自身目的的手段;他们也不会"感同身受"后什么都不做,罔顾对方的想法与自己的想法背道而驰。相反,他们的行动动机之一就是要满足对方的预期或愿望。换言之,之所以"我们想"做某事,是因为我知道"你想"这么做,你也知道"我想"这么做。

同情和忠诚也在孕育深度同理心。例如,个体希望另一个人不要遭受痛苦,部分原因在于另一个人不愿意承受痛苦,而个体可以感受到这一点。因此,联结情感与协作情感保证了合作的稳定性,这些道德情感为人类所共享,它们具有很强的适应性。

托马塞洛认为,为了开展有效合作,人类进化出了共同计划的能力,而为了实现共同计划,他们又必须选择出可靠的合作伙伴。换句话说,他们应该与那些在囚徒困境中不做出背叛选择的人交往。然而,稳定合作的力量不仅包括伙伴选择,还包括伙伴控制。也就是说,人类不仅开始选择与谁合作(伙伴选择),而且开始频繁影响他们的行为(伙伴控制)。托马塞洛所说的"第二人称道德"(second personal morality)就这样产生了(呼应了哲学家斯蒂芬·达沃尔[Stephen Darwall]的观点)。[1]

在托马塞洛看来,第二人称道德改变了合作的社会动力。当一个人不合作时,另一个人会感到愤怒并提出抗议。[2]通过深度同理心,

---

[1] Darwall (2009).

[2] Tomasello (2016: 67–70).

个体可以理解并重视他人的期望和目标。如果他们不能达成合作，那么，他们会感到难过并表示懊恼。[1]怨恨是愤怒的一种道德表达形式；内疚则是难过的一种道德表达形式。这些情感之所以得以进化，是因为它们可以基于伙伴控制来强化和稳定合作关系。如果没有深度同理心，这两种情感都不可能形成，正是由于同理心的作用，合作伙伴才能无私地关心彼此的目标。

内疚和怨恨是反应性情感，也是"二级"情感，当个体察觉到某人的行为违背了"一级"道德情感时——如没有表现出同情、忠诚、信任或尊重，它们就会被唤起。因此，反应性情感依赖于联结情感和协作情感。人类对哪些事情感到内疚和怨恨取决于其他更"基本"的情感。

然而，内疚和怨恨只是两个反应性情感大家族中最有代表性的成员。除了内疚，人们还会对自己的行为感到羞耻和后悔（第一人称反应性情感）。[2]同样，怨恨也并不是对他人的唯一反应性情感，因为人们有时会对他人行为感到愤怒和蔑视（第二人称反应性情感）。

在人类进化初期，全面成熟的道德责任感可能还未登上历史舞台，但是它已经植根于反应性情感的土壤中。基于内疚、羞耻和后悔等情感，我们的早期人类祖先获得了一种基本的责任感；基于怨恨、愤慨和蔑视等情感，他们也获得了要求他人负责的基本倾向。因此，反应性情感被植入道德心理中，通过互惠利他主义行为，它们引导人类解决了反复出现的囚徒困境，让我们成为利他者。（正如我们将在下一章看到的，第二人称反应性情感也为惩罚提供了基础。）

现在让我们总结一下。为了实现新的合作形式，人类进化出了多

---

[1] Tomasello (2016: 73–75).

[2] Tangney and Dearing (2003).

种道德情感。我们的猿类祖先拥有同情和忠诚，早期人类继承了这些情感，同时又发展出了信任和尊重。此外，心理理论能力的加强（表现为深度同理心）促使人类进化出反应性情感。当个体没有按照基本道德情感行事时，他会感到内疚，当他人没有这样做时，他会感到怨恨。

在本章中，到日前为止，我们正在揭示一个关于人类道德心理情感核心的理论。这一理论吸收了赫迪和德瓦尔等研究人员关于猿类的观点（第一章讨论的），也吸收了托马塞洛和博姆等研究人员关于人类的观点（第二章讨论的）。同时，它还得到了发展心理学和比较动物学证据的支持，我们将在下一节看到，这些证据表明道德情感是人类与生俱来的。

在第二章中，我们一直试图基于对早期人类生态环境的了解来解释其道德情感的进化。为了生活在更大、更具合作性的群体中，早期人类需要一些道德品质，而这些品质在他们与黑猩猩的共同祖先身上并不存在。我们认为他们进化出了信任和尊重的道德能力，这使得他们能够在相对平等的条件下合作。

然而，我们不可能精确地指出"全套"道德情感到底出现于何时。我们可以确信，协作情感是智人情感系统中必不可少的一部分，但当人类祖先与黑猩猩祖先相分离时，它们还不具备协作情感。这些情感机制伴随着人类进化而形成，但是考虑到早期人类已经非常依赖大群体合作，我们有理由推断，它们可能早在直立人时代就已经存在了。接下来，我们将基于科学研究来阐明这些情感在人类身上的体现。

四 天生的道德

我们会说道德情感是"天生的",但只是在一种非常特殊的意义上:它们一开始并不是一般学习机制的产物,也就是说,它们最初源于生物发育而不是社会学习。然而,这并不意味着它们会固定不变,也不意味着它们不受文化经验的影响。[1]事实上,在本章的后面,我们会提出道德情感具有很强的延展性,它们被设计成一种对社会线索保持敏感的可塑机制。但在此之前,我们首先要回答一个问题:为什么我们认为道德情感是天生的?

如果人类和其他现存的猿类有某种共同的心理特征,如同情或忠诚,这就可以有力证明这种特征源自"天性"。[2]原因很简单:后天生活环境的差异如此之大,人类和其他猿类不太可能各自独立地发展出相似的后天特征。正如我们在第一章中看到的,黑猩猩和其他类人猿具有同情与忠诚的能力,所以联结情感很可能是天生的。然而,如果某种心理特征为人类所独有,那么我们又该如何搜寻证据来检验它们的"先天"或"后天"性?

婴儿研究提供了重要线索,要想澄清哪些道德情感可能是天生的,我们可以观察婴儿的道德表现。因为在早期发展阶段,幼小的儿童还没有从父母那里习得过于复杂的心理能力。发展心理学和比较动物学研究表明,人类确实天生具有某些其他类人猿不具备的情感。

基利·哈姆林(Kiley Hamlin)、保罗·布鲁姆(Paul Bloom)及

---

[1] Griffiths (2002).
[2] Hamilton (1975).

其同事开展的系列研究显示，婴儿能表现出明显的道德同情迹象。[1]在一个实验中，研究人员让婴儿观看木偶剧，"好木偶"是帮助另一个木偶实现目标的"帮手"，"坏木偶"是阻碍另一个木偶实现目标的"阻碍者"。婴儿更喜欢好木偶而不是坏木偶，如果给他们选择的机会，他们会更愿意与好木偶玩耍。另外，他们还会长时间地看着被干扰的木偶，表明幼儿期望别人会帮助它们。

不断积累的实证研究证据足以表明，幼儿能够表现出同情心，沃纳肯（Warneken）和他的同事进行过大量这类实验。例如在其中一项研究中，不到一岁的孩子会帮助成年人完成各种任务，比如捡起成年人够不着的东西，或者为他们打开橱柜，而且，完全没有人要求他们这么做。[2]所以，在无指导、无奖励且面对陌生人的情况下，幼儿也会自然做出利他行为，最合理的解释就是，他们具有同情心，同情心驱使他们主动帮助他人。

此外，幼儿似乎也拥有相互信任和尊重的情感，这使他们能够合作，对人类儿童和黑猩猩的比较研究清楚地证明了这一点。在一项研究中，两只黑猩猩在不同的笼子里合作完成一项任务，它们可以分别从两端拉动一根绳子，绳子连接着放置食物的盘子。[3]如果黑猩猩一起拉动绳子后，每只黑猩猩都能接触到一些食物，它们就会合作拉动绳索。[4]然而，如果所有的食物都集中在一起，只有一只黑猩猩能接触到食物，得到食物的黑猩猩就会倾向于独占所有食物，而另一只黑猩猩则在接下来的实验任务中不再合作。换作人类幼儿，他们在任何

---

[1] 最早的研究见Hamlin et al. (2007)。参见Bloom(2013)对这项工作的回顾。有些人担心，最初的研究是在小范围被试中进行的，目前后续研究正在推进，它们可以检验这些发现是否可以在更大的样本量中加以复制，参见Schlingloff et al. (2020)。

[2] Warneken and Tomasello (2006, 2007, 2008, 2013).

[3] Melis et al. (2006).

[4] Suchak ct al. (2014).

情况下都能与伙伴友好合作，当只有一个人获得食物奖励时，他会将食物分给搭档。[1]这项研究和其他类似研究表明，人类天生具有信任和尊重的能力，这种能力会促成平等互惠的付出与回报。

在本章后面的章节中，我们会阐述人类道德的情感核心如何能灵活地发挥作用。此刻，我们需要先得出结论并回应反对意见。在第一部分中，我们从进化角度对人类道德心理的情感核心做出了解释；与之相对应的另一种备选解释认为，情感核心不是源于生物进化过程，而是源于一般学习机制。然而，来自几方面的研究证据并不支持这种观点。

第一，正如我们所看到的，在其他类人猿身上也发现了一些道德情感，这表明人类与其他类人猿的道德情感具有同源性，因此它们是与生俱来的，而不是后天习得的。第二，发展心理学研究证据也不支持一般学习机制，还没有从成年人那里学习到足够经验的幼儿似乎也可以表现出同情、忠诚、信任和尊重的能力。第三，在各种文化背景下，都存在相同的情感核心，它们似乎依赖特定的神经和生理机制。

还有一个理由让我们相信，道德情感是天生的，这个理由可能最为令你感到信服。你可以学会如何去感受，学会如何调节情感反应（我们稍后会详细探讨），然而，如果没有基本的情感感受能力，你根本无法学会如何去感受，也无法学会如何调节情感反应。没有任何教育可以在一个人身上激发出他本身不具备的道德情感，许多心理障碍患者，如精神分裂症患者和反社会型人格障碍患者，似乎完全对道德教育"免疫"，好像任何教育都不会"唤起"他们的良知，其原因就在于，这些心理障碍破坏了他们的道德生理基础。[2]

---

[1] Warneken et al. (2011).

[2] Hare (1998, 1999).

另外，我们认为猿类具有同情和忠诚的道德情感，但信任和相互尊重则是人类所独有的。然而，来自比较心理学的证据并不能完全确定这一结论。动物研究具有很大的局限性，许多关于黑猩猩的研究结论，如我们在前文提到的那些，都是在实验室而不是自然环境下获得的，黑猩猩在更自然的情况下很可能会有不同的道德表现。此外，在人工饲养条件下，研究人员经常无法让黑猩猩获取足够多的同伴互动经验，如果黑猩猩有足够多的交往机会，它们很可能会更信任其他个体，同时也更为值得信赖。

在野外进行的一些研究发现，黑猩猩有时很愿意与同伴合作，它们在合作行为中可以体现出明显的信任感与尊重感。[1]其他研究甚至表明，人类之外的其他物种也可能具有深度同理心。[2]这些结果还有很大的解释空间。总的来说，对于"黑猩猩到底在多大程度上具有道德情感和深度同理心"这一问题，我们认为当前研究其实还无法给出一个确切答案。或许，人类和黑猩猩之间的情感差异只有量的区别，而没有质的区别（种类区别）。尽管如此，我们也毫不怀疑，"量的区别"足以达到"巨量"而不是"微量"。例如，在人类群体中，个体的道德情感可以轻而易举地为其他个体的行为或经历所唤醒；此外，人类的同理心还使得他们能对社会伙伴复杂的认知状态有所回应。

---

[1] 例如，研究表明黑猩猩会分享食物和合作（Melis et al., 2006; Jaeggi et al., 2013）；当他们能够选择合作伙伴时，他们也会合作并分享奖励（Suchak et al., 2016）；他们更愿意与公平分享食物的伙伴合作（Melis et al., 2009）；他们更愿意与朋友而不是其他黑猩猩分享食物（Engelmann and Hermann, 2016）；一项研究甚至发现，在最后通牒游戏中（详见第三章），如果伙伴提出了抗议，黑猩猩会做出更公平的分配（Proctor et al., 2013）。

[2] 参见Suchak et al. (2016)。有证据表明，其他动物也有信任的感觉，例如在学习何时以及如何玩耍时，参见Bekoff (2007: 96–103)。所以，差异可能只体现在范围（行为范围）和复杂性方面。

类人猿具有一定程度的道德情感，这表明我们完整的道德情感系统在200万年前早期人类出现时就已经进化出来了。通过类人猿所表现出的同情和忠诚，我们还明白，生物进化足以对道德情感的进化选择产生重大影响（与之相对应的则是文化进化，我们会在下一章进行讨论）。不过，当人类踏入了独立的进化轨道之后，我们的文化环境会继续对道德情感施加选择压力。智人情感能力的生理根源可以追溯至早期人类祖先，但总的来说，它是生物和文化交互作用的产物。

在前面的章节中，我们指出，道德情感之所以得以进化，部分原因在于它们可以让我们的祖先以多方受益的方式进行互动——表现为猎鹿合作和囚徒困境合作。在接下来的章节中，我们将探讨为何道德情感只能在一定范围内发挥作用。

和其他猿类一样，人类祖先也会受到群体间暴力和社会等级的影响。正如我们马上将要看到的，一旦我们理解了情感核心对于稳定合作形式的意义，我们也就更容易揭示人类道德的排他性与不平等性，即为什么道德情感只局限于群体内部。另外，基于同样的视角，我们还可以解释为什么人类道德具有灵活的运作方式。

五 排他性与不平等性

人类心理是利己主义和利他主义动机的混合体，道德情感与激发攻击性的情感会共存。像其他类人猿一样，人类常常诉诸暴力与统治。男性尤为可能攻击其他群体中的男性，同时他们也更容易控制自己群体中的女性，尤其是那些与他们有亲密关系的女性。这一点无疑令人感到非常遗憾，我们更像黑猩猩，而不是爱好和平的倭黑猩猩。[1]

这些形式的攻击与心理利他主义是一致的，因为人类道德与猿类道德一样，具有排他性和不平等性。也就是说，虽然我们可以将道德情感扩展到亲属之外的其他人，但它们不可能对所有人适用，群体边界与等级结构会限制道德情感的范围。更准确地说，所谓排他性与不平等性，其实也只涉及"量的差异"而不是"质的差异"。例如，排他性并不意味着个体对外群体成员永远不会唤起道德情感，但面对外群体成员时他们的情感通常不那么强烈。

在本节和本章的其余部分，我们将描述道德情感的灵活范围。我们还将指出，这是理解人类暴力和统治倾向如何与心理利他主义共存的关键之所在。再之后，我们会说明道德的灵活范围如何能促成进一步提升道德包容性和平等性的道德变革。也就是说，排他性和不平等并非不可改变的。

第一个问题：道德的排他性和不平等性从何而来？反思一下人类合作的本质。请注意，情感核心的进化大背景是群体间暴力和合作育儿，这就带来了两个后果。首先，合作能提高适应性，一个群体内部的联盟越稳固，该群体就越能在与其他群体的竞争中胜出；其次，自然选择会青睐合作养育子女，但这并不要求男性和女性承担完全相同的责任。让我们依次来分析。

道德排他性的来源正是同外部群体的对抗。就像现在的人类和黑猩猩一样，我们的人类祖先也会对他们的邻居使用暴力。他们之间会爆发冲突，他们常常袭击其他部落，杀死或奴役对方的成员，抢夺对方的资源。群体间暴力是一种适应策略，因为其他群体也在争夺同样的资源，而且他们通常也很残暴。至少从生物适应性的角度来看，相

---

[1] Wrangham and Peterson (1996).

比于被当作猎物，成为捕食者似乎是更好的选择。

忠诚本质上就是一种仅适用于家人和朋友的情感，可我们的同情对象似乎也只限于内部成员。在群体冲突的背景下，内群体同情会促成群体内合作，这正是道德排他性的成因。因此，将道德情感限定在一定范围内是一种合理做法。从某种角度看，群体间暴力是利他主义的体现，因为个体甘冒风险来提高群体中其他成员的生存繁衍成功率。相比之下，男性统治则出于纯粹的利己主义。

在本书的后面部分，我们还会探讨男女间社会角色的不平等如何导致了性别歧视，这种不平等存在于当代社会，但也可能存在于遥远的过去。通过对当代狩猎采集者的观察，我们可以发现早期人类社会就已经出现了平等和相互尊重的道德观。正如博姆所说，原始狩猎采集群体会贯彻"平等主义精神"，然而这种平等主要是指群体中男性成员之间的平等。[1]

性别界限会成为平等主义的障碍，历史记录表明，世界上大部分地区都存在着严重的性别不平等。许多进化心理学家倾向于将现代社会特征投射到过去，他们推断现代形式的父权制贯穿整个人类历史，这种推论并不准确。因为有证据表明，农业革命之前人类性别不平等程度尚未那么严重[2]，尽管如此，我们依然不能否认，性别不平等由来已久。

在人类历史上，女性的服从性可能会提高男性竞争优势，在这种情况下，自然选择会青睐雄性支配特征——这种现象在类人猿中很常见，它们是典型的生理和心理利己主义者。正因如此，女性有时似乎得不到与男性同样的尊重，她们会屈从于男性的暴力和统治。博姆是

---

[1] Boehm et al. (1993).

[2] Dyble et al. (2015).

对的，在同一性别阵营中，妄想独裁的恶霸会被排斥或处死，然而，性别内平等与性别间严重不平等并不冲突。

许多物种在生殖方面都存在"性别分工"，该机制由来已久，远远超出了人类和类人猿的历史。[1]在我们祖先的社会结构中，女性负责抚养后代，男性则要承担通过武力保护资源的职责，这一长期存在的专业分工或许可以解释为什么男性经常对女性缺乏尊重，认为她们与自己并不完全对等。虽然女性的生育付出非常可敬，但她们体型较小，更容易被控制，因此也更可能臣服于男性的暴力统治，其中也包括她们的配偶，或者照顾她们后代的男性。假如这一推断是正确的，那么父权制在旧石器时代就已经存在了（尽管没有新石器时代和之后那么明显，我们将在第七章看到关于这方面的讨论）。[2]男性对女性的统治符合男性生殖利益。因此，尽管道德核心情感的进化在某些方面强化了平等价值观，但它似乎可以对性别上的例外"网开一面"，道德不平等可能与性别有关。

即使我们接受这些关于人类道德限制的解释，我们也不应该认为道德排他性和不平等性是不可改变的生理特征，更不应该认为它们是合理的。首先，一种特征源于进化并不意味着它就值得推广或理应保留。此外，在本书后面的章节中，我们会更全面地认识到，人类的社会环境可以显著改变我们的生物结构，也可以改变我们的身体和心理功能。就像许多其他特质一样，道德排他性和不平等性可以被重新塑造。

总之，核心道德情感会让我们积极对抗外群体，也会让我们将女性置于从属地位。也就是说，道德情感是有边界的，只有同一群体的

---

[1] Bird (1999).
[2] Collier (1988).

男性成员之间会唤起"全套"道德情感。由于可以促成合作,道德情感受到了自然选择的青睐,但自然选择没有让所有人都享有完全一致的道德情感。尊重可能仅限于同一性别阵营内部,而同情则仅限于内群体之中。但正如我们接下来将看到的,排他性和不平等性的范围没有被牢牢固定,我们也可以改变道德情感。

六 自适应道德可塑性

一般来说,当出于适应性原因,生物某种性状的基因表达依环境条件而定时,我们就认为这种可塑性是一种适应策略,即"自适应可塑性"(adaptively plastic)。[1]墨西哥蝾螈就是一个典型例子[2],这个物种有陆生形态,具有腿、小躯干和肺;也有水生形态,具有鳍、大躯干和鳃。基因完全相同的同卵双子蝾螈可能分别发育成陆生形态和水生形态,至于它们会向哪种形态发育,取决于它们的成长环境是干燥的还是潮湿的。因此,这种灵活的发育特征本身就是一种适应策略。

道德情感也具有自适应可塑性。虽然道德情感是天生的,但个体会习得后天经验,"依据"环境中其他人的情感表达方式来"调整"自身道德情感的发展方向。这一机制使得早期人类群体能够将合作活动与新环境相适应。接下来,我们首先会论述道德情感的排他性和不平等性也是灵活可塑的,在这方面,我们会追随哲学家艾伦·布坎南(Allen Buchanan)和雷切尔·鲍威尔(Rachell Powell)提出的观

---

[1] 参见 Watkins (2020),要检验可塑性,我们首先需要对表型可塑性(phenotypic plasticity)有更精确的定义。

[2] Suetsugu-Maki et al. (2012).

点。[1]然而，不同于这些学者的是，我们将从道德情感的角度来揭示自适应道德可塑性，指出排他性和不平等性的"可变范围"到底有何意义。

另一个自适应可塑性的例子可以为我们理解人类道德特征提供更重要的启发：如果水中的化学物质表明当前水域环境中存在捕食者，水蚤就会发育出一层盔甲，这副盔甲需要高昂的生物成本，但确实能发挥保护作用。[2]布坎南和鲍威尔认为，道德排他性也符合这一规律，当环境中的其他群体具有较强的攻击性或威胁性时，人们更倾向于发展出强烈的道德排他性。[3]如果背景条件相反，人们则更可能发展出道德包容性。正如布坎南和鲍威尔所说，道德排他性程度（或者说包容性程度）是一个连续变量，它像一个可以调整到不同刻度的转盘，而不是只能打开（排他）或关闭（包容）的开关。

道德情感之所以具有自适应可塑性（例如，道德排他性可以强一些，也可以弱一些），是因为早期人类所面对的社会环境是莫测多变的。外群体有时会带来威胁，但有时也会带来机遇；他们是敌人，也是潜在的贸易伙伴；与邻近部落和平相处可以避免暴力冲突，因此非常有价值；对某些外群体的友好态度可以为其他部落战争奠定胜利优势。因此，自然选择倾向于挑选出能够在包容性和排他性之间灵活拨动的道德情感转盘。

正如布坎南和鲍威尔所指出的，自适应道德可塑性的一个重要证据是，当代人类道德排他性的边界并没有被固定。有时我们的"道德圈子"会扩展[4]，道德情感的范围可以延展也可以收缩。例如，历史

---

[1] Buchanan and Powell (2018).
[2] Chadwick and Little (2005); Stoks et al. (2016); Reger et al. (2018).
[3] Buchanan and Powell (2018: 188–218).
[4] Buchanan and Powell (2018: 192–199).

上，某些群体曾被视为只适合成为奴隶，但他们如今却受到他人的平等对待；相反，一度友好共存的外群体也可能被看作应被消灭的害虫，这些都能体现道德圈可灵活重塑的一面。

我们认为道德不平等也涉及了自适应可塑性。在不同人类社会中，人们对性别角色的社会理解可能有所不同，一些群体更倾向于父权制，一些群体则更倾向于性别平等。如果是这样，在道德性别平等（或不平等）问题上，自然选择也会更"欣赏"可塑性做法。平等主义程度取决于群体中特定的劳动分工，以及女性所能掌握的权力和能力。

尊重道德情感具有可塑性的例子比比皆是，人类社会并非一成不变地由男性统治，也并非一直贯彻性别不平等信念。虽然女性的从属地位从未完全消失，但她们在权力关系中的等级有时也会有所提升。生理特征似乎并不等同于宿命，因为道德情感具有足够的灵活性，它为道德观念的变化，甚至是随着时间推移而发生的巨大累积性变化提供了"许可证"。在本书的最后一部分，我们将解释群体间包容和性别平等是如何在现代社会中发展起来的。

在本章中，我们论述了人类会分享食物、共同养育后代、建立联盟来推翻独裁统治以及通过合作击败其他群体。但是，随着人类的进化，我们的祖先也确实越来越有必要依据环境条件选择灵活多样的合作方式。我们相信，道德情感的可塑性特征满足了这一进化需求。接下来，我们需要了解它到底如何能让人类在不同环境背景下进行有效合作。要做到这一点，我们有必要暂停一下，先认真讨论清楚道德情感的功能。在此过程中，我们会回答一个更基本的问题：为什么人类道德建立在情感基础之上？

七 道德情感如何起作用

道德情感的功能足以让我们相信它们是进化设计的产物。核心道德情感的每个要素都有各自的职责。首先考虑四种基本情感：同情心会促使人们关心同一群体中的其他人；忠诚感激发了友谊和共同对抗敌对群体的心态；信任感激发了协调一致的互惠行为；尊重则激发了平等相待。

这些核心道德情感会共同运作。作为联结情感的同情和忠诚保证了猿类可以互帮互助，彼此守护；作为协作情感的信任和尊重则保证了人类可以协调一致，共同行动。联结情感和协作情感是相互关联的。群体成员的紧密联系为合作提供了保障，而合作创造了共同利益，进而又反向巩固了人际联系。

同样重要的是，内疚和怨恨这两种反应性情感可以通过提升自己和他人的道德动机来强化联结情感与协作情感。综上所述，核心道德情感是一种自适应复杂特征，也是一整套相互关联的情感系统，它们的功能在于解决早期人类社会生态中首次出现的相互依存问题。

然而，我们可能想知道，为什么情感会成为道德心理中一个重要的组成部分。的确，人类究竟为什么会有一个复杂的自适应道德情感系统？难道我们不能进化出完全摒弃情感成分的互惠和公正行为吗？很少有研究人员会关注到这些问题。我们将从经济学家罗伯特·弗兰克（Robert Frank）的作品中汲取启示，为这些问题寻求答案。[1]

当我们结束本章时，我们将对我们的情感核心理论做一些最后的

---

[1] Frank (1988).

润色。这一理论基于这样一个事实：情感与动机、表达和学习有关。从这个意义上说，道德情感是多功能的，它们的每一种特定功能都对道德的自适应复杂性至关重要。我们将一个一个地检视这些功能（尽管它们彼此关联，没有一个是完全独立的），它们最终进化成为一套密切协调的综合系统。

总的来说，道德情感具有激励意义。例如，当你对别人感到信任和尊重时，你就会有动力去帮助他们，而不是期待去压榨、剥削和利用他们；当你对不平等待遇感到不满时，你就会有动力去寻求补偿，而不是知足地接受现状；当你为自己欠缺忠诚而感到内疚时，你就会有动力去乞求原谅、改善关系，而不是强化敌对态度。[1]

然而，如果没有情感激励，人类就无法去行动吗？难道他们不能心如止水、毫无情感地去做某事？问题是，当我们必须与他人协调行动时，如果不知道他人的动机是什么，我们就无法明智地行动。例如，在猎鹿难题或囚徒困境中，我必须在两种选择中择一而行，但除非你的行为与我的选择相协调，否则我的努力将付诸东流。我能相信你的行动会符合我的利益吗？我可以信任你吗？关键之处在于，即使假定人类倾向于合作，我们仍然需要知道其他人可能会如何行动。

在这种情况下，情感的另一种功能——表达就派得上用场了。人类需要通过面部表情和身体姿势将自己的情感传达给他人，尤其是与自己相互依存的人。道德情感是实现这一目标的理想工具。由于情感很难隐藏和伪装，借助情感，我们准确可信地向他人展示了自己的意图。因此，情感交流类似于狗摇尾巴，只不过前者的表达范围更大。你可能有时不喜欢对方的某些情感，但至少在大多数情况下你知道那

---

[1] 请注意，情感只有在"具备其他条件"的情况下才会激发行为。例如，你对不平等待遇产生了怨恨，但它可能源于你无法控制的情况，在这种情境下，你无法基于情感采取行动。尽管如此，道德情感是有动力的，即使环境使你无法根据自己的感受采取行动。

意味着什么，这在协调行动中能发挥关键作用。

也正是通过情感的表达功能，人类能够学会准确感受情感。假定你对我有足够的信任，可以毫不犹豫地将选择交给我，这是基于你对我的了解，或者你从我的表情与举止中解读出了某些信息。但你是怎么学会这一切的？虽然感受信任的能力是天生的，是自然选择进化的产物，但它也受童年成长方式和成年经历的影响。

在生命早期阶段，人类个体在很大程度上必须向榜样学习，观察他们的父母、兄弟姐妹和同龄人在各种情况下的情感反应。榜样们的道德情感表达会成为个人的情感指南，他们可能是糟糕的指南，是及格的指南，也可能是你所能拥有的最佳指南。然而，重点在于，在我们学习如何感受和反应的过程中，榜样们的道德情感表达可以发挥至关重要的作用。我们要依赖他人的情感表达来学习何时信任某人，学习值得向谁保持忠诚以及学习如何充分尊重他人。因此，由于情感表达的存在，人类可以将同情延伸到群体之外，将尊重延伸到性别限制之外（假定榜样是这样做的，我们也就倾向于这么做）。[1]

随着人类的进化，我们的祖先在群体中建立了新的合作关系。他们不但继续相互依赖，以躲避捕食者、击败邻近群体以及共同养育后代，他们还会开展合作式觅食与狩猎。此外，更重要的是，我们的祖先需要在变幻莫测的环境中完成所有这些合作活动。他们之所以能够这样做，是因为他们可以依靠一个灵活引导激励、表达和学习的情感核心系统。与更早的猿类祖先相比，人类道德情感有所不同，我们

---

[1] 随着时间的推移，人们也会知道什么时候道德情感是不可信的，例如，当有人假装需要帮助时。由于道德情感反应通常是自动且快速的，它们会在我们内心不经意间产生，因此，人类并不总是毫不犹豫地按照这些道德情感反应行事。通过严酷的历练以及观察学习智者的经验，个体会明白，有时事情的真相并不像表面看起来那样，因此他们能抵制自己最初的情感冲动。学会识别"虚假信号"可以让人类进一步完善感受道德情感的能力。

与其他猿类的情感差异既体现在情感数量方面，也体现在情感灵活性方面。

八 总结

从我们与猿类的共同祖先到人类的诞生，再到大规模定居社会的形成，人类的进化经历了三个主要阶段。

第一阶段结束于200万年前人类的诞生。在第一阶段，与其他非人动物一样，我们祖先的生物进化凌驾于文化进化之上。[1]在第二阶段，基因和文化开始共同进化。该机制最后一次导致人类谱系发生重大变化是30万年前智人的出现，尽管这一过程在那之后还在持续，事实上，它持续至今。[2]在人类进化的第三阶段，文化完全占据主导地位，大约10万年前，文化进化已经控制了达尔文的杠杆，它通过一系列社会和技术革命加速了进化速率。[3]文化进化是否符合达尔文主义原则？这一问题目前还有争议，本书的下一部分会进行详细讨论。但到目前为止，我们一直关注的是生物进化问题。

第一章首先解释了我们的猿类祖先利他主义机制的进化。道德的核心是同情和忠诚，对其他社群成员利益的关心促成了合作，其结果是个体与亲属都能从中受益。在本章中，我们看到人类进化出了进一步的利他主义能力。因此，其实在我们祖先进化出道德规则或道德推理之前，人类与其他动物在道德领域就有很大不同了，我们有更为丰

---

[1] Boehm (2012); Tomasello (2016); de Waal (2007); Nichols (2004).

[2] Henrich (2015); Mercier and Sperber (2017); Diamond(1997); Hrdy (2009); Richerson and Boyd (2005); Bowles and Gintis (2011); Greene (2013).

[3] Sterelny (2012); Heyes (2018); Buchanan and Powell (2018); Livingstone Smith (2011); Scott (2017).

富的道德情感生活。

在第一部分中,我们发展了一种道德情感理论,它涉及猿类和人类的道德情感核心。同情是道德的原始情感源泉,它存在于猿类和其他动物身上。然而,人类的道德情感包含更多成分,同情和忠诚(联结情感)、信任和尊重(协作情感)以及怨恨和内疚(反应性情感)会共同管理社会关系,这些情感促成了人类独有的合作形式。尤为重要的是,它们有助于解决人类祖先在狩猎、觅食、战争、防御和养育子女等活动中遇到的猎鹿难题,可以帮助人类祖先走出囚徒困境。

六种道德情感与深度同理心共同构成了人类道德的情感核心。因为它们控制着动机、表达和学习,这些情感都是生物适应机制,作用在于使聪明的人类能够根据环境调整他们的相互依存关系。道德情感是天生的,它们并非来自一般的学习过程,但它们也不是固定不变的,事实上,核心道德情感的进化设计具有很强的可塑性特征。因此,人们倾向于排斥外群体,以不平等的态度对待女性。但道德情感系统有足够的灵活性,它允许道德包容性和平等性得以提升。

紧接着,我们将会继续讨论人类进化的第二阶段,在这个阶段,文化和生理进化共同创造了人类这一物种。在本书第二部分,我们将提出一种生物-文化道德心理理论——它所涉及的道德能力是现代人所独有的。生理和文化的共同进化解释了人类为何具有灵活的情感。然而,道德情感只是道德心理的第一要素。我们将看到,人类的道德心理之所以独一无二,不仅是因为我们拥有丰富而灵活的道德情感,还因为我们可以遵循多元化的道德规范,并对是非做出推理判断。

第二部分

道德心理

第三章

规范

人类进化史上的第一个重大突破是200万年前直立人的诞生。直立人在欧亚大陆上存续的时间比我们现代人存续的时间长六到七倍[1]，它们的大脑比更早的南方古猿要大得多，相对应的，它们的社会生活也复杂得多。直立人可能是人类进化谱系中第一个可以凭借灵巧的双手生产出手斧和凿子的物种[2]，也是第一个能控制火源的物种[3]。这些技能扩充和丰富了我们早期人类祖先的饮食结构，为更大的大脑提供了足够的卡路里，而有了更大的大脑，我们的祖先才能开展更复杂的合作。

由于核心道德情感激发了利他行为并能够维持合作，人类的智力和社会互动激增。同情和忠诚情感在猿类身上已存在了数千万年。然而，早期人类进化出了信任和尊重、内疚和怨恨等新的道德情感。这些道德情感使我们的祖先能够生活在规模更大、关系更复杂、更具合作精神的群体中。人类智力之所以会不断茁壮发展，是因为聪明的个

---

[1] Rizal et al. (2020).

[2] Richards (2002).

[3] Roebroeks and Villa (2011); Berna et al. (2012).

体能够更好地理解彼此，也能够更好地理解他们基于依赖和竞争所建立的复杂社会世界。

在此后100多万年里，人类祖先进入一个漫长的稳定期，已出土的直立人化石在时间和空间分布上有很大差异，但它们的生理结构只有微弱区别。[1]很明显，最早的人类成员成功占领了一个生态位，他们充分利用了自身的生态位，从非洲迁徙到亚洲边缘地区。[2]直立人之所以能完成这一壮举，并不是因为与其他猿类相比，他们特别强壮、敏捷或凶猛，而是因为新获取的道德和认知能力激发了他们更强大的集体力量。

最早的人类诞生之后，人类进化又经历了两次重要的物种分化，最后导致了现代人的出现。其中，第一次分化发生在大约80万年前，当时留在非洲的早期人类进化成了海德堡人。像直立人一样，海德堡人将其活动范围扩大到欧亚大陆[3]，他们在那里繁衍出了许多其他人种，包括尼安德特人和丹尼索瓦人。

人类谱系中的第三次也是最后一次物种分化事件发生在大约30万年前，当时仍生活在非洲的海德堡人进化成了智人。这个新物种并没有立即离开非洲，但不久之后，智人开始统治整个地球。他们，也就是我们，对生命之树其他分支上的生物产生了深远的影响。[4]

从早期人类到海德堡人再到智人，每一次新物种形成都意味着我们祖先的社会复杂性和脑容量出现了爆炸式增长。由于祖母、姨妈和父亲在幼儿抚育中做出的贡献越来越大[5]，母亲可以承受弱小后代带

---

[1] Tobias and Rightmire (2020); Van Arsdale (2013).
[2] Kappelman et al. (2008); Fleagle et al. (2010).
[3] Rightmire (2001).
[4] 这些时间只是根据已有证据推测出的近似值。
[5] Hrdy (2009).

来的重担，人类幼儿的生长发育期也就越来越长，他们要接受长达十几年的教育，因此大脑更具可塑性。与早期祖先相比，海德堡人和智人的身体更纤细、更苗条，牙齿更小，下巴更脆弱。[1]然而，体能上的损失完全可以为人造工具和技术的进步所弥补。

晚期人类并不是第一批工具制造者，但他们是第一批技术创新者。他们发明了全新的石制和木制工具，包括新的刀片、标枪、棍棒和尖矛[2]，另外，他们还开始利用黏土[3]、皮革[4]和骨头[5]来制造物品。工具和技术创新使我们的祖先不仅可以控制火，还可以点燃火[6]，这让他们能够更"肆无忌惮"地狩猎[7]，同时加工更多植物以供食用[8]。技术承接了许多本该由肌肉、内脏和下巴完成的工作。[9]

本书的第一部分追溯了类人猿向直立人进化的过程，第二部分转向人类进化的第二个阶段，即从最早的人类到晚期人类，特别是智人的进化过程。是什么让海德堡人、尼安德特人和智人等晚期人类变得越来越聪明，以至聪明到能做出如此卓越的技术创新？答案是复杂的合作文化及合作对生理特征产生的影响，本书第三至五章将会回顾这方面的研究证据。

很多学者认为复杂的人类文化起源于更新世晚期，也就是大约5万年前。然而，这一判断很可能出现了几十万年的偏差。[10]甚至早在

---

[1] Harvati (2007); Stringer (2016).
[2] Wilkins et al. (2012).
[3] Violatti (2014).
[4] Gilligan (2010).
[5] Henshilwood et al. (2001).
[6] Richter et al. (2017).
[7] Surovell et al. (2005).
[8] Larbey et al. (2019).
[9] Henrich (2015: ch. 5).
[10] Henrich (2015: 314); Richerson and Boyd (2005: 12).

现代人也就是智人出现前，我们祖先的文化生活就已经非常富足了。一旦获得了足够的知识并可以基于知识进行工具和技术创新，人类就能有意或无意地对自己的创意与发明进行渐进式改善。那些"装备"了先进创意和技术的人类会在生存斗争中占据竞争优势，他们会继续扩散这些创意与技术，于是拉动了文化积累的阀门。虽然文化积累一开始速度极为缓慢，但它会不断加速，最终产生爆炸性结果。

文化具有急速变化的潜力，且变幻莫测、不可预知，为了适应文化世界，晚期人类需要更普遍、更复杂的合作形式。与早期人类一样，他们也有共同的道德情感，这种情感将他们与他人联系在一起，并导向合作。然而，为了应对突如其来的意外挑战，晚期人类有必要借助某种更灵活、更精确的手段来协调行为，这就是规范的起源。本章的主要论点是，规范是道德进化历程中的又一个重大创新。

规范是人类沉迷的共同规则。社会规范规定和禁止某些行为，并要求对违反规则的行为进行物质惩罚和社会制裁。生物和文化的共同进化有利于规范体系的建立。我们会看到，晚期人类并非生来就有规范，但他们获得了新的基因-文化能力来学习和内化文化环境中的规范。

在本书的第一部分，我们挖掘了道德在我们的物种大家族谱系中的生理根源，即道德的情感核心。在第二部分中，我们将论述人类道德心理的进化。本章会基于文化进化来解释人类道德规范核心的存在，并强调其生理-文化交互性质。我们将说明为什么人类有规范以及为什么人类会热切地学习规范。然而，为了更好地把握人类进化的第二阶段，我们首先需要了解文化是如何演变的，并清楚意识到自然选择和文化选择之间的冲突。

一 文化进化

地球上的生命始于40亿年前。[1]简单的单细胞生物经过了重重考验，最终产生了如今（至少目前）极其复杂的生命多样性。生物遗传系统是进化的基础，它能保证复杂特征被可靠地从亲代传递到子代，而基因则是这一系统中最核心的枢纽。[2]

在生物种群中，基因变异会导致有机体生理结构和行为特征的变异。一些基因产生的特征导致有机体存活时间更长、繁殖效率更高。因此，那些能够增强生殖适应性的基因更有可能被遗传给下一代。随着时间的推移，增强适应性的基因会逐渐扩散。而适用于不同环境的不同遗传特征也会在各自的环境中繁衍壮大，最终催生丰富的物种多样性。[3]

到某一个时间节点时，生物进化会产生能够从环境中获得知识并将所学知识传递给其他个体的物种。也就是在这一时间节点上，达尔文式的选择为文化敞开了大门，文化进化登上了历史舞台。

这一领域的先驱彼得·理查森（Peter Richerson）和罗伯特·博伊德（Robert Boyd）提出了一个非常有价值的文化进化理论，该理论确定了文化变革的通用单位，他们认为，文化进化的主要载体是"信息"而不是基因。[4]信息不仅包括思想和信仰，还包括构成语言、习惯、习俗和技能等文化现象基础的一系列知识表征。它可以是弥散

---

[1] Schopf (2006); Schopf et al. (2007); Dodd et al. (2017).
[2] 作为比较，可以发展系统理论支持者的想法，参见Oyama et al. (2001)。
[3] Darwin (1859).
[4] Richerson and Boyd (2005: 5).

性的，不一定是彼此边界清晰的信息包（"模因"）。[1]信息存储在大脑中，但它也存在于文档、产品和设备等其他表征系统中。另外，信息的传播途径不是繁殖生育，而是个体在发展过程中的学习交流。

因此，文化可以被视为一个并行的遗传系统，如同生理特征会被传递给后代，表达特征也可以被传递给其他人。生物进化的"通货指标"是可育后代的数量，而文化进化的"通货指标"是受影响的"学生"的数量。

不同生物基因及其引发的特征在种群中会有较大分布差异，文化信息及其引发的特征也同样如此。简单地说，有些信息被传播的频率更高，因为它所引发的特征会使其自身存续更长时间，并进入更多学生的头脑。随着时间推移，这些信息在人群中的流行程度往往会持续增加。不同"信息体"在不同生态位中茁壮成长，最终形成丰富多彩的文化多样性。

然而，一些科学家和哲学家非常怀疑生物上的适应性是否真的与文化上的适应性有共同之处[2]，因为它们分别涉及两种完全不同的载体，即基因与信息，而与之相关的遗传和选择的机制也大不相同。前者依赖于生物繁殖，后者则依赖于学生的学习交流。尽管如此，生物适应性和文化适应性都符合达尔文选择理论中的三个基本特征：变异、遗传和适应性的遗传差异。

为了清楚地理解这一点，最简单的方法是举例说明。在寒冷的环境中，相较于"薄毛皮"，"厚毛皮"这一生理特征会让动物更具竞争优势，厚毛皮动物可以承受环境中的严寒威胁，具有更高的生存繁殖率，因此，该特征会通过生物繁殖机制传递给更多后代。

---

[1] 模因概念来自 Dawkins (1976)。

[2] 参见 Lewens (2012) 对这场辩论的回顾。

现在考虑一个相似的文化选择例子。人们可以通过交流，将关于如何制作厚外套的知识传递给其他人。获得知识的人可能是传播者的后代，也可能不是。但无论如何，只要这些信息有利于个体应对寒冷环境，那么它们就会更易于被继承和传播（相对于制作薄外套的知识）。

生物繁殖不是文化选择的必要条件，但无论是生物选择还是文化选择，有三个因素是不变的：特征变异、遗传机制以及特征的不同遗传率（基于特征在环境中的"有用程度"）。当某种特征的功能导致其"携带者"在特定环境下可以更高效地传递该特征本身时，这种特征就具有更强的适应性（在该环境中）。无论传递是通过基因还是通过信息，也无论传递的途径是繁殖还是交流，以上结论都不会有所改变。如此看来，自然选择和文化选择都符合达尔文学说。

科学家们已经在从猕猴到鲸的许多动物身上发现了文化进化的迹象[1]，更不用说像黑猩猩这样的类人猿，它们当然也是文化生物。然而，毫无疑问，人类的文化复杂性在地球上是独一无二的。事实上，我们就是一种文化导向物种，以至为了适应文化进化，我们的生理结构也做出了某些必要调整。

生物进化是相对缓慢的，且无法领先于环境变异。相比之下，文化进化的速率更快，而且常常能"跑"到环境变化之前。[2]因此，正如我们将在本章后面深入了解到的，那些被"播撒"了强大文化获取能力的祖先能够更好地面对全新的生态挑战。新人类诞生期恰逢气候剧变，这加重了对文化能力的选择压力，而有利于文化学习的生理特征理所当然会受到自然选择的青睐。

---

[1] Schofield et al. (2018); Sinha (2005); Laland and Galef (2009); Whitehead and Rendell (2014).
[2] Perreault (2012); Lambert et al. (2020).

我们对古人类的了解主要来自骨头和石头。几十万年前的精密石器是我们祖先文化史最生动的见证。[1]然而，这些化石所承载的文化历史要远比它们表面所呈现的更为丰富。人类需要依赖特定的知识来制造石器，但他们也需要特定的知识来生产和操作其他由木头、骨头、兽皮和黏土制成的工具，这些工具及其相关技术并没有留下多少遗存物，考古研究只能找到一鳞半爪的痕迹。

除了工具制造，文化信息传播一定是人类在多变的生态环境中得以延续的重要原因之一。因此，在我们现代人类诞生之初，丰富的文化系统至少已存在了几十万年，甚至可以追溯到晚期直立人——海德堡祖先的时代。正是凭借"有用信息"，他们能够在其所处环境中取得成功，并不断将这些信息传递给其他人。因此，文化进化论为我们解释古人类制造的石器、骨器和其他不甚明了的工具提供了新视角。

在本书后面的第三部分中，我们将把达尔文主义文化理论构建成一个足以解释制度和意识形态由来的理论。但要理解文化进化的基础，我们需要更仔细地思考社会学习在文化选择中的作用。几乎所有动物都迈进了从环境中学习的大门，然而，不同于从环境中学习，文化进化必须通过传播才能实现。因此社会学习机制是文化选择的主要驱动力，接下来我们会看到这一点。

二 社会学习

让我们先来看看古人类点燃火和控制火的能力，这种能力产生于几十万年前。如今，使用火已经成为一种最常见、最普遍的现象，但

---

[1] Groeneveld (2016).

它并不是人类与生俱来的能力，人类可没有生火的器官。我们也并非天生就知道该用什么样的石头或什么样的木材来点燃火，生火能力是文化产物而非生理产物。

在许多方面，火对人类都大有裨益。首先，它提供了光和热[1]；它可以被用来恐吓捕食者[2]；人类甚至可以用火来清理出大片土地，以满足种植业的需求[3]。然而，最最重要的是，火是一种有效的烹饪手段，它可以用来加工难以消化或有毒的食物[4]，这极大扩展了人类的食物选择范围，同时也提升了食物利用效率，对于常常面临食物短缺问题的早期人类来说，火的使用带来了明显的生存优势。

有些人碰巧点燃了火。由于火是如此有用，其他人也开始效仿。通过文化选择，用火技术得以传播。

我们在本节的任务是探讨社会学习机制如何推动文化进化，诸如工具生产、制造厚外套以及生火和控制火。模仿是其中最主要的方法。

所有的合作动物都会共享信息。然而，只有人类才能通过精妙地模仿他人进行学习。[5]难道猴子不能观察其他猴子怎么做吗？难道它们看到其他猴子的做法后，不会模仿吗？其实不然，尤其是与人类相比，二者大相径庭。模仿在人类中很普遍，它是一种典型的适应性

---

[1] Brown et al. (2009).
[2] Wrangham (2009: 99).
[3] Bliege Bird et al. (2008).
[4] Wrangham (2009).
[5] Apesteguia et al. (2007); Brody and Stoneman (1981, 1985); Bussey and Perry (1982); Buttelman et al. (2012); Cook et al. (2012); Herrmann et al. (2013); Horner and Whiten (2005); McGuigan et al. (2007); Miller and Dollard (1941); Naber et al. (2013); Nielsen (2012); Offerman et al. (2002); Over and Carpenter (2013); Perry and Bussey (1979); Pingle (1995); Presbie and Coiteux (1971); Rosekrans (1967); Rosenbaum and Tucker (1962); Ryalls et al. (2000); Selten and Apesteguia (2005); Zmyj et al. (2010); Atran (2001); Byrne (2003); Gambetta (2005); Gergely and Csibra (2006); Heyes (2011); Laland (2001); Read (2006); Kaye and Marcus (1981); Blackmore (1999).

策略。我们没有必要从头开始重新发明轮子，只需要复制已有做法就行了。如果前人或其他人通过艰难尝试找到了应对某种生态挑战的方案，或者他们非常幸运地发现了某种新技巧，我们就可以"投机取巧"地照搬全收。[1]

人类会接触到各种各样通过语言、行为和人工制品表达出来的新信息。这些信息有的是偶然形成的，有的则是刻意为之。也就是说，"文化变异"（cultural mutations）要么是随机的，要么是人为的。在这两种情况下，人类都会获取和保留一些"信息单元"。例如，由于注意力偏差、情感显著性或易于加工等原因，某些信息更容易被习得，它们为人所获取的可能性也就更高。[2]然而，在文化选择的历史中，更重要的是社会学习机制。这些机制本身就是适应策略，其进化要旨在于让我们获取对生存和繁殖有用的信息。

进化的社会学习机制会引导人类效仿那些成功的个体，因为他们拥有有用信息，比如关于如何制作厚外套或如何生火与控制火的知识。[3]因此，成功的个体具有较高的文化适应性。由于人们倾向于模仿成功人士，后者所拥有的信息更有可能被传递给他人。所以，在人类历史进程中，模仿对文化选择施加了最重要的影响。

请注意，在文化选择领域，适应性并不一定以可存活的后代数量为指标，儿童只是潜在的学生来源之一。基因只能"纵向"地向下传递给后代，但信息除了纵向传播，还可以水平传播——不仅仅以自己的后代为传播对象，还能以他人的后代为传播对象；不仅仅以下一代为传播对象，还能以同代人甚至上一代人为传播对象。[4]传播对象必

---

[1] Richerson and Boyd (2005: chs. 3–4).

[2] Sperber (1996).

[3] Henrich (2015: ch. 4).

[4] Creanza et al. (2017).

须足够聪明，他们需要判断出谁是成功者，并对他们加以模仿。

在现代社会中，个体的"成功"越来越与生存和繁殖率脱节。但在人类历史的大部分时间里，文化上的成功与否会对个体生死产生巨大影响。不与生殖适应性同道而行的成功标准不会走得太远。因此，从漫长的人类史来看，文化适应性信息往往有利于生存和繁殖。

我们再次强调，请记住，文化适应性和生物适应性之间的联系并不是绝对的。文化选择并不一定青睐那些能够为生物体繁殖利益服务的特征。从根本上来说，文化适应性是指信息的传播能力，即信息是否能以更高效率传播，是否能存在于更多的人类头脑或其他表征系统中。因此，一些文化特征会像病毒一样，为了自身传播而牺牲宿主的利益。[1]举个例子，自杀仪式就很可能会在人群中迅速传播，尤其是当自杀者被人们认为是一个值得效仿的对象时。[2]

当个体之间相互竞争以成为被效仿学习的对象时，选择在个体层面上起作用。然而，就像自然选择一样，文化选择也可以在更高水平上运作。当某些信息的"继承群体"在群体竞争中更有优势时，群体就成为文化选择的对象。[3]例如，假定一支球队取得了成功，他们的策略为其他球队所复制，此时，优势信息就是通过群体而得以传播的（我们将在本章后面更详细地探讨文化群体选择）。

到目前为止，我们已经看到社会学习机制如何在文化进化中产生选择压力，这一选择机制既会作用于个体选择水平，也会作用于群体选择水平。社会学习倾向于传递有用信息。接下来，我们将会提出一个将生物进化与文化进化相整合的理论，这对于进一步解释道德的演变是必要的。本章其余部分将基于该理论来解释道德心理中规范核心

---

[1] Dawkins (1993); Brodie (1996); Cullen (2000); Distin (2005).

[2] Rubinstein (1983).

[3] Sober and Wilson (1998: ch. 4–5).

的由来。

三 基因-文化共同进化

文化为人类提供了丰富的机遇，以至任何妄图自力更生、不模仿他人的人都显得异常愚蠢。对文化的沉迷也为我们带来了足够的回报，就像自然选择一样，文化选择具有累积效应，最终结果是文化适应变得越来越复杂。例如，简单的工具会发展成复杂的技术。因此，自然选择再也不能忽视文化了。

约瑟夫·亨利希（Joseph Henrich）是一位人类学家，他的研究涉及许多相近领域。亨利希认为，现代人的起源以及他们同早期人类与其他类人猿之间的巨大差异，不仅是文化的结果，而且是基因和文化共同进化的结果，亨利希为该假说提供了迄今为止最有说服力的证据。[1]一旦文化开始积累，它就成为影响生物进化的主要选择力量。也就是说，基因遗传不仅要适应自然环境，还要适应文化环境。例如，正如亨利希所说，引发高级心理理论的基因之所以会在人类血统中得以进化，部分原因在于知道别人想什么能让我们更好地学习我们在群体中发现的有用文化信息。[2]

亨利希解释说，文化是如此强大的力量，它甚至影响了我们解剖结构和生理机能的进化。[3]人类消化系统并不像其他类人猿的消化系统那样功能强大，我们的嘴和牙齿都很娇小，我们的嘴唇和下巴肌肉很纤弱，我们的胃很小，我们的大肠很短。但这些明显的不足之处其

---

[1] Henrich (2015).

[2] Henrich (2015: 50–52).

[3] Henrich (2015: 65–69).

实事出有因:"勤俭实惠"的消化系统有利于适应丰富的文化环境。

由于文化的发展,人类获得了加工食物的工具、技术和诀窍,这些知识能帮助我们在将食物吃进身体前预先进行"体外消化"。例如,吃熟肉大大降低了我们肠胃的工作负担。在过去几十万年里(也许是更长的时间),人类个体投入消化系统的资源逐渐减少,这换来了另一种适应性优势:将节省下来的资源用于其他重要的生理功能,比如发展和维持另一个能量密集型器官——大脑。所有这些"生理创新"之所以能实现,只是因为文化进化的存在,因为文化让我们获得了能够烹饪和加工食物的工具与技术。[1]

文化对生物进化最显著的影响不在于它重塑了哪些器官,更重要的是它重塑了神经系统和神经发育机制。[2]对于出生在丰富文化环境中的人来说,更高的社会智力赋予了他们巨大的优势。那些能够更好地获取和保留文化传播信息的人,可以更有效地利用他们群体中积累的海量知识。因此,自然选择扩大了我们的大脑,赋予它们更多的神经连接。

众所周知,人类新生儿会顶着一颗典型的大脑袋。只要颅骨尺寸再扩大一点,新生儿的脑袋就无法通过产道了。[3]当然,新生儿的大脑在出生后会继续生长,并贯穿整个发育阶段,从婴儿期到青春期,甚至更长时间。人类幼儿依赖父母或其他抚养者的时间要远超过其他动物,因为由文化驱动的生物进化机制会青睐有利于"文化下载"的特征,即可以从家庭和社群中获得更多有价值信息的特征。[4]

文化对社会学习能力施加了极强的选择性压力。正如亨利希所

---

[1] Henrich (2015: 65–69); Wrangham (2009); Zink et al. (2014).
[2] Henrich (2015: ch. 5).
[3] Fischer and Mitteroecker (2015).
[4] Hochberg and Konner (2019); Sterelny (2012).

说，人类进化出了一种复杂能力，我们可以有选择地向群体中的其他人学习，并接受他们的信仰、价值观和习惯。[1]我们的生理特征引导我们模仿周围那些能提供有用信息的人、那些技能娴熟的人以及那些更为成功的人。这并不一定是因为我们确切地知道是什么想法、习惯或技能造就了他们的成功，而仅仅是因为我们认识到他们是"成功人士"。[2]

在"声望学习"（prestige learning）现象中，我们甚至模仿群体中其他成员正在模仿的行为。[3]（所以在当代，社会名流掌控着惊人的力量。）也就是说，我们依赖其他人提供的"元信息"，来判断哪些人更为成功、富有或技能娴熟。声望学习现象表明，在识别谁值得学习时，你自己的识别力其实非常有限，所以最好还是相信多数人的判断。在遥远的过去，所有这些社会学习策略都具有生物适应性，原因在于，人类经历了漫长的文化积累史，人们只有通过学习才能获得那些最重要、最不可或缺的信息，只靠自己单打独斗是行不通的。

基因与文化的共同进化对人类谱系产生了迅猛而惊人的影响。正如亨利希解释的那样，原因是它可以通过"自催化"机制（一个正反馈循环）来不断推动自身运转。[4]文化积累使得那些有利于人类吸收文化的生物特征被选择出来，生物特征催生了更复杂的文化，而复杂文化又会引发新的生物适应，如此循环往复。

让我们总结一下。人类进化的第一阶段主要局限于基因突变。在人类进化的第二阶段，文化进化加入了战局。文化学习机制更青睐有

---

[1] Henrich (2015: ch. 4).

[2] Chudek et al. (2012); Atkisson et al. (2012).

[3] Henrich and Broesch (2011); Chudek et al. (2012); Jiménez and Mesoudi (2019); Henrich and Gil-White (2001).

[4] Henrich (2015: 57); Sterelny (2012: 29–34).

利于提高生存和繁殖率的有用信息，基因必须经历文化环境的洗礼。因此，基因和文化产生了共同进化。想象一下，一辆汽车能够以自己排出的废气为燃料，这种永动机模式正是基因-文化共同进化的影响力之所在，它解释了为什么会出现海德堡人、尼安德特人和智人等新物种。

更聪明的人类物种之所以会登上历史舞台，是因为在大规模社群的生态背景下，有利于社会学习的能力以及其他认知技能会成为自然选择偏爱的特征。然而，大规模社群的稳定离不开新道德适应机制的支持，这些适应机制可以维持合作，减少冲突。如果没有规范的自催化进化，人类祖先也不可能走上盘旋上升的阶梯。接下来，我们就将讲述重点转向这种生物-文化交互适应。

四 规范文化

我们人类的道德并不完全取决于情感。现代人还会依靠道德规范来决定他们的是非标准。[1]虽然情感也有强弱等级之分，但规范提供了一个更"离散"的道德分类系统。因此，人类不仅仅会对某些行为产生积极感受，还会认为这些行为是"必要的"；他们不仅仅会对某些行为产生消极感受，还会认为这些行为"触犯了禁忌"，不应该被许可。

为什么规范是人类道德的一部分？我们现在要借助文化进化概念来回答这个问题。在本章的其余部分，我们将从过去几十年开展的多学科研究中寻求相关证据，本节则首先阐述一些基本观念。考虑一

---

[1] Nichols (2004).

下，基因-文化共同进化会带来哪些心理后果？

文化进化的第一批重要成果是各种获取和加工食物的工具与技术，它们本可以通过简单的模仿得以传播。然而，一旦我们的祖先具备了基本的语言能力（这种能力在复杂语法出现之前就已存在，但在复杂语法出现后尤为明显），他们就开始"编码"和传播有关当地环境的更复杂、更真实的信息：哪里有水，哪些植物是可食用的，哪些植物有毒，哪些动物是狩猎对象，哪些动物应该尽量避开，如何制造和使用更精细的技术，等等。[1]这些信息将在几代人的时间里迅速积累起来，因此，如果不深入吸收本群体的文化遗产，任何个人都不可能凭借自己的力量非常全面地知悉关于当地环境的信息。

文化知识的稳定持续积累对我们的认知系统施加了选择压力。因此，人类进化出了一种与生俱来的"民间生物学"系统——旨在获取、组织和储存有关动植物信息的认知系统。[2]我们"天生"已经准备好构建我们对生物的想法；我们根据它们的表面特征以及潜在属性对它们进行分类；我们会自动将自己对一个生物个体的印象投射到其他同类身上。对于人类生存来说，有关现存物种的文化传播信息是如此重要，以至我们的大脑进化出了专门处理加工此类信息的认知能力。[3]

文化进化还构成了另一类宝贵信息的来源。规范是由文化传播的社会规则，它们规定了我们应该如何对待群体中的其他人。规范建立的基础是人们会期望群体中的其他人也都遵守这些规范[4]，任何人

---

[1] Tomasello (2008); Csibra and Gergely (2006, 2011); Gelman and Roberts (2017); Taylor and Thoth (2011).

[2] Atran and Medin (2008).

[3] Henrich (2015: 78–81).

[4] Bichierri (2005, 2016).

违反了社会规范，都会遭受社群的制裁和惩罚。在道德进化的第二阶段，文化与基因的共同进化产生了道德心理的第二个要素：规范核心。

社会规范最初是如何产生的？与许多文化适应机制一样，人类可能完全是偶然发明了它们，而不知道它们到底多么有价值。规范的雏形可能与禁止暴力或要求救助等事情无关，它出现于工具使用或工具说明中。例如，你应该这样撞击石头，而不应该那样撞击石头。在合作任务中，智慧且灵活的人类或许有时会将合作规则编入规范。例如，成功获取食物的猎人和采集者返回营地后应仔细分配他们的战利品，以便每个家庭得到相同数量的资源。由于几乎每个人都是这样做的，其他成员可能已经开始认为这是"应为之事"[1]。

一旦分享食物从一种行为规律转变成一种规范，它就具有了强制性。未能平均分配战利品的个体会受到团体中其他成员的谴责和惩罚，典型的制裁手段包括扣留所得、降低福祉、将恶名广而告之和社会排斥等。在严重情况下，违反规范意味着被完全逐出群体，甚至被处决。[2]例如，正是由于存在关于平等的规范，群体中的潜在暴君才不会为人所接受。

---

[1] 规范首次出现的时间存在争议，除此之外，"规范行为"包括哪些内容也并不总是很清楚。在一篇关于"纯洁规范"的重要论文中，克里斯汀·安德鲁斯（Kristin Andrews，2020）认为规范行为的出现有四个基本条件，除了类人猿，许多哺乳动物都能表现出原始规范行为，这四个基本条件是：动物可以区分行为主体与非主体，它们可以将内群体行为与外群体行为区分开；当内群体中的大多数个体都做出某类行为时，它们会自愿遵循这一模式；当一些个体不遵守行为模式时，另一些个体会产生消极反应，并予以纠正。当符合这几种情况时，原始的规范模式就产生了。我们所讨论的规范则更为复杂，我们强调，文化对规范演变至关重要：当人们遵循某种规范模式时，这种模式是可以用语言加以描述的，当规范具有冲突性时，人们可以意识到。但另一方面，我们所讨论的规范与进化早期的原始"规范"相兼容，至于随着规范进化得日趋复杂，行为"理由"是如何进化的，可以参见Campbell and Woodrow (2003), Campbell (2009)。

[2] Tomasello (2015); Richerson and Boyd (2005: 214).

既然我们清楚了规范是什么，我们就可以开始解释为什么规范是适应机制，以及它们是如何进化的。为此，在接下来的章节中，我们将借鉴本章前面提出的文化进化和基因-文化共同进化理论。和自然选择一样，文化选择也符合达尔文主义原则，它可以在多个层面上运作，具有自催化特征。文化选择是由社会学习机制驱动的，并通过文化传播得以实现。

规范之所以会成为人类道德心理的核心要素之一，是因为它对个体和群体的生存繁衍有着巨大影响。但这种影响到底体现在哪些方面？首先，凭借规范的灵活性和精确性，我们的祖先得以通过更可靠的新形式开展合作，从而提高了他们的生物和文化适应性。其次，规范与惩罚联系在一起，而惩罚则为利他合作提供了保障。接下来，让我们详细分析一下这两个观点。

五 规范如何起作用

为什么规范具有生物和文化适应性？也就是说，它们如何能帮助晚期人类增加后代和学生数量？最初，除了与生俱来的道德情感和随之而来的社会行为，规范几乎没有提供什么其他东西。和情感一样，规范也能激发帮助和合作行为。然而，情感是一种生物适应机制，与生物进化相比，文化进化要快得多，也要灵活得多。当人类祖先面临某种新的社会挑战时，如果我们要完全依赖基因编码的行为策略解决这一问题，在合适的基因出现前，群体可能就已遭受了毁灭性打击。

假设一类新的凶猛捕食者开始侵犯特定人类群体领地。为了保护自身，将猛兽赶走，群体中的所有人必须协调一致。此时，如果某种突变能让我们成为更具凝聚力的群体，从而使得我们免于沦为猎物，它当然会成为一种优秀的适应机制。遗憾的是，捕食者靠近的脚步可比基因突变与自然选择的过程要快得多。一旦一群智慧人类有了规范和语言能力，他们就能更快地实施一种有利于提高凝聚力的规范，以抵御捕食者。因此，就像其他的文化适应机制一样，规范让人类可以以一种灵活的方式协调有益的社会行为。

除了有助于灵活应对新环境压力，规范的适应性意义还可以体现在另外一个方面。毕竟，道德情感在一定程度上也有助于我们灵活应对环境压力（上一章我们介绍过，道德情感的排他性和不平等性是可塑的，会依据具体环境发生改变）。但相比情感，规范对社会行为标准的要求更明确，因此可以更高效地协调有益行为（此外，我们稍后还会强调，道德情感的灵活性在一定程度上要归功于规范）。

在多个维度上，道德情感都会表现出大量差异性。虽然人们会具有一些共同的情感反应，如同情或信任，但其具体触发情境可能因人而异，一部分人可能会因特定事件而体验到同情和信任感，另一部分人则可能对相似事件无动于衷。而且，即使每个人都体验到相同的道德情感，它们的强度也可能不同，或者它们所导致的行为模式会有微弱区别，又或者它们的表达形式会引起社群中人们不同的反应，一些形式为人所称许，另一些形式则为人所反对。

而规范则可以更具体，因为它明确界定了什么该做、什么不该做。作为人们共同认可并遵守的准则，规范更能有效确保社会协调。例如，两个互相信任的人可能避免对彼此撒谎，然而，如果他们还接受了一个共同准则，即撒谎是禁忌，撒谎者应遭受惩罚，那么即使他们之间的信任感削弱了，他们可能还是会尽量对彼此保持诚实。更精确的规范内容大大强化了人类的合作稳固性。

规范的另一个关键特点是，它为制裁或惩罚颁发了"许可证"。[1]即使没有负责监管和惩罚的"第三方"，当一个人不遵守群体社会规范时，其他人也会积极地对其加以惩戒。有时，人们为了实施对违规者的惩罚，甚至甘愿牺牲自身利益。接下来我们会看到，规范之所以能进化，不仅仅是因为它能以一种比情感更灵活且更精确的方式指导行为，还因为它与惩罚相关联。

惩罚建立在反应性情感之上。怨恨、愤慨和蔑视等情感促使早期人类对其他违规群体成员做出负面回应，随着规范的出现，这些感觉又进一步驱使人们对不道德行为实施更广泛的制裁，比如扣留福利、损毁声誉和社会排斥等。因此，道德的情感核心促进了规范核心的构建。（我们在下一章中将重复看到这种模式，我们会强调这两个核心要素相互依赖共生的一面。）

为什么惩罚机制"需要"进化？要想搞清楚这一问题，我们可以再次转向进化博弈论。之前的章节已经论述了人们在猎鹿游戏和囚徒困境中的合作倾向，除此之外，行为经济学家还会使用许多不同的博弈任务来评估参与者的惩罚意愿。研究显示，人们乐于让他人遭受应有之惩罚，哪怕这需要个体再付出额外的代价。[2]

在最后通牒游戏（ultimatum game）中，两个玩家先一起完成某项任务，之后一个玩家得到一笔奖金，实验员告诉他必须将其中一部分给另一个玩家，第二个玩家可以选择接受或拒绝分配方案。如果他接受，那就按照方案领取奖金，如果他拒绝，双方都拿不到钱。假定人们都是完全理性的，假定他们追求的都是自身利益最大化，且假定人人都能意识到这一切，那么分配人（第一个玩家）会尽可能将更少

---

[1] Fehr and Fischbacher (2004); Weibull and Villa (2005); Boyd and Richerson (1992).

[2] Fehr and Fischbacher (2004).

的奖金分给响应人（第二个玩家），而响应人会接受任何分配方式，只要自己所得不为零。然而在大多数社会的最后通牒游戏中经常发生的情况是，分配人会提出将大约50%的奖金分给对方，而当响应人得到的奖金远不足50%时，他们会拒绝分配方案。[1]为什么？

玩家们共享一个平等分配的规范，因此奖励应该在两人间大致平均分配。对响应人来说，这非常重要，以至他愿意通过拒绝方案来惩罚分配人，即使惩罚的代价是他自己也会失去所有奖金。对分配人来说，这也很重要，一方面，他或许认同平等分配的规范[2]；另一方面，他也知道响应人可能会实施报复惩罚，正因如此，他会倾向于向响应人分配一半奖金。

最后通牒游戏不仅仅能够证明，对于违规者，人们普遍倾向于让其遭受报复与惩罚。正如同猎鹿游戏和囚徒困境一样，它也为我们提供了一个社会行为进化模型。特别是，它阐明了在互惠利他主义背景下实施惩罚的激励因素。当然，在进化过程中，回报不是一个人能得到多少奖金，而是他产生的后代或学生的数量。

如果我们只进行一次性的最后通牒游戏，假定我扮演分配人的角色，那么对我来说，我越吝啬、越尽可能少地将奖金分给他人，我就会越成功。因为在这种情况下不分享不会对我的未来利益产生任何影响。假定你扮演响应人的角色，那么对你来说，最成功的选择是接受所有"非零"的奖金分配，而不是牺牲自我利益来惩罚我的贪婪，惩罚只会使你雪上加霜。

---

[1] Henrich et al. (2001, 2010); Nowak et al. (2000).

[2] 为什么我们相信分配者的部分动机在于维护公平，而不仅仅是因为他们预见到不公平的分配会遭受惩罚？行为经济学家曾将最后通牒游戏改编为"独裁者游戏"，该游戏的主要设定与前者类似，不同之处在于另一个玩家没有选择接受或拒绝的权利，他们只能接受提议。如果分配者的动机只是追求利益，那么在这个游戏中他可以肆无忌惮地将奖金留给自己。但实验数据并不支持这一想法，许多被试仍然会将大约一半的奖金分给另一位被试。

然而，假定你我参与的是重复最后通牒游戏——就像现实生活中的社交互动。在这种情况下，长期利益的诱惑开始发挥作用。有时你可能是分配人，有时你可能是响应人。如果我过于吝啬，那么惩罚我将对你有利，因为这样做会打消我在随后互动中的自私念头。如果我从一开始就知道你可能会惩罚我，那么我甚至不会试探自己到底能占到多少便宜。[1]

因此，威慑是惩罚进化的原因之一。尽管惩罚在短期内偏离了进化的利己主义精神，但从长远看，在具有最后通牒博弈结构的重复情境中，惩罚更受互惠利他主义的青睐。然而，惩罚不仅仅符合个体合作者的利益，也符合群体利益，因为惩罚有利于加强合作。

稳定合作的能力是第三方惩罚一个特别重要的特征，它往往会违背生物和心理上的利己主义。为了充分理解规范和惩罚进化的原因，我们需要更仔细地研究第三方惩罚中的利他主义要素。我们还需要拓展进化机制的"菜单"，看看除了互惠利他主义，还有哪些机制对第三方惩罚起到了助推作用。

六 文化群体选择

规范有利于促进多方合作，这对于维持庞大而复杂的人类群体是必不可少的。但这并不一定意味着规范会受自然选择青睐。事实上恰恰相反，由于规范引导的超合作行为通常在生物层面上具有利他性，似乎它本不应该被进化选择出来。

首先，正如我们在囚徒困境中看到的，为了遵循合作规范，个体

---

[1] Slembeck (1999).

会付出一定成本（无法追求最高收益）。当然，我们也分析过，当人们反复进行互动时，这种成本可以为长期回报所抵消，就像在重复囚徒困境游戏中，每次都选择合作才是收益最大化的做法。其次，惩罚行为的实施者通常要付出个体代价，正因如此，惩罚机制中也存在"搭便车"的空间，坐享其成是一种很有吸引力的策略：如果其他人都在惩罚违规者，让他们守规矩，你就没必要这么做了。[1]

这意味着，遵循并执行规范会让群体而不是个人更受益。依据达尔文主义进化原则，不装载规范机制的个体比装载规范机制的个体具有更强的生物适应性。因此，后者会逐渐消亡，并慢慢失去向学生传播规范文化的机会。此外，由于他们在进化上是"失败者"，其他人不太可能模仿他们的做法。规范机制刚刚破土而出，就会迅速走向凋零。

正如我们在第一章中所看到的，生物利他主义还可以通过亲缘选择进化，即假定个体的某种行为降低了自身适应性，但提高了亲属适应性，这种行为模式也可能得以进化。然而，正如经济学家塞缪尔·鲍尔斯（Samuel Bowles）和赫伯特·金蒂斯（Herbert Gintis）指出的那样，在直立人繁衍生息的更新世时期，亲缘选择机制未必能发挥作用。[2]尤其是自从海德堡人出现以后，人类群体规模已经扩大到多数群体成员都没有任何亲缘关系的程度，群体之间存在着频繁的成员迁移。因此，亲缘选择机制可能无法解释规范的进化。

另一种可能的机制是互惠利他主义。我现在帮了你的忙，希望你将来也会帮我的忙。或者，就像我们看到的，我惩罚你，为的是你今后能改变你的行为。因此，从短期看，我的做法（惩罚）体现的是生

---

[1] 这就是"二阶搭便车问题"，例如，可参见Ozono et al. (2017)。
[2] Bowles and Gintis (2011: ch. 2).

物上的利他主义，但从更高层面看，它体现的依然是生物利己主义。但鲍尔斯和金蒂斯认为，在规模不断扩大的群体中，互惠利他主义的力量也非常有限。小群体成员很容易追踪彼此的行为记录，他们会了解谁帮助过谁，谁回报过谁。但在海德堡人和智人生活的大规模群体中，如果个体还想审慎检查每位交往者的互惠记录，这无疑会带来巨大的认知负担。如果这是真的，那么最后通牒游戏也就不足以模拟规范和惩罚机制的进化。

我们认为，鲍尔斯和金蒂斯在一定程度上是对的，对于超越家庭关系的规范来说，亲缘选择确实无法起到足够的支持作用。然而，他们否定互惠利他主义的理由则缺乏说服力。我们有充分的理由相信，互惠利他主义对规范进化施加了一定影响。这就是人类如此关心自己和他人声誉的原因。人类许多心智系统都与声誉跟踪和管理有关，甚至我们语言能力的进化在一定程度上也可能源于对他人行为"说三道四"。[1]流言蜚语使他们能够了解其他人的合作与背叛倾向。因此，我们有许多适用于管理互惠利他主义的策略。然而，在大群体中，互惠利他主义或许也并不是构成规范进化的主要途径。

一些研究人员已经提出了强有力的证据，证明规范在一定程度上是通过文化群体选择而得以进化的。[2]在群际竞争中，发展出规范的群体会比没有规范的群体具备更明显的竞争优势。规范赋予了一个群体更强的合作能力，这在人类应对新的生态挑战时可以发挥重要作用。例如，那些更具合作精神的群体可以获取更多食物，并避免自身成为捕食者的猎物。通过汇集信息资源，他们在文化方面也有明显优势，相比那些吝啬小气的人，乐于同成员分享新想法、新观念的人更

---

[1] Dunbar (1996).

[2] Henrich (2015); Richerson and Boyd (2005); Bowles and Gintis (2011); Sober and Wilson (1998).

容易凝聚在一起，组成成功的群体。

总之，与没有规范的群体相比，发展出规范的群体能繁衍更多后代，也能更高效地传播和积累文化创新。他们能够更好地应对物理环境中的挑战；他们能够占领更多新环境，扩大活动范围；他们可以通过优秀的进攻或防守策略，在战争中击败其他群体。另外，群体竞争并不一定以暴力方式展开，如第二章所述，人类群体经常需要为了贸易和配偶而相互合作。那些能够更好地实施合作策略的群体在与其他群体的竞争中会取得适应优势。

发展出规范的群体会积累更多经验技术，他们更有可能吸引其他群体的移民，也更有可能鼓动其他群体复制和采用他们的规范。因为规范是一种文化特征而非生物学特征，它们可以在个体与群体之间发生横向传播，而不仅仅是纵向传播。因此，包含规范的信息系统会不断"开枝散叶"。

几十年来，群体选择概念在学术界一直名声不佳。[1]它所遇到的主要障碍来自个体选择，一般来说，即使合作群体比不合作群体更具有适应性，但在这两类群体的内部，不合作的个体也可能比合作的个体更具适应性。如果个体（不合作）在生物层面的繁殖速度高于群体（合作）在文化层面的繁殖速度，那么合作就会被从内部颠覆。也就是说，如果人类可以搭便车，合作就会崩溃。

然而，晚期人类还是以一种强硬手段克服了搭便车问题。两种不同机制共同抹平了合作个体和不合作个体的适应性差异。[2]首先，当规范开始登上历史舞台时，人类已经进化出了强烈的模仿和从众动机，这为文化进化提供了保障。如果其他人都遵循规范并力主惩罚违

---

[1] Dennett (1994); Dawkins (1994); Pinker (2012).
[2] Bowles and Gintis (2011: ch. 3).

规行为,在模仿倾向的"干预"下,个体很难"特立独行"地成为搭便车者。

其次,正如我们所看到的,规范激发了针对搭便车者的惩罚。因此,任何与社会趋势背道而驰的搭便车者都要承担严重的适应性损失。由于个体利己主义为从众倾向和惩罚机制所抑制,它无法侵蚀群体层面的文化选择成果。文化群体选择与互惠利他主义相结合,催生了规范的适应性收益。接下来,我们需要看看面对这些重大文化事件,人类生理属性会作何反应。

七 生物-文化规范心理学

按照本书的年表计划,本章已进入人类进化的第二阶段:基因-文化共同进化阶段,它大致对应了从早期人类到人类大家族只剩唯一幸存者(我们现代人)的这一时间跨度。规范的文化进化使晚期人类能够以更大规模、更灵活、更具协调性的方式开展合作,这满足了复杂社会发展的要求。一切不是凭空产生的,随着海德堡人和智人出现于非洲,尼安德特人和丹尼索瓦人出现于欧亚大陆,人类经历了彻底的认知变化。在某种程度上,这缘于规范文化稳定了复杂社会结构,而更高智能则是复杂社会所青睐的特征。从这一角度看,规范构成了智力进化的基础。

但到目前为止,我们对规范的讨论尚不足以涵盖所有基因-文化共同进化所引发的变革,我们还没有给予规范的生理学基础足够的重视,来充分阐明人类道德的规范核心。这是必须完成的工作。第四章将致力于论述规范核心和情感核心之间的共同进化,以及它们的进一步完善发展。但我们在第三章的最后一个主题是文化规范和规范学习能力（生理层面）之间的共同进化，规范核心不仅仅是文化上的，它是生物-文化交互作用的产物。

在规范文化中，对个人来说文化学习是至关重要的，人们必须获得关于群体规范的信息。那些不了解群体规范的人将无法开展有效合作，甚至会遭受惩罚。因此，规范学习有利于个体的生物适应性。

人类似乎进化出了一种天生的规范学习心理。[1] 这一特征是通过文化驱动的生物进化得以产生的（很像本章前面讨论的先天民间生物学系统）。规范学习心理使人类不仅能有效地学习，还能内化他们所属群体的规范。"内化"是指人们获得了遵守规范和制裁违规行为的内在动机，它是"自动的"而不是"刻意为之的"，它的目标就是"这么做"而不是"达到其他目的"。

人类有一种天生的规范学习心理，这一假说可以解释为什么不同人类文化中存在参差多样的规范。正如亨利希所说，它也有助于解释一系列发展心理学研究结论。[2] 例如，托马塞洛及其同事的研究表明，幼儿对规范充满渴望。[3] 他们会非常急切地从榜样那里学习游戏规则，哪怕这些规则只是随意设定的，他们还乐于惩罚其他违反规则的儿童及成年人。

以成年人为被试的实验研究为规范学习心理的存在提供了进一步证据。例如，研究发现，如果要求人们迅速决断，例如有时间压力，他们更有可能做出符合合作规范的决策。[4] 另外，遵守规范与惩罚违规行为都会激活个体大脑中与奖励有关的脑区。[5]

---

[1] Henrich (2015: 185–199).

[2] Henrich (2015: ch. 11).

[3] Schmidt et al. (2012); Schmidt and Tomasello (2012); Rakoczy et al. (2008, 2009).

[4] Rand et al. (2012, 2013, 2014).

[5] de Quervain et al. (2004); Fehr and Camerer (2007); Rilling et al. (2004); Sanfey et al. (2003); Tabibnia et al. (2008); Harbaugh et al. (2007).

晚期人类经历了长达几十万年的自我驯化，而规范核心的基因-文化共同进化是其中的重要组成部分。[1]当一些温顺、友好的动物被我们的祖先有意或无意地挑选出来时，人类就推开了动物驯化的大门。人们通常认为狼是最早被驯化的动物，但实际上，我们驯化的第一个物种是我们自己。在规范文化中，吝啬的伙伴和自私的暴君会走上绝境，而利他的平等主义者则更有可能生存繁衍。因此，自我驯化催生了遵守规范的人类。

让我们稍作停顿，注意到自我驯化也有助于对道德情感做出解释。在第二章中我们提出，早期人类可能已经开始进化出各种道德情感，它们的进化初衷在于解决相互依存的生活问题，而这些问题似乎是在人类诞生之初产生的。当然，由于科学家无法在直立人身上直接采集研究数据，我们很难准确把握人类进化的时间，我们对人类道德情感的了解主要来自对当代人的研究。

在第二章的最后几节中，我们指出人类道德具有排他性但同时也具有灵活性。这一特征很可能是基因-文化共同进化的结果。正如我们在本章中所论证的那样，规范的进化是为了促进群体内部的合作，以应对群际竞争。因此，规范有时会要求群体成员对其他群体使用暴力，但当合作会带来更大收益时，规范也会要求群体成员与其他群体友好合作。与之相一致，生物情感进化出了灵活的排他性，这一特征适应了规范文化的要求。我们将在下一章更深入地探讨规范与情感的共同进化。

让我们总结一下本章的主要观点。继情感核心之后，人类道德的第二个主要组成部分是规范核心。道德规范部分是文化性的，部分是生物性的；它们的存在是由于自催化的基因-文化共同进化。规范文

---

[1] Henrich (2015: ch. 11); Wrangham (2019).

化是一种适应策略，它助推了生物遗传层面的规范学习能力，规范学习能力催生了更明确、更普遍的规范，这又进而引发了更复杂的规范学习，如此循环往复。如果没有生物与文化之间的自催化关系，就不可能产生复杂的现代人类规范。

晚期人类的形成是一个极其复杂的过程，如果我们将该过程视为一套嵌套的自催化共同进化机制，我们会对祖先有更多的了解。规范核心本身的进化会与智能和复杂社会性背后的自催化机制产生共同进化效应，正是通过这一途径，生物-文化互动造就了我们。

八 总结

在第一章中，我们揭示了人类道德心理的古老根源。猿类因同情和忠诚而具有利他主义心理，这些能力之所以得以进化，是因为它们允许猿类群体进行相对有限的合作，而人类道德则建立在猿类祖先的道德基础之上。

在第二章中，我们阐述了人类独特道德的情感核心。也许在早期人类进化的时候，我们的祖先就有了一套道德情感系统（后来通过基因-文化共同进化变得更为丰富）。人类有同情和忠诚感，有信任和尊重感，还有内疚和怨恨感。这些情感具有不同的功能，它们可以激发动机、控制表达和引导学习，但这一切的进化设计目标都是适应不断变化的社会环境。

人类进化的下一步又会发生什么？正如我们在本章中所看到的，一个全新的强大遗传系统形成了，它向缓慢但持续的选择作用敞开了大门。文化不断积累，日趋复杂，并彻底改变了我们的生理属性。文化帮助我们发展出了更高级的智慧。

达尔文的选择可以同时作用于个体和群体层面，它会青睐文化遗传规范以及有利于学习和内化这些规范的生物倾向。因此，晚期人类获得了一种激励人们在合作行动中各尽其责的新方法。规范可以对人们的行为方式提出更加明确的要求，如果情况需要，它们还可以随意被修改。而惩罚机制则可以通过制裁违规者来确保群体成员遵守规范。因此，规范成为文化进化的选择对象，因为它们能给个人和群体带来巨大的生存优势。

在本章中，我们主要讨论了文化进化的可能性及其在社会学习中的作用。我们构建了一个文化进化模型，并基于它解释了规范的进化问题。但迄今为止，我们对规范的内容（规范规定了什么）或什么使某些规范具有道德性，却知之甚少。下一章我们将继续发展关于道德心理中规范核心的理论，为此，我们需要更深入地了解情感核心和规范核心是如何联系在一起的，以及这一联系如何推动了二者的进一步完善。规范和情感通常会相互协调配合，但它们也可能相互冲突。正如我们将看到的，道德心理包含多种因素。

第四章
多元化

在人类进化的第一阶段,生理机能是王者;在第二阶段,文化共享了王位;不久之后,我们的达尔文编年史将进入人类进化的第三阶段,即深刻复杂的人类社会史,届时文化将夺取大部分权力。

目前,关于基因和文化如何共同创造了人类的2.0和3.0"版本",我们还有很多东西需要了解。海德堡人和智人都是由庞大、密集的合作群体所铸就的。在群体中人们会交流与共享信息,因此,文化的数量和复杂性都在不断提高,这进而导致人类的身体、大脑和生物发育机制为文化革命所改变。

在气候剧烈波动和文化不稳定时期,为了适应复杂社会,大自然为人类挑选了更大、更灵活的大脑。[1]海德堡人和智人等晚期人类物种之所以得以进化,是因为在塑造人类生理构造的选择性环境中,文化成为最重要的组成部分。

在我们的祖先开始沉溺于文化后,自然选择便铸造了以获取有用信息为目的的社会学习机制。因此,每代人都能在前人积累的基础

---

[1] Richerson and Boyd (2001); Potts (2012).

上，获得更多的文化"样品"，并利用它们组合出更复杂、更有用的新信息。文化积累之所以得以实现，完全是因为晚期人类更新了道德工具，保证了他们能够以相对平等的方式参与集体生活，而集体生活又是酝酿文化的温床。[1]因此，如果没有道德心理的出现，基因和文化可不会一拍即合，迅速适应彼此的节奏。

但是，在突破的第二阶段，人类道德状况究竟发生了什么变化？第一阶段生物进化的标志性成果是类人猿身上产生了利他主义（第一章），紧接着早期人类身上又产生了更丰富的情感核心（第二章）。在那之后，通过极其复杂的共同进化过程，新的道德生活形式得以形成。事实上，正由于该过程如此复杂，我们必须用几个章节的篇幅加以论述。

首先，正如我们已经了解到的，人类进化出了规范核心：文化继承的社会规范与生理遗传的规范心理（第三章）。然而与此同时，规范核心也在与情感核心共同进化（第四章）。在这一切发生的过程中，道德情感和道德规范也在不断与知识和理性推理机制共同进化（第五章）。

前几章说明了人类认知中道德情感成分和规范成分的由来。本章将继续迈进一步，解释当情感和规范相冲突时会发生什么。不过，要想对第二阶段的状况进行有益探讨，我们必须从一开始就认识到，形成于人类特定进化阶段的特征并非永远不可逆转。在随后的进化历程中，自然选择可能会重新"选择"设计方案，而不是附加组件。如果相关特征一开始就具有可塑性，这种情况就更有可能发生。

当我们在前一章开始探索第二阶段时，为了解释规范是如何演变的，我们视道德情感为理所当然。然而，情感核心并不是一个固定不

---

[1] Boehm (1999); Erdal et al. (1994); Harvey (2014).

变的根基，由于后来的道德适应机制必须构筑在道德情感之上，它从一开始就很灵活，在人类的进化旅程中，道德情感也不断进化。

道德情感和道德规范共同进化的结果之一就是产生了一个适应性更强的全新复杂系统，该系统将情感和规范紧紧编织在一起，情感和规范意识的联系构成了道德心理的核心特征，它是理解道德规范的内部结构的关键，也是理解哲学家和科学家所说的"道德直觉"（moral intuition）概念的关键。在本章中，我们将阐述情感与规范之间的共同进化如何在道德心理中滋生了道德多元主义，与此同时，我们还将提出道德直觉的情感–认知混合理论。

我们要论证的是共同进化可以解释规范认知中的基本多元化。道德规范规定了我们帮助他人和不伤害他人的义务，然而，它远不止于此，道德规范要求我们密切关注亲密关系、诚实沟通、信守承诺、公平分配资源、给予他人应得的东西以及尊重他人的自主权。正如我们将看到的那样，对于产生和维持核心道德规范多样性来说，存在了数百万年的核心道德情感发挥了至关重要的作用。

本章还将呈现另一类道德多元主义"品种"。道德直觉是一种快速、自动、无意识加工的道德评价能力。[1]但它并不构成一个孤立的心理系统，它由情感和规范之间的相互协调作用所引导。因此，道德直觉不仅包括本能反应，还包括无意识规则。[2]在这里，我们将再次论证，道德心理不同成分之间的共同进化解释了道德复杂的内部结构。

随着人类进化第二阶段的展开，在大约30万年前，基因与文化的共同进化产生了智人。得益于文化积累和生物进化的双重作用，这

---

[1] Haidt (2012); Railton (2014).
[2] Nichols (2004).

个物种变得更为聪明，同时也具有更丰富多元的道德观。正如我们将在本章中看到的，情感和规范共同进化成了一个复杂的生物–文化系统，它指导着道德思想和行为。

理解这一共同进化过程对哲学道德心理学具有重要意义。我们将用进化科学来回答一些老生常谈的问题：在道德思想中，究竟是情感还是规范会占据主导地位；是否所有的道德规范都可以简化为一个单一的、更基本的规范；道德规范是否有别于纯粹的传统规范；是感觉还是思想驱动着直觉性道德判断与决策。为了把握这些问题，我们首先需要回顾文化进化（一般而言）和规范进化（具体而言）。只有这样，我们才能勾勒出一幅更为复杂全面的道德心理图景。

一 基因和文化

假定我们将地球的生命进化史（从40亿年前第一个活细胞开始，到你读完这句话的那一刻结束）浓缩为一年。[1]那么自然选择从1月1日午夜开始，大约6个月后，也就是7月初，简单的原核细胞融合成了复杂的真核细胞；8月中旬出现了多细胞生物；10月初才进化出多功能动植物；类人猿和其他合作动物的登场要等到圣诞节前后；而文化进化则要一直到12月31日深夜才开始。

在40亿年的时间里，适者生存的法则创造了种类繁多、极其复杂的生物有机体。大自然总是缓慢地运转，但它从未停止。相比之下，文化的设计时间要少得多。只是在人类历史的某个时期，也就是不超过200万年前，文化选择才变得强大到足以产生明显的复杂适应

---

[1] 在这里，我们重用了一个古老但恰当的比喻方式，其原始版本来自 Carl Sagan (1977)。

性特征。因此，文化选择觉醒得晚，起步也慢，然而，一旦开始全力奔跑，它的速度就比自然选择快得多。

自然选择倾向于那些比竞争对手更有可能将家族基因传递下去的有机体。请记住，在文化进化中，相对适应性取决于信息的遗传效率。文化选择的通行货币是学生数量而不是后代数量。因此，最具有适应性的文化特征会通过交流得以传播，如果一种生物足够聪明，它们会有选择地向周围同伴学习。[1]

通过社会学习机制，适应性文化特征被教导者传递给习得者，人们尤其倾向于模仿那些技能高超、事业有成或声名卓著的教导者。[2]当然，交流的传播速度要明显快于繁殖。基因需要数千年才能通过进化选择的考验，而信息却可以在一代人的时间内得到广泛传播。

在智人和其他晚期人类进化过程中起关键作用的不是单独的基因进化或文化进化，而是基因-文化共同进化。基因在文化环境中进化，产生了更"实惠节约"的消化系统和巨大而灵活的脑袋，这为文化选择创造了有利条件。而文化驱动的选择又对人类基因施加了影响，催生了高级心智理论和适应性学习机制。[3]因此，基因和文化在正向反馈循环中共同进化。特别是，复杂文化和产生复杂文化的生理基础相互促进支持，周而复始。

基因-文化共同进化解释了许多人类特征的进化驱动力。到目前为止，我们在这本书第二部分中主要关注的是这一过程如何解释了人类遵循规范的倾向。规范是指导合作的社会规则，它使我们不仅能够将行为分为好行为和坏行为，还可以将行为分为必要行为和禁忌行为。当有人违反规则时，规范意识会促使我们对其进行惩罚。规则之

---

[1] Boyd and Richerson (1985); Richerson and Boyd (2001, 2005); Bell et al. (2009).
[2] McElreath et al. (2008); Legare et al. (2015).
[3] Richerson and Boyd (2005).

所以有效，是因为它们建立在可靠的预期之上，即人们相信群体中的其他人也会遵守规则。

正如我们在前一章所看到的，规范在文化进化中具有较高的相对适应性，因为它们赋予人类合作以更大的灵活性和精确性。由于规范可以驱动惩罚，它也可以预防和阻止反社会行为。[1]因此，拥有利他规范的群体在群体间竞争中会更容易取得成功。社会一致性和惩罚确保了个人也能通过遵守规范而获益。基于以上原因，无论是个人还是群体都会成为规范的继承传播者。此外，如果个体内置了某种机制，使他们生来就"准备"吸收和内化社会环境规范，他们会更具生存优势。

总之，基因和文化共同创造了规范核心。我们的祖先通过个体层面和群体层面上的文化选择进化出规范，他们还通过个体层面的自然选择进化出学习规范的能力。这些事件并非简单的线性关系，它们彼此支持，形成循环因果动态：规范和规范学习是在自催化的基因－文化共同进化中产生的。也就是说，规范文化更为青睐有利于规范学习的生理机制，而生理机制的进化又有助于创造更丰富的规范文化，进而强化生物进化趋势，如此循环往复。

现在，我们需要提升到更高的抽象水平上。我们应当理解，一方面是规范的文化选择，另一方面是情感的自然选择，这两者之间如何形成了同样的正反馈循环。接下来我们将讨论上一章中提到的另一个重要观点，即文化选择与自然选择一样，可以是多层次的。文化选择也可以在信息本身的层面上发挥作用，正如自然选择可以在基因本身的层面上发挥作用（如亲缘选择）一样。

---

[1] Boyd and Richerson (2008).

二 情感和规范

本节将从规范核心的基因-文化共同进化转向情感核心与规范核心的共同进化。首先，我们需要明白，除了个人或群体应对环境挑战的能力，还有许多其他因素会影响文化适应性，包括人类思维特征。举例来说，如果一种观念非常鲜明、清晰且突出，那么它会更容易为人们所记住。个体不一定从这个观念中受益，但观念本身却能受益，因为记住它的人越多，它就越容易被传播给其他人。

另一个影响文化适应性的心理因素是认知科学家兼社会科学家丹·斯珀伯（Dan Sperber）所说的"情感共鸣"（affective resonance），即如果一个想法与我们的情感倾向相一致，它就更有可能被获取与保留。[1]举个例子，想想那些被几代人一遍又一遍地讲述的故事。有些故事比其他故事更能唤起我们的情感，这些故事在文化进化中占有优势，因为它们更容易被讲述、关注和铭记。这种情况体现了文化选择在信息层面上的运作方式。

合作性社会规范是在蕴含道德情感的心理环境中发展起来的。这意味着，通过情感共鸣，道德情感影响了规范的文化适应性。继斯珀伯之后，哲学家和认知科学家肖恩·尼科尔斯（Shaun Nichols）也用实证数据证明了这一观点。[2]要理解在规范文化的进化中，情感共鸣到底如何发挥作用，最简单的方法就是像尼科尔斯一样，首先思考我们祖先最初的道德情感——激发他们利他主义行为的情感机制。

人类对同伴有同情心。因此，如果某些行为能引发同情，那么有

---

[1] Sperber (1996).
[2] Nichols (2004: 127–129).

利于促成这种行为的规范就会在文化选择中获得优势。[1]例如，要求个体对困境中的人施以援手的规范更容易与我们的道德情感保持一致，正因如此，相比于那些同道德情感不一致或缺乏情感共鸣的规范，前者更容易被接受和保留。同理，在其他条件相同的情况下，在群体中禁止伤害他人的规范会比要求伤害他人的规范具有更强的文化适应性。[2]

根据尼科尔斯的说法，同情心推动了"伤害规范"的文化演变。[3]在信息层面上运作的文化选择会青睐伤害规范，因为在有同情心的生物中，这些规范与有机体的情感心理产生了共鸣。我们即将更深入地探讨这一想法。不过，我们需要认识到，尼科尔斯提供的模型具有两方面缺陷。

第一，该模型并没有完全接受基因与文化的共同进化。在规范的文化演化过程中，情感并不是心理背景的固定组成部分。正如规范是在情感背景下通过文化选择进化而来的，情感也是在规范背景下通过自然选择进化而来的。因此，在规范的帮助下，道德情感的灵活感受能力得以深化和稳固。正确的思考方式是，同情和规范通过正反馈循环相互促进。

该模型的第二个问题是，尼科尔斯只解释了在规范的进化过程中，信息层面文化选择的运作模式。但事实上，文化选择也发生在个人层面和群体层面。一方面，正如尼科尔斯所说，与缺乏情感共鸣的规范相比，能够引起情感共鸣的规范更容易被人们记住和关注。另一方面，尼科尔斯没有提到的是，遵循同情行为规范的个人和群体更有可能从合作中获益。

---

[1] Sober and Wilson (1998: 232); Nichols (2004).

[2] Nichols (2002).

[3] Nichols (2004: 143–147, 156–159).

为了说明以上这一点，让我们假定存在一种要求个体任人唯亲的规范，这种规范也可能与人们的某些道德情感产生共鸣，因为我们的道德情感中有对亲属保持忠诚的成分。但它如果阻止了更广泛的相互依赖关系，则会对整个群体造成灾难性的影响。相比于只与道德情感相契合的规范，那些既契合道德情感又可以促进更多合作关系的规范会有更高的传播效率。[1]情感-规范系统使群体能够解决相互依赖的生活问题，从而在与其他群体的文化竞争中取得成功。因此，当一个群体发展出可引发情感共鸣的合作规范时，他们会不断壮大自身，同时也不断壮大他们的文化。[2]

　　总而言之，两股主要力量塑造了道德的情感核心和规范核心。在数十万年的时间里，那些有助于解决相互依存的生活问题并能彼此产生共鸣的情感和规范得以延续。利用生物路径，情感机制在纵向水平上被传递给后代，而利用文化路径，规范机制同时在纵向和横向水平上被传递给习得者。因此，通过文化选择，规范获得了两种紧密联系的功能：解决群体内部相互依存的生活问题，以及在核心道德情感的推动下促进合作行为。

　　为了更具体地理解这一点，不妨想想最常见的规范，比如要求人们帮助遭遇困难的人，以及禁止人们暴力伤害他人，它们赋予了群体更多的团结凝聚力，使群体成员能够更充分地开展合作。这样的群体更有可能存续下来，并不断扩大其活动范围、与其他群体结成战略联盟、吸纳外部成员以及引发其他群体对其进行模仿。但是与此同时，帮助他人和避免伤害他人的规范也在传播，因为它们与个体的同情心相契合。对于那些具有关怀内群体成员倾向的人而言，这类规范在心

---

[1] Boyd and Richerson (1992, 1994).
[2] Boyd and Richerson (2009); Tomasello et al. (2012).

理上更有吸引力。

到目前为止，我们已经提供了一个通用模型，来解释情感和规范在人类演化谱系中是共同进化的。这个模型对哲学道德心理学也有重要的影响，我们现在将展开讨论，并在本章其余部分继续探索。首先，让我们看看道德心理的前两大构成要素之间的关系。

在道德哲学史上，关于规范和情感在人类道德中的重要性的问题，长期以来一直存在着重大分歧。一些哲学家信奉伊曼努尔·康德（Immanuel Kant）的观念，认为基于理性的规范在道德中是首要的，情感是次要的。[1]其他哲学家则信奉大卫·休谟（David Hume）的观念，认为情感是首要的，规范是次要的。[2]我们现在可以看到这两种观点的局限性了。

从进化历史上看，正如我们前面所了解的，情感是一种更为基础的成分。但这并不是说规范可以被"解析"为情感。情感对人类道德的基础性作用仅仅体现在以下历史时间维度上：情感首先出现（第一阶段），并在推动道德规范的文化演进中发挥了锚定作用（第二阶段），即指引了规范的进化。[3]

然而，情感和规范是共同进化和相互塑造的。随着人类的诞生，情感在规范的背景下进化。情感先行，但情感并不是现代人类道德心理的基础。因此，康德和休谟的追随者都错了。情感和规范都不是根本，它们相互依存，彼此支持，缺一不可。本章便致力于阐明这一关系，并且，正如我们接下来要做的那样，揭示其对道德心理的多元主义影响。

---

[1] Kant (1785).

[2] Hume (1739).

[3] Nichols (2002).

三 核心道德规范

让我们回顾一下在第二章中所了解到的道德情感核心，它由两种联结情感（同情和忠诚）、两种协作情感（信任和尊重）以及两种反应性情感（内疚和怨恨）组成。联结情感的历史至少可以追溯至我们古老的猿类家族，而协作情感与反应性情感则可能是人类独立进化后才出现的事物。

在随后的第三章中，我们看到了反应性情感是如何在规范演变中发挥作用的。以怨恨为主导的情感分支支持人类的惩罚行为，在这类情感的驱动下，没有直接参与特定合作活动的第三方也会对违规者实施惩罚。惩罚对于规范的适应性至关重要，它能确保合作、减少冲突。

在本章中，我们需要了解在规范的进化历程中，其他类型的道德情感是如何发挥作用的。我们已经描述了尼科尔斯关于同情和某些规范的文化进化模型，并对其进行了调整，体现在：（1）情感和规范的共同进化；（2）文化选择不仅发生在信息层面，而且发生在个人层面和群体层面。接下来，我们还要将更多情感和规范的基因－文化共同进化过程纳入这一模型。

我们的人类祖先有四种"基本"道德情感：同情、忠诚、信任和尊重。我们假设，每一种道德情感都是心理环境的一部分，它们对社会规范的文化进化施加了选择性压力，从而解决了相互依存的生活问题。也就是说，与这些情感相契合的规范更有可能被获得、保留和传播（信息层面的选择），也更有可能帮助解决相互依赖的生活问题（个人层面和群体层面的选择）。正如我们接下来要论证的那样，其结果是形成了一套以道德情感为支撑的多元规范，反过来，由规范文化环境施加的选择压力又导致这些情感更稳固地扎根于人类心灵深处。

正如尼科尔斯所说，同情情感选择了伤害规范（harm norms），它要求我们不伤害他人，同时给予他人帮助。从本质上讲，伤害规范对我们施加了一种促成他人福祉的义务。[1]例如，通过身体或言语攻击他人属于社会禁忌。当然，与伤害规范相关的准则也包括积极的要求：为饥饿的人提供食物，为痛苦的人提供安慰，以及为遭遇危险的人提供保护，等等。也就是说，它们不仅触及避免伤害的伦理，而且触及关怀弱者的伦理。[2]禁止伤害和要求关怀的规范之所以在文化进化中得以延续，是因为它们能与同情心产生共鸣，从而促成合作。

忠诚情感选择了亲属关系规范（kinship norms）。用道德哲学的语言来说，亲属关系规范涉及"特殊义务"。[3]一般义务是指你对每一个"人"所担负的义务，比如不杀人或不攻击他人的义务。特殊义务是指你对朋友、家人和其他亲近的人所担负的义务，而不是对一般人所担负的义务，它们还包括对宗教教友或国家同胞的忠诚义务。无论如何，按照亲属关系规范的要求，相比于陌生人，你应该为同伴付出更多。也就是说，特殊义务构成了社群主义伦理的基础。[4]亲属关系规范之所以能持续存在，是因为它们与忠诚情感产生了共鸣。因此，两种联结情感（同情和忠诚）与两类相应规范（伤害规范和亲属关系规范）经历了共同进化。

别忘了，除了同情和忠诚这两种联结情感，人类还有两种协作情

---

[1] Nichols (2004: 3–29).

[2] Gilligan (1982); Held (2006).

[3] 关于道德义务的文献综述，参见 Jeske (2019)。

[4] Sandel (1982).

感。信任使人类能够实现可靠的交换和回报，尊重使一些人能够超越在其他类人猿中盛行的等级统治制度，以平等的同伴身份参与合作项目。这两种道德情感通过激发与之相契合的规范，塑造了文化进化，该影响既体现在信息文化选择层面上（规范传播），也体现在个体文化选择和群体文化选择层面上（规范可促成合作）。

信任选择了互惠规范（reciprocity norms）。[1]这些规范要求人们信守承诺，它们涉及诺言、誓约和诚信。如果你今天答应某人帮助他照顾孩子，条件是他会回报你，那么互惠规范就要求他今后必须也帮助你。通过语言，人们能够在互动中清晰地界定彼此的责任义务，但我们也可以在不做出明确承诺的情况下与他人达成互惠契约。通常情况下，我们在交谈时必须说实话，这是一种隐性的道德要求，即使不提前声明，我们也会默认如此。这些义务组成的互惠规范集群在文化进化中受到信任感的青睐，互惠规范和信任共同构筑了合作的可靠保障。

尊重选择了自主规范（autonomy norms），这些规范契合了人们对支配和控制的厌恶感。人类有不以武力、胁迫或操纵等任何方式干涉他人人身自由的道德义务。自主既包括身体行动自由，也包括言论自由。无论是身体还是言论，一个人的自主权都不得侵犯另一个人的自主权。只要不妨碍你的自由行动，我就可以按照自己的意愿自由行事。同样，我自我表达的方式也不能妨碍你的自我表达。自主规范之所以在文化传承中被选择，是因为它们与尊重的情感产生了共鸣。因此，两种协作情感（信任和尊重）决定了两类相应规范（互惠和自主）的演变。

还有一类对构建人际关系尤为重要的道德规范：公平规范

---

[1] Haidt (2012: 150–180).

（fairness norms）。[1]公平规范数不胜数，包括要求平等分配资源和权力的规范、要求劳动分工遵循公正程序的规范以及要求对你的努力或懒惰给予合理奖惩的规范。

既然只有四种基本情感，那么第五类规范是如何产生的呢？我们的假设是，两种协作情感共同选择了它。公平规范之所以如此多样化，是因为它兼顾了对平等与互惠的考虑。例如，公平可能意味着平均分配资源或根据努力程度分配资源。公平规范的进化，是因为它们既与主导互惠交换的情感（信任）产生了共鸣，又与超越支配地位、倾向平等的情感（尊重）产生了共鸣。

综上所述，伤害、亲属关系、互惠、自主、公平是人类道德的核心道德规范。这五组规范在宗教和哲学传统中被广泛接受。然而，它们的起源一直是个谜。我们为这个谜团提供了一个答案，认为它们是通过情感和规范之间的基因–文化共同进化而产生的。但我们仍然需要更详细地阐述这一想法，将它与其他观点进行比较，并探讨其哲学含义。"规范多元主义"究竟是什么？它如何帮助我们理解人类道德？

四 规范多元主义

道德心理包括四种基本道德情感和五种核心道德规范。在某种程度上，道德规范比基本道德情感更为复杂，因为它们是一组组"集群规范"，而不是一条条单一的规则，每种核心道德规范都包含许多具体规范。

---

[1] Haidt (2012: 158–165).

以自主规范为例。道德哲学家可能会就抽象的自主规范展开论述，然而，在人类的道德观念中，没有某个规范要求人们尊重他人的自主权。真正被推崇并实行的是一些具体规范，如禁止使用武力的规范、禁止胁迫的规范、禁止操纵的规范，以及要求行动自由的规范、要求结社自由的规范和要求言论自由的规范。所有这些规范都在某种程度上贯彻了自主理念。在更深层次上，这些规范还有其他相同之处，比如它们在文化传承中具有稳定性，因为它们契合了人类的尊重情感。

核心道德规范的确切内容因文化而异。在本书第三部分，我们会开始探讨人类祖先如何从东非开枝散叶，之后在世界各地建立不同的部落和社会。目前，我们先注意另一个问题：公平规范的内容存在广泛的文化差异。

一些文化坚持基本资源的平等分配，从而将"平等主义"置于优先地位；另一些文化则以"回报"为公平准则，即根据人们的行为进行奖惩，尽管这会导致基本资源的不平等分配。然而，所有人类文化都继承了某些形式的公平规范，因为这些规范对于相互依存的生活至关重要，而且它们与生物学上普遍存在的信任和尊重情感产生了共鸣。

对于心理学家来说，我们关于五种核心道德规范的论述看起来可能有些熟悉。例如，乔纳森·海特（Jonathan Haidt）、杰西·格雷厄姆（Jesse Graham）和他们的同事也提出过一种多元道德心理学理论，而且他们对规范的分类方式与我们的分类方式大体相似（实际上正是我们的灵感来源之一）。[1]但我们需要考虑更重要的方面，即我们的理论到底有何不同，以及为什么我们的理论向前迈进了一步。

---

[1] Haidt (2012); Graham et al. (2013).

海特和格雷厄姆认为，道德规范的内容是与生俱来的。[1]也就是说，它们"天生"存在于我们的大脑之中。请注意，"与生俱来"并不意味着"不灵活"。因此，海特和格雷厄姆也认为道德具有足够的灵活性，一种规范所对应的具体道德内容可以存在多种形式。例如，尽管公平规范是"天生"的，但他们承认，实践公平规范的方式因文化而异。

然而，海特和格雷厄姆对道德规范的起源及其生物学基础的认识并不准确。核心道德规范并非与生俱来，我们没有必要假定存在什么"先天规范"。正如我们所看到的，要解释不同道德观的共同点，我们所需要的只是两种固有能力：一是学习自己所处社会中道德规范的能力——个体迅速获得遵循规范及制裁违规行为的内在动机；二是一套可引起共鸣的道德情感。正是由于人类群体在相互依存的生活中面临相似问题，同时也具有共同情感，核心道德规范才具有普遍性。

因此，道德规范意识并不是通过遗传获得的。由于人类的深层情感相对稳定，而情感会对文化规范施加影响，不同社会的道德规范自然会趋于一致，它们大致"聚合"为五种，但这并不代表规范也具有遗传起源。

如前所述，海特和格雷厄姆提出了与我们的理论相似的道德规范分类法，但他们认为核心道德规范还包括纯洁（purity）规范和权威（authority）规范。[2]正如我们将在本书第三部分看到的，纯洁规范和权威规范在过去几千年大规模社会的进化过程中确实发挥了至关重要的作用，包括有助于大型社群建立广泛的群体认同、构筑等级森严的社会结构以及让人们避免生物毒害。然而，没有任何证据表明，在

---

[1] Haidt (2001); Haidt and Joseph (2004, 2008); Graham et al. (2009, 2011, 2013).
[2] Haidt and Graham (2007, 2009); Graham and Haidt (2010, 2012).

30万年前，当智人开始进化时，狩猎采集者就已经以这些规范作为道德指引了。下面我们分别讨论纯洁和权威问题（只是简单讨论，因为第七章将详细论述）。

首先，狩猎采集者会受到污秽物和疾病的侵袭，他们对腐烂的食物和肮脏的事物产生厌恶感。但厌恶感不一定涉及道德层面——你觉得某样东西很"恶心"，并想避而远之，可你不会认为它道德败坏。直到人类开始生活在大型、密集的农业社会中时，厌恶才被"吸纳"为道德纯洁规范。

其次，与后来的大型社会不同，狩猎采集群体不是由权力关系构成的，社群成员之间相对平等。[1]因此，权威观念还没有上升到规范的程度。话虽如此，狩猎采集者自然会尊崇家庭和部落中的权威人士，这一倾向可能在后来强化稳固了服从权威的道德规范，但权威道德规范并不属于智人生物–文化道德心理的组成部分。

我们基于情感和规范的共同进化为规范多元主义提供了进化解释。这种解释具有重要的哲学意义。别忘了，哲学道德心理学的一个古老课题就是厘清情感和规范的关系。我们给出的解答是，情感先行，但情感与规范相互依存，两者之间没有主次之分。

另一个同样古老的哲学课题是找出哪些道德规范是"根本规范"，所有其他道德规范都可以归结为根本规范。例如，功利主义者的理论建立在伤害规范和公平规范之上；康德道义论者和社会契约论者眼中的道德基础则是另一类根本规范，它像是互惠规范、自主规范和公平规范的混合物。每个阵营的哲学家都认为，可以从最基本的规范中衍生出其他规范。

几个世纪以来，这种道德还原理论遭受了许多非议。一方面，道

---

[1] Cashdan (1980).

德义务有时会相互冲突，正如我们将在下一章看到的，规范冲突有化解之道，但这并不是因为在道德领域存在某种通用货币。[1] 还原论的失败表明，没有所谓根本规范。

我们已经论述过，道德情感驱动着规范的文化进化，这一观点更深刻地解释了为什么道德还原理论始终无法站稳脚跟。因为每一组规范都有独立起源，也就是说，每一组规范都植根于特定的道德情感，都是通过基因与文化的共同进化而产生的，所以它们之间没有共同的道德属性，我们无法从它们当中提炼出一个根本规范。

相较之下，道德多元论者的理论与人类道德心理的真实状况更为贴合。[2] 这个阵营的哲学家认为道德由多个独立向量组成，因此不能被简化为一个包罗万象的单一道德原则。无论这一观点还有什么其他可取之处，也不管它有什么样的问题，道德多元论至少在道德分类方面是正确的。

让我们来总结一下。在我们的多元道德心理中，没有任何一种规范或情感是"最根本"的。情感和规范相互依存，它们是一个整体。这一特征解释了道德规范的复杂性，正如本章稍后将提到的，道德直觉的复杂性也正源于此。但是，在从道德规范转向道德直觉之前，我们需要考虑一下，当我们说某些规范是道德规范时，这到底意味着什么。情感可以再次帮助我们了解规范的内部结构。

---

[1] Greene (2013)认为功利主义提供了道德通用货币。

[2] 历史上的道德多元主义理论，可参见 Ross (1930)，最近一个以道德进化和道德心理学为基础的例子则可以参见 Wong (2006)。

五 是什么让规范成为道德规范

既然道德规范是多元化的,它们是否有什么共同之处?或许,猿类或早期人类的道德心理具备统一的生物基础,但自从晚期人类进化出多元化的道德规范之后,它们已经各自为政。事实上,一些哲学家否认道德是一个确切的心理范畴。[1]例如,有些人认为,虽然我们为伤害规范和公平规范都贴上了"道德"的标签,但二者其实没什么关系,我们很难找到将二者归为同一个范畴(道德)的理由。没错,它们确实都能约束人们的社会行为,但很多非道德化的规范也能约束人们的行为。

然而,我们相信,道德规范实际上是一个整体。[2]它们的共同之处并不在于它们有什么相似内容,而在于它们都具备某些"形式特征"。之所以说是形式特征,是因为这些特征原则上可以附着于任何规范,无论其内容如何,无论其约束的是何种行为。要理解哪些形式特征统一了道德规范,我们首先有必要将道德规范与习俗规范进行比较。[3]

道德和习俗的区别是什么?比如说,除了具体内容,规定公平分配物品的道德规范和规定如何问候他人的传统习俗之间有什么不同?

---

[1] Kelly et al. (2007); Kelly and Stich (2008); Nado et al. (2009); Sinnott-Armstrong and Wheatley (2014).

[2] Kumar (2015, 2016); Campbell and Kumar (2013).

[3] 参见Turiel (1983); Smetana (1993); Tisak (1995); Nucci (2001)。发展方面的研究,可参见Nucci and Turiel (1978); Smetana (1981); Tisak and Turiel (1984); Nucci (1985); Smetana and Braeges (1990); Smetana et al. (1984); Blair (1996); 跨文化研究可参见Nucci et al. (1983); Snarey (1985); Hollos et al. (1986); Song et al. (1987); Yau and Smetana (2003); 批判性解释可参见Kumar (2015)。

我们要说的是，两者之间的界限并不是那么鲜明清晰，道德规范会渗入社会习俗。

一方面，有些道德规范具有约定俗成的一面。例如，两个部落可能都把分享肉食当作一种道德义务。但是，一个部落的做法是先一起煮熟，然后再分；而另一个部落的做法是先以家庭为单位分肉，然后每个家庭自己煮。所以，公平分享是道德问题，但具体如何实现分享却是习俗问题。不同的分享习俗之间没有好坏之别。

另一方面，道德规范和习俗规范之间的区别很模糊，因为有些习俗规范会带有道德色彩。例如，当某人对另一个群体进行外交访问时，他们可能会使用该群体特有的问候方式来表达深切敬意。问候规范有时只是习俗问题，有时则会涉及道德（尊重）。

然而，这并不表明道德与习俗之间没有区别。黄昏介于黑夜与白昼的边界，但黑夜和白昼还是有明显不同。所以我们还是要看那些最明确的例子，它们可以凸显出只属于道德规范而不属于习俗规范的三个形式特征。

第一，道德规范具备道德情感的支持，而纯粹的习俗则与同情、忠诚、信任或尊重等情感没有直接联系。这些情感通常都不会鼓励你在餐桌上遵循特定礼仪。此外，违反传统习俗也不会引起内疚或怨恨。假定一个地区的习惯性做法是挥手致敬，如果我错误地向你鞠躬致敬，我可能会感到尴尬，但不会感到内疚或羞愧。

道德规范的第二个形式特征源于第一个特征。道德规范以基本道德情感为后盾，而道德情感具有强大动力，因此道德规范通常凌驾于习俗规范之上。例如，如果你遭遇了不公平对待或无礼对待，通常你更在意前者，继而优先解决公平问题。

道德与习俗之间的第三个也是最后一个重要区别是，心理学研究表明，道德规范在某种程度上会被认为是客观的，而传统习俗则不然。[1] 简而言之，在道德范畴内，人们认为他们有可能出错，甚至整个群体都有可能认同"不正确"的道德规范。

相比之下，传统规范的表象与现实之间并无差距。考虑一下进入别人家之前脱鞋的做法，假设我认为脱鞋是对的，而你认为没有必要。就我们所遵循的习俗而言，我们可能都是对的。我们都不认为这件事有什么客观评价标准。

道德规范则不同。设想一下，如果有人受伤了，我认为他们群体中的其他人应该帮助他们照顾孩子或做饭，而你认为其他人没有这样的道德义务。在这种情况下，我们都会倾向于认为，我们中至少有一个人的想法错了。

总之，道德规范在三个方面是统一的，并有别于传统习俗：（1）它们与道德情感相联系；（2）它们往往凌驾于传统规范之上；（3）它们被认为有客观标准——如果两个人在道德上对某一事情有分歧，那么其中必有一人不正确。

注意，有些规范是介于两者之间的，它们可能只符合三个道德特征中的一个或两个，我们不否认"模糊地带"的存在。尽管如此，道德确实不同于习俗，二者具有真实的心理差异。事实上，我们接下来正是要论证，特定进化机制主导了这一差异。

道德规范对于生存的重要性要远远超过那些约定俗成的传统习俗。为了共同生存，人类需要避免伤害和不公平。因此，道德规范吸纳了具有强大动力的道德情感，这些情感使得道德规范的优先级高于习俗。此外，与习俗不同的是，我们必须共享一套"正确"的道德规范，它们能够促成合作，实现共存，这就是我们要把道德视为一种独

---

[1] Nichols (2004); Nichols and Folds-Bennett (2003); Wainryb et al. (2004); Goodwin and Darley (2008).

立客观存在的原因。

最终，在相对繁荣的大规模社会中，人类开始自由地将与生存关系不太密切的问题"道德化"。如今，人们有时会把一些非常琐碎的问题（比如你用什么正式称谓称呼某人）视为客观存在，仿佛它们也具有优先级，"值得"我们感到内疚或怨恨。这类规范在内容上更接近风俗，但吸收了道德的形式特征。一些现代文化并不热衷于对道德和习俗做出区分。然而，从进化视角看，人类必然是首先针对伤害、互惠和公平等行为模式发展出了一个特殊范畴，因为它们具有重要生存意义。

目前为止，在本章中，我们一直在探讨情感和规范如何在基因-文化共同进化的过程中相互影响。我们的重点是建立这一过程的模型，并用它来理解人类多元化的规范心理。随着智人的进化和共同文化的积累，自然选择强化了古老的道德情感能力，而文化选择则在我们的道德规范中创造了更复杂的新结构。五种核心道德规范的内容反映了相应道德情感的内容。

但道德是灵活的，它不会被困守在任何特定范围内。只要人类愿意，我们几乎可以把任何事情都道德化。形式特征（包括客观性、优先级以及同道德情感紧密相连）使道德规范成为一个统一而独特的范畴。而最后一个属性，即规范和情感之间的关系，正是本章的论述重点，我们接下来要讨论的道德直觉话题也与它息息相关。

六 道德直觉

现在，我们将深入探索科学道德心理学中一些著名的研究项目。在这类研究中，心理学家和神经科学家向被试展示两难困境或其他道德小故事，借此观察他们判断是非的认知和神经机制。困境故事素材通常来自道德哲学，其中，最负盛名的两难问题就是"电车难题"。[1]

想象一辆电车在轨道上飞驰，即将碾死五个无辜的人。你是目击者，需要迅速做出决定。在你旁边有一个开关，你可以打开它，让电车驶入侧轨。然而，侧轨上也站着一个无辜的旁观者。如果你按下开关，其他五个人都会得救，但这个人会死。你该怎么办？是按下开关还是什么都不做？成千上万的被试曾面对这一问题，绝大多数人认为应该按下开关。[2] 毕竟，死五个人比死一个人更糟糕。

但现在考虑一下"推人"的情况。想象一下，一辆电车在轨道上飞驰，即将碾死五个无辜的人。作为目击者，你需要迅速做出决定。你站在铁轨上方的人行天桥上，旁边站着一个身材高大的旁观者。你意识到，如果把这个大块头从人行天桥推下去，电车就会撞到他，然后停下来，其他五个人就能得救，但这个人肯定会死。你该怎么办？是推那个旁观者还是什么都不做？同样，成千上万的被试曾面对这一问题。然而，绝大多数人认为不应该推旁观者。但是为什么呢？我们不是觉得死五个人比死一个人更糟糕吗？如果按动开关可以，为什么推人就错了呢？

哲学家们之所以会发明电车难题和其他类似思想实验，主要是出于一个目的。他们认为，我们对这些情况的直觉反应，可以帮助我们通过寻找反例来检验所谓普遍道德原则。例如，在"推人"情境中，如果人们认为为了救五个人而牺牲一个无辜者是不对的，那么这似乎

---

[1] 哲学领域可参见Foot (1967); Thomson (1976); 心理学领域可参见Haidt (2012); Greene (2014)。

[2] Greene (2008, 2013)。

就削弱了功利主义的根基，即人们应该创造最大的整体利益。[1]

然而，心理学家却有不同目标。通过比较分析人们对不同案例的判断反应（这些案例通常有着非常细微但重要的差别），他们试图理解道德判断背后的心理机制。例如，心理学家兼哲学家约书亚·格林（Joshua Greene）认为，电车难题可以深刻地揭示该问题。[2]

为什么大多数人都认为，在"换轨"情境下，按下开关以一人换五人是对的，而在"推人"情境中，以一人换五人就不对？格林发现，有两个因素会影响人们对电车事件的判断。首先，人们在情感上厌恶"近距离、个人化"的伤害。[3]这两种情境都涉及牺牲一个人，但在"推人"情境中，你必须用你的双手将某人推向死亡。与此同时，人们已经内化了一种规范，我们认为蓄意伤害比可预见的伤害更恶劣。在"推人"情境中，你是为了救五个人而"有意"地杀死了旁观者。但在"换轨"情境中，你只是按下开关，转换轨道，旁观者的死亡是为了救五个人而带来的副产品，尽管你已经预见到这会造成一个人的死亡。因此，人们之所以会在电车难题中面对不同情境时给出不同判断结果，是因为情感反应（对近距离亲身伤害的情感反应）和规范（关于蓄意伤害与可预见伤害的规范）在其中起了作用。

现在，我们不想过多地深入探讨有关道德判断的研究文献，尽管它们数量庞大且富有吸引力。但对我们来说，重要的只是两个普遍结论，格林等人对电车难题的实证研究已证明了这两个结论，而它们还经过了其他数以千计的研究的反复验证。

首先，心理学家一再发现，参与者很容易做出规范性判断，如

---

[1] 对电车问题的早期哲学解读，可参见 Foot (1967); Thomson (1976, 1985)。

[2] Greene and Haidt (2002); Greene (2008); Greene et al. (2008)。

[3] Greene (2013: 709)。

对或错、是或非、允许或禁止。[1]这些判断快速、自动且无意识，也就是说，它们来自"直觉"，所调用的心理系统不同于谨慎思考所调用的心理系统。大多数人在"换轨"或"推人"情境下会立即做出反应，他们知道该怎么做，而不需要就道德选择展开一番深思熟虑。事实上，有时你的直觉判断会与你公开支持的道德原则相冲突。

在这个问题上，一些研究人员再次基于道德直觉现象而推定道德判断能力与生俱来。然而，快速、自动和无意识的判断机制，甚至是相当复杂的判断机制，可能源自童年时期获得的能力。[2]正如我们在前一章中所论述的，道德直觉的基础系统是一个学习系统。[3]我们天生的规范学习心理使我们能够习得所处环境中的任何规范，包括人类群体中普遍存在的伤害、亲属关系、互惠、自主和公平等规范。因此，虽然个体天生就具备规范学习能力，但他们所表现出的道德直觉模式是后天习得的。

除了证明道德直觉的存在并澄清其性质，我们还可以从有关道德判断的研究文献中得出另一个重要结论。道德直觉并非只受一种心理系统的指导，情感核心和规范核心同时调控道德判断过程。如上所述，这一点在电车难题的案例中有所体现。

格林和其他科学家的研究主要集中在情感与规范相互冲突的情况，通过这种方式，研究者可以将情感和规范相分离。然而，在绝大多数情况下，情感和规范其实是同步的。如果我看到有人殴打他人，我的反应既是出于对受害者的同情，也是出于对"禁止伤害"规范的认识。

总之，这两个结论（道德"直觉"心理的存在及其建立在情感核

---

[1] Haidt (2001).
[2] Nichols et al. (2016).
[3] Sripada (2008); Sripada and Stich (2007).

心和规范核心之上）为理解道德直觉提供了一个新视角。一些哲学家和科学家认为直觉就是基本感受，道德思维的作用在于控制甚至是压制道德激情。然而，这种将直觉和思维相对立的二分法观念是错误的。道德直觉并不全是"感觉"，它也是"思考"，因为它受道德规范引导。[1]

道德心理学的另一个错误是认为直觉——无论是情感直觉还是认知直觉，都不可改变。例如，格林认为道德直觉是为更新世的"进化适应环境"而设计的。[2] 此外，他还认为，在当代工业和后工业环境中，是道德直觉使我们误入歧途。然而，情感和规范都嵌入复杂而灵活的学习系统中。它们可能受到源于更新世的先天心理因素的影响，但也深受经验和教育的影响。

正如我们在第二章所看到的，道德情感是灵活的，它们具有适应性、可塑性。比如说，什么样的事情能引起我们的同情或尊重，这些都是由我们的经验，特别是亲朋好友之间的情感表达塑造的。而大量的证据表明，规范也是可塑的，人们会基于其所处环境中的规范信息来采用新规范，放弃旧规范。当然，至于学习对情感和规范产生的是积极影响还是消极影响，则取决于周围社会环境的特点（本书最后一部分将对此进行详细阐述）。

然而，道德学习不仅仅涉及弄清楚规则或调节情感反应。人类的道德学习能力之所以特别强大，是因为情感和规范相互支撑。两者都是道德工具，照亮我们所处的社会世界。道德教育包括在道德判断的发展过程中调整情感核心和规范核心。另一种说法是，情感和规范共

---

[1] 一些哲学家认为道德判断是关于正确规范的正确或错误信念；另一些哲学家认为道德判断是一种情感，它激励我们按照道德行事。这种二分法有很大问题，因为规范信念和激励情感通常都包含在道德判断中，并且确实是相互依存的，参见Campbell (2007: 321–349)。

[2] Greene (2008, 2013, 2014).

同作用于道德直觉的学习过程。稍后，在第三和第四部分，我们将详细了解人类文化如何塑造道德心理中的情感和思想。

七 总结

根据本书呈现的人类历史时间轴，道德情感和规范都是在智人诞生之前就开始进化的。首先，在大约200万年前直立人出现时，我们的祖先可能已经发展出了全套核心道德情感。

此外，道德规范很可能形成于30万年前晚期人类进化到智人的过程中。规范和规范心理似乎可以通过自催化的基因–文化共同进化来解释，而且有充分证据表明，这种强大的共同进化过程也在同一时期（第二阶段）产生了许多其他解剖学特征和心理特征。它不仅存在于我们的进化谱系中，也存在于其他晚期人类的进化谱系中，如海德堡人、尼安德特人和丹尼索瓦人。

然而，重要的是要认识到，在晚期人类的进化过程中，规范和情感经历了共同进化。正如我们在本章所看到的，情感和规范的共同进化有助于解释许多道德现象，包括为什么几种道德规范集群在智人中普遍存在，为什么没有一个根本道德规范，为什么道德规范有共同点，以及为什么道德直觉既是情感机制又是认知机制。情感和规范在道德心理中紧密交织在一起。

到智人出现的时候，我们的祖先发展出了新的认知能力，包括独特的现代语言和推理能力。因此，人类就有能力做出"可识别"的道德判断，并用语言表达出来。于是他们可以一起讨论道德问题了。接下来我们会看到，当道德心理与理性思维碰撞时，道德推理核心就逐渐形成了。

第五章

推理

猿类有一种独特的魅力。海豚和狗可能同样聪明，同样和蔼可亲，可我们对它们没有身为同类的熟悉感。

我们与黑猩猩和倭黑猩猩在六七百万年前有着共同祖先。如今，人类的外形看起来和它们仍然有些相似，但进化使我们的身体形态发生了巨大变化。[1]我们的骨骼结构是为了两足直立行走而搭建的；我们的皮肤失去了大部分毛发；我们的手被塑造得更为灵巧；我们变得更高更胖，但没那么健壮了。[2]另外，像被驯化的动物一样，我们的身体还表露出更多的"温顺"特征。

最显著的生理变化发生在我们的头颅中。自从我们的祖先与类人猿祖先分道扬镳以来，人类大脑容量增加了两倍多。[3]如果从200万年前的直立人开始算起，人类的脑容量也整整翻了一番。其中，我们大脑的新皮层经历了尤为明显的扩增。大脑新皮层控制着高级认知功能，如果以同体型哺乳动物的大脑结构为标尺，那么人类大脑新皮层

---

[1] Lieberman (2013).

[2] Pontzer (2012).

[3] Mora-Bermúdez et al. (2016).

与大脑其他部分的比例超过了九比一！[1]

然而，人类智力的神经解剖特征并不仅仅以大脑体积为依据，我们的大脑还变得沟壑纵横、神经连接更为密布。[2]人类大脑神经元在发育过程中表现出极强的可塑性。[3]人类的童年和青春期被延长了，人类需要更长的时间才能成熟，因为在合作性社会环境中，大脑需要更长时间来完成发育。[4]

硕大、密集、灵活的大脑会让人类付出高昂代价。成年人大脑消耗的热量占身体总消耗的20%，远高于其他任何器官；婴儿则需要消耗一半以上的热量来维持大脑运转。[5]要想"担负"得起大脑成本，人类就需要共同努力。单个狩猎采集者无法独自获得足够的营养。[6]只有通过集体狩猎和觅食，人类才能捕获大型猎物，并找到足够丰富的水果、坚果和块茎。

火的使用也有助于人类承载高级智能：肉类和蔬菜在烹饪后释放出更多的热量。[7]其他食品加工技术对增强脑力也同样重要。[8]许多动植物只有在经过碾压、烘干、研磨或浸泡等加工程序后（或这些程序的复杂组合），才能为人类所食用。如果能找到食物，个体也可以自己独自烹饪或加工食物，但如果没有群体世代积累的知识经验，他们就无法获得必要的技能。因此，这些创新由人类社会属性所支撑。对烹饪和食物加工的依赖意味着我们的内部消化系统可以精简，技术

---

[1] Dunbar (1996: 62).

[2] Hofman (2014).

[3] Sherwood and Gómez-Robles (2017).

[4] Gurven (2004); Hill and Kaplan (1999); Kaplan and Gurven (2005); Kaplan et al. (2000); Robson and Kaplan (2003).

[5] Dunbar (1996: 3).

[6] Hrdy (2009: 101).

[7] Wrangham (2009: 13–14).

[8] Sterelny (2012: 86).

取代肠道，提升了我们的消化吸收效率。而消化系统"裁员"后，节省下的成本可以用来扩大中枢管理层，即我们的大脑。

由于合作的关系，我们负担得起自己的大脑，但它为什么值得我们负担？原因在于，自然选择重塑了人类大脑，以"增强社会可塑性"（enhanced social plasticity），这一答案得到了海量证据的支持。[1] 人类进化出了能够根据周围其他人的言行来调整自身想法和行为的能力，这就是我们能在一系列新生态位中繁衍生息的原因，而其中许多生态位就是我们自己建构的。

人类比其他动物都更聪明，包括类人猿和群居灵长类动物，这一点确定无疑，但我们并不是在智力的各个方面都遥遥领先。[2] 人类智慧的独特之处在于社会可塑性。在自然界动物大家庭中，猴子以善于模仿而著称，然而与人类相比，它们这一特长则显得不那么实至名归。人类具有无与伦比的模仿能力，我们会在行为和思维层面模仿那些经验丰富、技能娴熟、事业有成或声望卓著的人。高级的社会学习扩展了文化宝库，并允许个人更深入地挖掘文化宝库的内容。语言交流的发展在很大程度上是因为它为社会学习提供了强有力的工具。[3] 语言既是知识传播的有效媒介，也是文化积累的可靠载体。

非人类的动物也有知识。然而，基于推理的知识似乎专属于人类。[4] 首先，推理需要复杂的表征系统，而其他动物在这方面同样欠缺。合理的思想表征方式必须能让个体掌握思想之间的联系，随着复杂语言的进化，人类获得了一套规则，通过这些规则，简单思想可以

---

[1] Henrich (2015); Heyes (2018).

[2] Herrmann et al. (2010).

[3] Tomasello (2008).

[4] Bonnefon (2017); Vendetti and Bunge (2014); cf. Pennisi (2007), Thomas (2012), Kaufmann and Cahen (2019).

系统地组合成复杂思想。此外，由于语言是一种公用事物，语言规则为所有人所共享。理论上，一个人通过推理构建的任何知识都可以被其他人重构。

用语言进行推理的能力是人类智能的核心机制之一。但是，推理并不是人类自己设计出来的。推理机制得以进化是因为它有助于我们的祖先共同获取知识。[1]事实上，我们会说，推理是一种社会性能力，它的进化依赖于道德。道德与推理共同进化。

本章是我们对人类进化第二阶段的第三次也是最后一次探索，在这一阶段，基因和文化共同进化。我们已经解释了道德规范核心的进化由来（第三章），以及情感核心和规范核心的共同进化过程（第四章）。在本章中，我们有两个主要目标。首先，我们将解释道德与推理的共同进化，它催生了道德心理的第三个也是最后一个要素：推理核心。其次，我们将展示道德推理是如何运作的，以及它如何塑造了道德思想和情感。

道德的起源故事开始于类人猿等合作动物将他们对直系亲属的同情和忠诚情感扩展到亲属关系之外。早期人类随后进化出了更丰富的社会生活情感框架，后来的人类则进一步获得了与道德情感交织在一起的规范。因为人类道德具有灵活性和多元化的特征，情感和规范都不会固守不变。所以，在第二阶段的第三幕，也是最后一幕，晚期人类进化到能通过推理来调整道德行为并解决道德冲突。

本章一开始，我们将探讨人类知识因适应社会可塑性而产生的变化。接着，我们将主要关注人类推理能力的进化。我们将论证，推理是一种社会性能力，它由道德情感和规范所支撑，推理依赖于道德。

作为道德与推理相结合的产物，道德推理（moral reasoning）是

---

[1] Richerson and Boyd (2000); Cummins (2004).

一种开放式的文化实践，它使得智人可以将道德情感和道德知识相协调，并基于此重新诠释自身的道德直觉，这有助于维持可靠的社会期望，从而促成合作。因此，道德推理得以进化的原因是，它保证了人类能够解决全新的生活困境。然而，在我们解释社会道德推理之前，我们需要先了解一般社会知识。

一 社会知识

在某些情况下，无知也许是一种幸福，但在人类历史的大部分时间里，知识至关重要。它为我们的祖先带来了巨大生存优势，尤其是在气候变化、迁徙以及群体竞争造成的不稳定环境中。人类以知识为武装，不断向新环境扩张，知识就是力量。

为什么工具和技术在大多数人类进化的故事中占据如此重要的位置？简单地说，它们是生存必需品，是狩猎动物和挖掘块茎的必需品，是加工食物的必需品，也是运输物资、参与战斗和建造住所的必需品。考古证据表明，工具和技术的复杂程度在间断式地逐步提高。[1]凭借它们，人类祖先从非洲迁徙到欧亚大陆及其他地区。

然而，工具和技术在进化故事中扮演的角色被夸大了，原因很简单，它们是我们认知成就中保存最完好、最显眼的组成部分。但工具和技术只是漂浮在海平面上的冰山一角，一座更大的知识冰山潜藏在海平面之下，知识革命才是人类进化的主要推动力。

人类知道如何用石头敲击石头来制作斧头，如何准确地投掷长矛，如何研磨块茎以及如何烹饪食物，这些都是可见的技术。[2]但同

---

[1] Washburn (1959); Foley and Lahr (1997).
[2] Wrangham (2009).

时，他们也知道如何在母亲觅食时安慰婴儿，知道如何为蹒跚学步的幼儿提供指导，知道如何教青少年自食其力。[1]数十万年来，人类的知识不仅引导着我们掌握正确的工具使用方法和合理的育儿手段，还引导着我们掌握计算、语言、动物分类法以及无数其他生存所必需的行为与认知技能。

人类知识的交流和传播依赖于学习机制，通过这种机制，个体可以模仿技能高超、声名卓著或富有经验的成功人士。语言的关键之处正体现在这里，相比于其他社会学习途径（如纯粹观察），语言为信息传播提供了更高的精确度与保真度。个体可以将自己的知识用语言加以表达，之后如实地传达给其他人，如此层层扩散。因此，语言使跨越世代的文化积累得以实现，而文化积累则进一步推动了复杂文化信息的产生。[2]

由语序、语法和意义所支配的现代语言形式的历史有多悠久？它们是在7.5万至10万年前，随着"行为现代性"的出现而出现的吗？还是在更早之前，直立人已经"万事俱备"，只待在恰当时机的刺激引导下，将所有预备材料组装在一起，就可以在语言的世界乘风破浪？[3]由于语言是稍纵即逝的，我们说出口的话会立刻消散在空气中，而语言能力与基因之间又没有简单的对应关系，我们很难得到语言进化的确切证据。海德堡人的耳朵结构和我们的基本一样，理论上这样的耳朵可以接收语言特有的声调和频率。[4]但是，他们有语言吗？

这个关于语言"本身"的问题基于一个错误。如果语言的进化是

---

[1] Burkart et al. (2009).

[2] Kirby et al. (2007).

[3] Everett (2019).

[4] Martínez et al. (2004).

渐进的，就像现在看来的那样，那么寻找语言最初出现的精确时间就没有意义了。请注意，人类语言是通过生物和文化遗传得以维持的。一方面，习得语言的能力取决于我们与生俱来的（语言）规则学习机制；另一方面，除非儿童在语言发展的关键期接触到丰富的语言和积极的指导，否则他们也无法建立起合格的语言模式。

就像人类独有的许多其他东西一样，复杂语言似乎是通过自催化的基因-文化共同进化而逐渐形成的。随着交流系统复杂性增加，天生具有语言习得基因的个体获得了更强的适应性。这些基因催生了更复杂的语言文化，而更复杂的语言文化反过来又为语言的生理预备机制施加了选择压力。因此，早期人类发展出一定程度的语言能力，而后来人类的语言能力则不断提高。渐渐地，为了获取知识（以及其他目的），我们的祖先掌握了越来越复杂的语言系统。[1]

在人类的知识体系中，有些知识是事实性的，比如当地动植物的特征与构成，但大部分知识是实用性的，比如如何应对自然环境或群体内部出现的社会问题。所有这些知识都依赖于心智理论，个人能够明白其他人知道什么，并基于此利用语言和模仿来习得知识以及扩展传递知识。这样的过程不断重复，从而促成了人类丰富的文化积累。因此，语言是社会可塑性的产物，但它同时又构成了人类独特智能的生物-文化进化基础，语言将人类和文化紧密连接在一起。

当哲学家和科学家想知道是什么使人类在动物王国中具有独特的认知能力时，语言和推理通常是排在首位的备选答案。[2]这种假设没错，但它不完整。我们独一无二的认知能力源于社会可塑性带来的整个进化适应网络，包括语言和推理，也包括模仿性社会学习和心理理

---

[1] Pinker and Bloom (1990); Deacon (1998); Briscoe (2003); Deutscher (2005); Tomasello (2008, 2010); Christiansen and Chater (2008); Heyes (2012).

[2] Tomasello (2008).

论，以及情感能力和规范学习机制。然而，使我们与众不同的因素并不存在于个体身上，它存在于我们的集体心理中。

自从人类开始积累针对社会可塑性的适应机制以来，知识就一直是一项集体事业。人类依靠他人获得大部分事实性知识和实用性知识——学习如何加工食物和教育孩子，如何制造和使用工具，如何远离危险的人和动物。此外，生物-文化认知机制的进化源于无数人类在历史长河中对新思想和新思维方式的尝试，这些知识成果都经受了达尔文式的选择过程。如果你想从零开始创造出任何一种人类知识，你必须首先发明出社会性。

更重要的是，正如我们接下来将详细讨论的那样，推理能力的进化也有其社会性成分。自笛卡尔以来的哲学家们都倾向于认为推理是个体成就。虽然大多数哲学家都会承认，具体推理过程所依赖的许多前提都是通过个体与他人交流获得的，他们也可能接受，认知技能是社会进化史的产物。但他们或许坚信，如果推理能产生知识，那是因为个人合理运用了自身具备的逻辑或推测能力。可事实上这是例外，而不是普遍规律。理性知识通常并非这样获得的，我们接下来会看到，立足于个体主义的推理是虚妄的哲学幻象。

在本章开头我们提到，作为一个物种，人类的成功依赖于知识学习。我们不仅获得了关于如何创造和使用技术的知识，还获得了大量与物质和社会环境相关的事实性知识和实用性知识，从而得以繁衍生息。这些知识依赖于人类群体的共同努力，依赖于社会可塑性选择压力带来的认知适应机制，如模仿、心理理论和语言。接下来，我们将深入探讨其中一种适应机制——推理，看看它与社会可塑性的关系。

二 社会性推理

推理是一种非常有效的知识获取方法。但是，正如认知科学家雨果·梅西埃（Hugo Mercier）和丹·斯珀伯所指出的那样，这引出了一个谜题。[1]为什么动物界的其他生物没有进化出与人类同水平的推理能力呢？

其他动物也会获取知识，并利用这些知识来驾驭环境。当一种特征非常有用时，它往往会在生命进化史中反复出现。例如，视觉的前身光感就出现于许多动物的进化谱系中，它们之间并没有进化上的承继关系；多种蝙蝠各自独立进化出了回声定位这种罕见的能力。所以，如果推理能力如此重要，为什么自然选择只为人类"挑选"了这一特征？

这个问题的答案是，推理能力只对那些聪明、具有社会可塑性、合作性极强的生物有价值，因为这些生物还拥有用于传递、接收和积累知识的语言表达能力。推理能力之所以罕见，是因为能保证它发挥作用的环境条件也很罕见。

梅西埃和斯珀伯认为，推理的进化功能是使合作的人类群体能够共同获得知识。[2]一定程度上，正是通过社会互动式推理，祖先人类才能够积累如此多的环境知识。大量实证研究表明，与单独行动相比，人们在群体合作时更有可能成功进行推理。[3]为了说明这一普遍

---

[1] Mercier and Sperber (2017).

[2] Mercier and Sperber (2017: 175–201).

[3] Laughlin (2011); Kugler et al. (2012).

现象，梅西埃和斯珀伯援引了沃森选择任务。[1]

在沃森选择任务中，你将看到四张卡片。然后你被告知每张卡片的一面有一个数字，另一面有一个字母。[2]例如，假设你看到了卡片"E""K""2"和"7"，现在考虑下面的假定条件：如果卡片的一面是元音，那么另一面一定是偶数。要验证该假设是否正确，你需要翻看哪几张牌？

科学家们已经进行了数百项研究，以评估参与者能否在沃森选择任务中通过推理得出正确答案。许多研究探讨了实验材料的微小变化是否会阻碍或提高被试的表现，以及相应研究结果能揭示出何种潜在心理机制。这些研究当然很有意义，但我们在这里只需要了解两个基本结论。

首先，大多数被试都给出了错误答案。其中，人们选择最多的卡片是"E"和"2"。的确，"E"必须接受检查，因为如果它的另一面是奇数，那么假设就不成立了（假设说的是，如果卡片一面是元音，那么另一面就是偶数）。然而，"2"其实不需要加以检查，因为假设只规定了元音的背面必须是偶数，但没说偶数的背面一定是元音，所以"2"这张卡片另一面是什么根本无所谓。

大多数被试没有意识到，除了"E"之外，另一张必须被检查的卡片是"7"。因为如果它的背面是元音，那么假设就不成立了，因为规定"元音的另一面是偶数"。沃森选择任务现在对很多人来说都很熟悉。然而，许多聪明人在第一次接触这项任务时，如果没有听过前面的解释，会很容易做出错误判断。平均来说，只有20%的人能答对，这是第一项重要结论。

---

[1] 该实验任务最早出现于Peter Wason (1968)。
[2] Mercier and Sperber (2017: 39–43).

在大多数沃森选择任务研究中，被试都被要求独自解决问题。如果让被试有机会一起讨论问题，结果则截然不同，大约80%的被试能给出正确答案。[1]这正是我们要指出的第二个重要基本结论，正如梅西埃和斯珀伯所说，它表明，如果大家一起合作，就更有可能通过推理做出正确判断。

该结论也与认知科学和社会科学中的大量证据相吻合，那些研究显示，集体推理比个人推理更可靠、更强大。具体来说，在单独推理时，被试很容易出现"确认偏差"（confirmation bias）。[2]无数心理学研究表明，人们倾向于寻找证实假设的信息，而容易忽视否定假设的信息。在沃森选择任务中，错误地选择卡片"2"而不是"7"就是一个很好的例子。如果"2"的另一面是元音，这就好像是"证实"了假设，而卡片"7"则提供了否定假设的途径。

正如梅西埃和斯珀伯所言，当人们考虑他人的想法时，不容易产生确认偏差。[3]在小组推理过程中，如果有人提出一个假设，人们更有可能去寻找它的缺陷。如果由他们自己验证，他们会倾向于忽略自己假设中的缺陷。但如果其他人提供了很好的理由，例如，按照刚才的思路，有人指出卡片"2"的另一面是什么根本无所谓，人们就会接受有说服力的推理结论。

所以，当推理具有社会互动性时，推理会更有效，更有可能产生正确的知识。首先，互动推理消解了个人容易陷入确认偏差的自然倾向。与此同时，互动推理还能抵消其他偏差。例如，梅西埃和斯珀伯所说的"自我立场偏差"（my-side bias），指人们倾向于相信与自己立场和观点一致的想法，即使这些想法没有得到现有证据的可靠支

---

[1] Moshman and Geil (1998). Mercier and Sperber (2017: 264–265).

[2] Tetlock and Gardner (2015).

[3] Mercier and Sperber (2017: 212–218).

持。[1]在群体中，尤其是在认知多样化的群体中，这些偏差会被冲淡。你和我可能都倾向于寻求证实我们自身立场的信息，但是，如果我们相信不同的观点，有不同的偏见，而我们也有能力区分好理由和坏理由，那么我们就可以开展超越偏见的共同推理。在互动背景下，两个偏见胜过一个偏见，互动推理有助于我们获取知识。

梅西埃和斯珀伯提出，对于个体和群体来说，推理具有不同的进化功能。他们认为，从个体视角看，推理有两个相互关联的功能，一个是给出理由，另一个是接受理由。一方面，推理的作用是向他人证明你的观念是对的——以一种合理且具有协作性的方式向他人解释自己的观念。另一方面，推理的作用在于评估他人的观念——确定这些观念是否准确，以及支持这些观念的人是否值得信任。[2]

因此，对于产生知识来说，个人推理的证明功能和评价功能都不会起到太大作用。然而在互动的社会环境中，这两种功能组合起来会激发出新效果。当个体提出论据向他人证明自身观念的正确性并对他人提出的论据进行评价时，知识就会从这种互动实践中被创造出来。因此，正是因为共同推理，我们的祖先才能够获得如此多关于周围世界的知识。相比之下，生活在同一环境中的其他动物对环境知之甚少，人类由此获得了巨大生存优势。

知识进步反映出人类的学习、创造、语言和推理等能力都获得了全方位增强，它与文化的发展、传播和积累携手并进。然而，大多数关于人类智力的进化解释，包括梅西埃和斯珀伯的开创性解释，都没有提到知识与道德文化发展的关系。为了获得知识并加以利用，人类必须在相互尊重的关系中平等合作。我们接下来会看到，人类之所以

---

[1] Mercier and Sperber (2017: 213–225, 236).

[2] Mercier and Sperber (2017: 52–68).

能够通过推理获得知识，是因为道德为他们的社会互动性推理提供了支持。

三 道德撑起推理

113　　回到第二章，我们描述了一些实验，这些实验探索了幼儿的合作。即使完成任务并不需要合作，孩子们也热衷于一起工作。他们试图与已经停止合作的伙伴重新合作，他们也会自发地帮助有困难的伙伴，或者互换角色，以维持活动。正如我们所说，人类拥有深度同理心。也就是说，他们愿意致力于一个联合项目，部分原因是其他人有相同的目标。深度同理心是一种至关重要的认知和情感适应能力，非人类动物没有这种能力。接下来我们会看到，深度同理心和社会性推理能够促成当下的合作和未来的累积性社会学习。

与其他形式的合作一样，互动推理依赖于深度同理心。人类之所以会共同推理，不仅仅是为了得到正确的答案，还因为他们会发自内心地关心彼此。这一进化倾向在我们的当代行为模式中也有明显体现。

当一个人停止推理时，他的伙伴们可能会试图让他重新参与进来，或为他提供帮助，又或者主动代入他的立场。例如，如果我在完成任务时走神了，你可以试着让我重新集中注意力；如果我未能正确理解问题，你可以为我解释，为了表示对我的尊重和理解我的想法，你甚至可以转向我的观念，即使它与你自己的观念相冲突。你想找出正确答案，不仅是为了你自己，也因为这是我们的共同目标。

当然，这并不是人们参与共同社会实践的唯一动机。例如，人们有时会提出一些似是而非的理由来欺骗他人，使其接受对自己有利的结论；或者他们仅仅是为了炫耀自己的智慧和赢得声望。但是，当人们想要获得正确答案并开展批判性的讨论时，他们也许能通过互动推理获得新知识。

为了最有效地开展互动推理，从而获取正确答案，人类必须达成某些"默契"，包括将他人视为共同任务中理应被尊重和平等相待的伙伴。因此，互动推理以尊重、信任等道德情感和公平道德规范为基础。人类的知识依赖于互动推理，而互动推理本身又依赖于道德。除非参与推理的伙伴之间为道德关系所制约，否则推理无法可靠地产生知识。

有效互动推理的另一个道德维度是诚实。真诚的错误是一回事，但是，如果参与者在沟通过程中有意掩盖真相（假定这样做符合他的利益，那么他有可能禁不住诱惑），那么他就破坏了共同目标。请注意，诚实的推理不仅包括准确报告观察结果，还包括承认推理中的错误，承认自己的原有立场与证据不相符。从这些方面来看，诚实体现了信任和自主的道德规范。欺骗是不道德的，因为它破坏了我们对彼此的承诺，也因为它是一种操纵行动，因此，欺骗性言行违反了互惠和自主准则。更不用说，欺骗还会滋生无知和错误信息。

从这些方面看，道德对于成功的互动推理至关重要。即使最重要的只是弄清事实，人类也要平等地尊重他人，允许他人发表讨论意见，并进行诚实的交流。道德情感和道德规范的进化是因为它们促进了合作，包括通过深度同理心进行合作推理。

在本书的后面部分，我们将看到这些并不是道德与知识仅有的交汇方式，尤其是当互动推理被嵌入社会制度中时，其力量就会被放大。但是，仅就当下的论述主题而言，道德在我们的共同认知生活中的基本作用也已经足够清晰了，因为当推理发生在社会互动中时，它会更为成功。通过为互动推理提供支持，道德与人类知识共同进化。

让我们回顾一下。从进化的角度来看，人类的知识在本质上都具有社会属性。信息为集体所获取和共享，无论是在祖先的环境中还是在现代社会，都是如此。此外，收集和处理信息的心理机制是人类在社会环境中经历进化选择的"成果"，借助于这些成果，我们产生了丰富的知识。套用哲学家W. V. O. 奎因（W. V. O. Quine）的一句话来说，我们幸运地拥有了获取知识的好方法，因为差劲的方法"会造成一种很明确的结果，那就是让生物在繁衍出下一代前就悲惨地死去"[1]。

知识的社会属性还可以体现在另一个方面。推理本身的进化设计"初衷"就是通过社会互动产生知识，知识在不断进化，但它并非独自前行，而是与道德携手并进。道德情感和道德规范支持合作式沟通交流，它们为人类知识的生产制造提供了动力。

我们已经论证了在人类进化史上，道德对推理的支持意义。接下来我们想探讨一个反向作用：推理支持道德。其中，有一种支持作用是非常明显的，如果一个人或一个群体想要实践道德规范，他们就必须弄清以下事实：她是否真的把收集到的大部分食物都偷偷藏起来了，只留给自己的孩子吃？他背叛了伙伴吗，还是仅仅发生了一个小意外？推理可以帮助我们了解真相，进而引导我们实现道德目标，尤其是在事实复杂或证据不明确的情况下。

事实推理有助于为道德规范实践提供指导，让我们明白在特定情况下该做出何种道德判断，但是推理还能做更多的事情吗？它能告诉我们如何解释我们的规范吗？它能通过告诉我们应优先考虑哪些原则，进而帮我们解决道德规范之间的冲突吗？

智人继承了由情感和规范组成的复杂生物-文化系统。道德推理

---

[1] Quine (1969: 126).

的文化实践之所以得以发展，是因为它们可以确保生物-文化系统被置于可行的秩序中。要明白这一点，我们需要考虑一种独特的推理模式——道德推理。我们需要理解道德推理是为了什么，以及在达尔文选择的影响下，它进化出了什么功能。

四 道德推理的起源

不少科学家和哲学家对道德推理持怀疑态度。他们声称，人们进行道德推理主要是为了使道德直觉的判断结论合理化。

乔纳森·海特是这种激进观点的主要支持者之一。他认为，道德判断几乎完全由直觉所驱动。[1]当人们为自己的道德观点提供理由时，他们可能真诚地相信，他们是在解释自己持有这种观点的原因。然而，根据海特的说法，除了少数例外，人们真正在做的是事后合理化。[2]他们无知无觉地找出一些理由，以便以积极姿态展示自己。[3]正如海特所说，作为道德判断的主体，人类不像法官而更像是律师，我们不是通过权衡证据和理由来形成道德观点，而是要为无意识道德直觉所传递的观点找到充分论据。[4]

虽然海特是一名受过专业训练的心理学家，但他的观点反映了一种悠久而陈腐的哲学观念，即理性与直觉从根本上相互对立。许多哲学家对道德有着截然不同的看法，但他们也都认同这一思想传统。因此，柏拉图、康德和亨利·西季威克（Henry Sidgwick）的观点是情

---

[1] Haidt (2012: 3–30).
[2] Haidt (2012: 41–55).
[3] Haidt (2012: 61).
[4] Railton (2014).

感可以由理性所支配。[1]相反，休谟认为理性是情感的奴隶。

在本章的其余部分我们将论证，所有这些观点都忽略了理性和直觉是如何共同发挥作用的。道德推理受直觉思维和感觉的指导，然而反过来，推理也会重塑直觉。尤其是，推理使人类能够在未曾料想的新情境下解释道德规范。当道德规范与情感发生冲突时，它还能让人类解决道德困境。有效的道德推理可以消除不确定性和冲突，促成道德共识。因此，它对于道德的进化功能至关重要，对于解决相互依存的生活问题的能力也至关重要。总之，道德推理绝不仅仅是声誉管理工具，在下文中，我们将更详细地解释道德推理进化的原因及其工作原理。

道德推理的起源无疑不甚复杂，早期，甚至在人类语言系统全面成熟之前，我们的祖先就已经开始面临将旧规范用于新情况的挑战，他们需要协调道德规范。试想一下，部落中存在平均分配狩猎所得肉类的规范，但也许会有例外情况，比如奖励英勇的猎人或犒劳受伤后身体虚弱的同伴。同样的准则也适用于采集所得的浆果或块茎，分享食物的做法以公平规范为指导，大多数拒绝分享食物的行为，尤其是如果它们出于明显的贪婪动机，都会遭到愤恨和惩罚。

然而，设想一下，如果社群突然面对一个全新的资源分配问题，例如抚育儿童或配备矛头，他们也必须贯彻平等分享原则吗？假定公平规范最初只适用于食物分配，人们应该在多大程度上将公平规范扩大到其他领域？对于这些困惑，公平规范无法给出明确答案。因为它一开始只规定了要均等分享食物，但对照料幼儿或分发矛头只字未提。不同群体对新形势的反应会有所不同，一些群体会比其他群体做得更好。随着时间推移，那些对群体更有利的延展规范往往会存续更

---

[1] Plato (360 BCE); Kant (1785); Sidgwick (1874).

久，这是文化选择的结果。

不过，当人们最初决定是否平均分配矛头时，其动机着眼点通常并不是群体的未来收益。对于道德利他主义者来说，追求公平是为了公平本身。那么，小组如何确定"公平"是平均分配矛头的依据呢？答案对当前很重要，因为它关系到社群眼下应该怎么做；答案对未来也很重要，因为每个人都需要知道，在社群中，他们能从其他人那里得到什么，以及其他人又期望得到什么回报。道德规范使协调成为可能，但协调取决于一致期望。

这两种情况（分配矛头和分配育儿资源）到底本质上有没有道德适宜性差异（morally relevant differences）？是否它们都只涉及公平问题，并没有道德适宜性差异，所以不平分矛头、不共同努力照料幼儿在道德上就像不分享食物一样是错误的？人们需要做出选择，需要摸索最佳方式。然而，任何答案都需要一个理由，即产生一致预期的基础。也许一个社群决定，高价值资源必须平等分配。这个理由扩大了公平规范的适用范围，使其涵盖了矛头和育儿资源。另一个社群可能会决定，只有通过集体努力获得的资源才需要平等分配，这个理由限定了公平规范的范围，使其只涵盖食物。

由于不同决定会对群体的繁衍生息产生重要影响，文化进化会"依据"特定环境扩大或缩小道德一致性的覆盖范围。在新情况下，给定的道德规范可能适用，也可能不适用，而一旦一个群体在有关公平、伤害、信任等的道德规范方面建立了一致传统，社群成员就可以在该传统的基础上，利用道德推理消除不确定性。[1]

假设社群开始像分享食物一样平均分发矛头，原因是食物和矛头都有很高的价值。如果随后又出现了幼儿抚育问题，那么公平规范也

---

[1] Campbell and Kumar (2012).

要求社群成员平等分担照顾幼儿的压力,因为根据他们的观点,抚育幼儿和其他活动之间并没有本质区别。他们之前已经确定了一个道德理由:用相同方式处理资源问题。也就是说,道德上的一致性要求社群成员在抚育儿童、配发矛头和分配食物等事项上遵循相同的原则,因为这些情况之间不存在道德适宜性差异。

为了更清楚地了解道德推理如何有助于解决不确定性,请看另一个道德推理的例子,这是一个哲学家们经常讨论的案例。[1]想象一下,一个成年人路过一个浅浅的池塘,发现一个蹒跚学步的孩子离开父母,不小心掉进了池塘,如果这个成年人不救她,她会淹死。群体规范要求成年人涉水到池塘里救落水幼儿。

我们假设一个社群的道德规范要求成年人采取拯救行动,即使这个成年人会因此失去猎物的踪迹,导致他的家人忍饥挨饿。我们再假定池塘里有几条致命毒蛇,一旦下水救那个孩子,虽说不是必死无疑,但也有很大的生命危险,这时施救者就可能会犹豫不决了,但如果他遭遇不幸后果的概率等于或小于前一种情况下他家人遭遇不幸的概率,道德一致性就会要求他对落水儿童施以援手。

总的来说,如果某类道德规范要求个体在一种情况下采取行动,那么个体在另一种类似情况下也需要采取行动,除非存在道德适宜性差异,我们才有理由区别对待。由于人类会不断面临许多新情况,道德规范的适用范围可能远远超出我们的预期。道德推理的意义在于让我们在不同场景中对道德规范做出诠释,这种诠释不仅仅是个人诠释,而且是集体诠释,它会引导我们共同遵循规范。[2]接下来,我们需要对道德推理及其更复杂的应用场景做出详细阐述。

---

[1] Singer (1972).

[2] Campbell and Kumar (2013).

五 道德一致性推理

当人们行使道德规范时，推理的重要意义得以进一步彰显。这是因为道德规范灵活多变，就其本身而言，它们有很多解释余地。此外，由于道德是多元的，特定场景可能涉及多重规范。因此，你可以只诉诸一个规范，而"轻松"地忽略其他相冲突的规范，仿佛那些规范不怎么重要了，这就是海特等科学家对"规范推理"持怀疑态度的部分原因。

然而，上文描述了一种非常不同的道德推理形式，我们称之为"道德一致性推理"（moral consistency reasoning）。这种形式的推理并不决定哪些规范是否适用于特定情境，它的运作模式是寻找另一种相似的选择情境，并将适用于该情境的理由延伸到其他选择情境中（比如将分配食物的规范延伸到分发矛头问题上）。此外，它通常是一种社会互动行为，而不是在个体头脑中展开的（因此，这种类型的推理更符合海特自己的"社会直觉主义"道德判断和决策模型）。

大量证据表明，人们实际上会根据一致性推理改变自己的道德观点。[1] 尤其是在社会环境中，当人们交换理由时，由于他们享有基本的信任和尊重，这种情况更有可能发生。此外，有效道德推理的基础之一是对话者之间共享道德情感和道德规范。因此，道德依赖于推理，而推理反过来依赖于道德。

此外，一致性推理还有助于解决道德规范之间的冲突。一旦在某些选择情境中确定了优先序列，只要人们没有一致认为其他选择情境

---

[1] Petrinovich and O'Neill (1996); Schwitzgebel and Cushman (2015).

体现了道德适宜性差异，那么一致性推理就能引导人们将这种优先序列延伸到其他情境中。在"拯救溺水儿童"的案例中，由于社群之前已经在某种情境下得出结论：防止伤害胜过对亲属的忠诚，例如，人们不能因为亲属挨饿就去抢夺他人的食物。一致性推理会引导他们相信，在其他类似情况下，伤害禁忌也优先于忠诚规范。因此，社群成员可以期望其他人以同样的方式解决道德冲突，这就为协调他们的行为提供了可靠基础。

最终，人类开始采用一种更复杂的道德一致性推理模式。他们不仅对实际案例进行推理，还对假设案例进行推理。要了解这一点，我们可以看看人们通常如何教导孩子们始终如一地运用道德规范。[1]

正如第二章所讨论的，一岁多的幼儿在别人不公平地对待他们或其他人时会表现出公平感。如果食物分配不均，孩子就会问为什么一个人得到的比别人多。如果大人错怪了另一个儿童，孩子可能会为这个被错怪的儿童辩护。不过，虽然幼儿能够意识到不公平是不对的，但他们很可能自己也做出不公平行为（就像他们的长辈一样）。

成功的道德教育要让人学会认识到自己的偏见，并努力纠正偏见，即使偏见可能充满诱惑。父母会反问他们的孩子："如果有人这样对你，你会怎么想？"他们要求孩子设身处地为他人着想。通过这种强大的"角色转换"心理练习，儿童能逐渐理解，无论是作为道德主体还是作为道德评判对象，不同的人之间都没有道德适宜性差异。在道德面前，人们是平等的，我们要评判的是行为，无论当事人是你还是其他人，对就是对，错就是错。

道德教育中的"角色转换"反映出了道德一致性推理带来的两个重要进步。首先，在角色转换情境中，个体要站在他人立场上，想象

---

[1] Campbell (2017).

一种"反事实"的情况。他对想象情境的道德判断结果可以被拓展到真实情境中，只要不同情境不存在道德性质差异。假定你想象某人对你做出了某种行为，你觉得对方有错，那么在真实情境下，如果你对别人做了同样的事，你当然也犯了错。

　　角色转换反映出的道德一致性推理带来的第二个进步是，至少在同一社群内，两个人的身份差异并不影响道德规范对他们的适用性。或者说得更直白一点，虽然"你"是"你"，"我"是"我"，但我们在道德规范面前是平等的，不同的身份并不构成道德适宜性差异。可能某人扮演很重要的社会角色，比如狩猎队长或首领，但这并不会让他与众不同，道德规范适用于所有人，"忽视身份"的倾向或许一直是成功合作的必要条件。

　　让我们稍作停顿，回顾一下前面的讨论，并将其置于更广泛的背景中。在本书中，我们探讨了道德心理是如何一点一点进化的。最先开始出现的是社会灵长类动物的利他主义，然后是早期人类的情感核心，接着是晚期人类的规范核心。人类之所以进化出一套环环相扣又灵活多变的道德情感与规范系统，是因为这些能力构成了复杂社会合作的稳定基石，在合作性社会环境中，人类的智慧和知识得以蓬勃发展。

　　在本章中，我们又探索了知识与社会性之间的联系。我们特别关注道德和推理是如何共同进化的，道德情感和规范支持互动社会性推理；反过来，道德推理可以进一步完善道德情感和规范，并有利于化解它们之间的冲突。当人类面临艰难抉择时，他们往往会反思在其他类似情况下的道德选择。通过阐明道德理由，将道德规范迁移至不同情境，他们可以更容易地做出决策，并达成共识。本章最后一个部分则引出了后续章节的一个核心问题：推理是否能引导人类扩大道德关怀的范围，是否能帮助我们克服长久以来一直存在的道德错误？

六 推理和排他性

道德一致性推理的适用范围有多广？角色转换是否可应用于自己的直系群体之外？如果我是一个完全陌生的人，生活在你所属的直系道德社群之外，这会影响到你对我的道德态度或道德评判标准吗？当涉及公平或自主规范时，性别差异会产生怎样的影响？

千百年来，诸如此类的道德问题一直困扰着人类社会，不同社群给出了各式各样的解答。如今我们感兴趣的是，如何通过更好地理解进化道德心理，来帮助我们搞清楚这些问题出现的原因，以及我们怎样能给出更好的答案。

基本道德情感和群体内相互依存的社会关系影响了道德规范的进化。因此，规范往往继承了情感的排他性倾向，尽管规范具有灵活多元的一面。如果正如我们在第二章中所假定的那样，女性受到的尊重往往少于男性，那么自主和公平规范就会倾向于使男性享有特权，而使女性处于从属地位。由于所有的道德情感所针对的对象都被划定在特定范围内，所有的规范也都倾向于局限在内群体中。

将道德规范适用范围限制在自己的社群的倾向即我们所说的"道德排他性"（moral exclusivity）。许多地理上非常接近的人被划分为不同族群，这在一定程度上正是由于他们彼此间怀有道德排斥的态度（见第六章和第七章）。相反，在复杂的现代社会，许多国家是由分散的领土组成的，它们在地理维度上并不是一个"统一体"，但它们在种族、宗教或政治上是统一的（见第九章和第十章）。在极端情况下，社群外的人可能会被剥夺享有道德尊重的权利，或不被视为值得保护的对象，人们会漠视他们遭受的伤害和不公正待遇。

布坎南和鲍威尔认为，应从自适应可塑性的角度来理解道德排他性。我们在第二章最后部分解释群体对立和性别偏见的变异性时介绍过这一概念。[1]他们认为，这种生物-文化灵活性有助于促成道德包容。在现代社会中，只要没有严重的外部威胁，人们可以尽可能广泛地扩大道德情感和规范的适用范围，因为这可以带来经济繁荣、和平稳定以及政治自由，增进每个人的生活福祉。反之，当出现严重威胁时，或者误以为存在严重威胁时，人们就会相应地缩小道德共同体的范围，形成排他性心态。克服道德排他性的能力，或者屈服于道德排他性的倾向，都反映了我们道德能力的自适应可塑性。简单来说，我们会根据社会环境中的威胁和机遇调整道德话官性范围。

我们的生物学是可塑的，但文化更是如此。道德推理是一种文化适应，它提供了一种在新的、不断变化的环境中修改规范的方法。而且道德推理是一种"能动性"驱力，也就是说，人类可以通过道德推理主动修改其道德观念。

推理最初的进化有几个原因：它能提高个人获取知识的能力，有利于人们做出明智决策，同时它还具有向他人解释我们行为的合理性以及管理我们的社会声誉的功能。道德推理得以进化是因为它使我们的祖先能够根据环境灵活调整道德规范，进而使得社群在群体层面的文化选择中更具优势。因此，尽管布坎南和鲍威尔将自适应可塑性认定为人类道德的重要特征，但我们认为，开放式的道德一致性推理能力也能体现出自适应可塑性。道德推理可以深刻地改变情感和规范，本书后面会呈现这一点。

然而，在人类经由生物-文化进化形成的道德系统中，排他性是一个不可磨灭的重要特征。正是由于它的存在，人类会相互犯下一些

---

[1] Buchanan and Powell (2018); Buchanan (2020).

最可怕的罪恶：种族暴力、战争、奴役、强奸、大屠杀等等。[1]我们内在的生物-文化灵活性是一把双刃剑。一方面，情感和规范可以被塑造，以适应等级森严、不公正的社会。另一方面，情感和规范也可以变得更加人道与平等。

我们稍后会讲到，推理在道德包容的过程中扮演着重要角色。一旦一个群体认定，道德与群体身份无关，道德推理就能帮助群体克服种族主义和仇外心理。当人们遵循道德规范时，针对不同社群并不一定区别对待，甚至在某些人看来，针对不同物种也不应该区别对待，至少在涉及伤害规范的情况下如此。比如，他们认为不可因为其他动物不是人类就对其肆意伤害，无视它们的痛苦。

在本书第一部分，我们认为黑猩猩等其他类人猿具有利他心理，人类道德建立在动物界普遍存在的同情能力之上。不过我们也认为，人类道德系统与猿类道德系统有很大差异，即使只考虑道德心理的第一大要素也是如此。人类拥有更广泛的道德情感，而且这些情感会表现出更大的灵活性。

人类道德的最初功能是解决人类相互依存的生存问题。因此，道德并没有进化到对非人类动物的需求和利益敏感。尽管如此，目前的道德运作可以偏离而且确实偏离了它最初的功能。道德心理能够将非人类动物视为具有道德意义的动物，将它们纳入人类的道德关注范围。[2]

为了证明我们理应以一种更合乎道德的方式对待非人类动物，哲学家们花费了大量时间和精力来发展道德原则。例如，有些人主张基

---

[1] Glover (2000).

[2] 请注意，史前社会也有可能尊重甚至崇拜非人类动物，但这与道德规范和道德情感适宜性无关。在道德推理的作用下，现代人会将一部分动物纳入道德考量的范畴，但我们不会像早期人类那样敬畏这些动物。更多观点可参见 Gould and Verba (1982)。

于智性或最低限度理性的道德考量原则。然而，人类对动物的道德主张通常不是由原则驱动的，它是由同情心以及由此萌发的道德直觉和道德推理所驱动的。我们将在第九章中更详细地论证这一观点，我们还将探索最有利于直觉和推理发挥作用的社会结构，但现在让我们简要介绍一下。

人们觉得并相信杀死或折磨猫狗等动物是错误的。但他们有时也会推断，这些宠物与工业化农场里遭受折磨和屠杀的牛、猪、鸡之间没有道德适宜性差异。因此，他们是凭推理而不是凭感觉认识到，工业化养殖并不正确，不值得支持——至少在养殖业改革之前，最好还是尽量采取素食生活方式，或者起码减少肉类消耗，这是我们将道德包容性扩展到人类之外的第一步。

在本书第四部分，也是最后一部分，我们将对抵制物种歧视和实现道德包容的措施展开更多讨论，届时我们将陈述人类在反种族主义等方面所取得的成就。我们不仅会讨论道德包容性，还会讨论平等规范的问题，包括反性别歧视、反阶级歧视和反全球不公正运动中的平等问题。我们将看到，道德推理固然重要，但仅靠道德推理是不够的，我们需要一个足以支持道德推理的社会结构。

七 总结

在本书的下一部分，即第三部分，我们将探讨人类进化的第三阶段。智人出现之后，人类生活方式变化的主要机制不再是基因进化，也不再是基因与文化的共同进化，而是纯粹的文化进化。不过，在进入第三阶段之前，让我们先回顾一下关于第二阶段的重要结论。

在人类开始获取和分享信息之后，基因和文化的共同进化改变了我们。文化之所以成为可能，是因为人类具有道德情感，这使他们能够在大群体中和平共处。基因与文化的共同进化导致了晚期人类复杂的道德特征。到智人登上历史舞台时，我们的祖先已经有了规范和获取规范的生物设备。随着情感与规范的共同进化，我们的祖先进化出了五种规范：伤害、亲属关系、互惠、自主和公平。

通过基因与文化的共同进化，五组核心道德规范扩展了我们和谐共存的能力。社会规则约束着人类的行为，让我们的祖先可以通过合作和协调驾驭富有挑战性的环境。规范本身以及由规范延伸出的制裁威胁促使人们避免伤害他人，信守承诺、公平相待并尊重他人的自主权。相比其他群体，有些人类群体会更为成功，其中包括：拥有规范并能轻松学习规范的群体；将道德规范和道德情感交织为统一系统的群体；能够将旧规范持续应用于新情境的群体。

在本章的第二部分末尾，我们看到，道德一致性推理进一步拓展了合作的范围。它使我们的祖先能够将旧规范应用于新情境，同时有助于人类解决规范之间的冲突。因此，当我们面对考验我们合作能力的新情境时，我们能够对彼此抱有信任和期望。接下来，我们将在第三部分探讨复杂的规范体系是如何连接的，以及它怎样与其他文化发明相结合，进而形成了社会制度。最终，正如我们将在第四部分看到的那样，道德推理和社会制度共同提供了一个强大的文化棘轮，它足以推动道德的进步变革，抵制道德的倒退衰落。

第三部分

道德文化

第六章

部族

在生命之树上，现代人这一分支似乎是个异类。然而，我们其实并不是一直都那么鹤立鸡群。自30万年前智人诞生以来，我们曾长期与其他人类物种共存。地球上有过六种以上的人属成员，直立人和海德堡人是智人的直系祖先，他们在孕育出我们之后，并未就此消失，而是一直生活在地球上。他们的其他直系后代也依然很活跃，包括欧洲的尼安德特人、亚洲的丹尼索瓦人以及印度尼西亚的弗洛里斯人。在智人生命史的大部分篇章中，以上人属成员始终占据一席之地。只不过在过去的3万年里（仅仅占智人历史的10%），我们将他们远远抛开，之后孤独地生活在地球上。[1]

最终结果我们都知道，智人成为在优胜劣汰竞争中唯一幸存下来的人类物种。然而，我们的祖先并没有一开始就从人类物种的大家庭中脱颖而出。在其存在的最初20万年里，智人数量很少，成就也相

---

[1] González-José et al. (2008); Ko (2016); Krause et al. (2010); Higham et al. (2014); Galván et al. (2014).请注意，除了这里提到的人类物种，世界上可能还存在过其他人类物种，只是尚未被发现，而且准确定义不同的人类物种本身就是一项很困难的工作。

对较低，他们的分布地局限于非洲大陆东部的一块狭小地带。[1]

变化发生在大约10万年前，智人慢慢地扩展到非洲其他地区和欧亚大陆。令人惊讶的是，他们在5万年前首次航行到了澳大利亚；占领欧洲的时间要稍晚，差不多4万年前才开始；1.5万年前，智人穿过西伯利亚和阿拉斯加之间的大陆桥，沿着西北海岸穿越海洋通道，进入了北美。在短短两千年时间里，他们迁徙的脚步就贯穿整个美洲大陆，在南美洲最南端建立了居住地。很快，智人占据了地球上几乎所有的栖息地。[2]

和大多数殖民者一样，我们的祖先为当地原住"居民"带来了巨大的灾难。当智人迁徙到一块新领地之后，那里的巨型动物很快就走向灭绝。[3]乳齿象、长毛犀牛和巨型犰狳等神奇生物永远地从地球上消失了，其他人类物种可追溯的最后踪迹也差不多出现在同一时间，即智人与他们交汇后不久。

以神秘的尼安德特人为例，作为海德堡人的后裔，他们早已适应了寒冷的气候，从非洲迁徙到欧洲后，他们在欧洲大陆已生存了数十万年。然而，在智人入侵后的两三千年里，尼安德特人也渐渐消失。他们的一小部分生物遗产留存在我们的基因组中，但大多数尼安德特人都没有留下幸存的后代。也许，部分人类物种后来确实无法应对新的生态挑战，然而毫无疑问，在其他人类物种灭绝这件事情上，智人难辞其咎。[4]

当30万年前智人出现时，我们这一世系的人类成为"解剖学意义上的现代人"。他们拥有巨大的头骨、纤细的身体和灵巧的四肢。

---

[1] Hublin et al. (2017).

[2] 正如第一章所说，这些日期只是近似值。

[3] Surovell et al. (2005).

[4] Banks et al. (2008); Finlayson and Carrión (2007).

然而，直到10万年前，人类行为模式才开始慢慢变得"现代化"。智人之所以能够在世界其他地方开枝散叶，并取代其他近亲，是因为他们发展出了更复杂的全新生活形式。我们祖先的生活终于隐约同我们有些相似了：他们会举行宗教仪式，包括埋葬死者；他们用颜料和珠宝装饰自己的身体；他们不仅打造装饰物，还制作艺术品，包括乐器、雕像以及绘画——我们如今在法国和西班牙的一些史前洞穴中可以欣赏到这些令人惊叹的岩壁画作。[1]

在人类历史的这一新时期，人类终于迎来了富有想象力的技术创新大爆发。现代人之所以能够到达澳大利亚和其他偏远岛屿，是因为他们发明了适合远航的船只，并自学了驾船技能。[2]在欧亚大陆北部和其他寒冷的气候环境下，他们赖以生存的条件是先进的手工艺。例如，尼安德特人只会简单地将动物皮毛披在自己身上，但我们的智人祖先则不同，他们会用缝衣针将皮毛缝制在一起做成衣服，这样可以起到更好的保暖效果。[3]此外，他们还开始使用长矛、矛叉和弓箭等新武器，以更安全、更有效地猎杀大型动物。不出意外的话，这些武器也曾被用来对付其他人类近亲。[4]

为了创造和掌握这些先进技术，我们的祖先需要大量全新的生态和技术知识。从考古记录中，我们只能重建一小部分祖先的认知成就。但我们知道，他们已经学会了如何制作帐篷和其他坚固的建筑结

---

[1] Henshilwood and Marean (2003); Hill et al. (2009).

[2] Lourandos (1997).

[3] Gilligan (2007).

[4] Lahr et al. (2016).

构[1]，他们还能够编织篮子[2]、打造火炉[3]、制作油灯[4]以及制造更多非常实用的工具[5]。凭借这些聪明的发明，智人征服了世界，成为地球上仅存的人类物种。

到底是什么因素驱使我们祖先的行为模式转向了现代化？一些科学家将答案诉诸暧昧的基因突变。[6]然而，自从20万年前我们祖先成为解剖学意义上的现代人以后，没有证据表明智人谱系之后发生过重大的生物学变化。[7]我们身上发生了什么？为什么是我们？这成为进化史上的一大谜团。

该谜题之所以难以解答，是因为它涉及一段被掩埋的"深层历史"，在此期间，人类活动逐渐变得越来越复杂，但可加以检测分析的线索却少之又少。本书之前的所有论证都是基于坚实的科学证据展开的，而在本章，我们不得不做出一些尚未得到验证的推测。

作为本书第三部分的开始，本章将提出一个新的进化假说，它所针对的问题正是我们祖先行为模式的现代化转向。这个假说以本书第一和第二部分建立起的科学框架为基础，同时兼容了现有证据。我们认为，智力、社会组织和道德之间古老的进化之舞唤起了行为现代性，但它的转向过程则主要源于累积性文化进化的驱动。

通过在旧的生物−文化硬件上逐步添加新的软件，文化不断增强人类的智慧。软件升级使人类能够获得更多知识、学习更多技能并创造出各种前所未有的新技术。这一切之所以成为可能，完全是因为文

---

[1] Pryor et al. (2020).

[2] Wendrich and Holdaway (2018).

[3] Stiner et al. (2011).

[4] Guarnieri (2018).

[5] Stout (2011).

[6] Klein (1995, 2000, 2003).

[7] Nowell (2010); Sterelny (2011).

化促进了人类在更紧密、更庞大的社会网络中开展更广泛的合作。人类不仅分享食物和情感，也开始分享大量的信息：信息交流刺激了文化积累。

我们的观点是，由社会制度所锻造的新组织模式进一步提升了人类的合作与智慧水平。我们会论证指出，社会制度是达尔文文化选择在人类历史中运作的产物。简而言之，制度之所以得以进化，是因为它们使人类的合作规模从小部落扩展到大部族。通常情况下，部族会不断扩大，之后发展为许多各自独立的势力，然而制度使他们能够在部族内保持统一。合作部落是文化累积的基础，而文化进化又是行为模式转向的驱动力。因此，部族使智人成为现代人。

以上是我们对行为现代性起源假说的概述。在本章的其余部分，我们将更详细地论证，人类之所以成为现代人，是因为他们通过文化共同进化，发展出了部族生活中的社会制度，制度使现代思想和行为得以实现。我们将看到，或许早期宗教道德在部族的形成过程中起到了关键作用。

本书第二部分阐述了人类道德观念的基因-文化进化，第三部分即将探讨社会制度下道德的文化进化。在本书的后半部分，即第七章，我们将探讨制度如何在文化进化中塑造道德观念，从而产生"制度道德"。但眼下，我们主要关注的是制度本身的演变。我们将解释制度如何促成了部落的建立，从而将我们的祖先引向"现代化"。然而，为了达成这一目标，我们需要回顾一下文化进化，了解它是怎样在人类进化中占据强势地位的。

一 文化进化的根源

大多数动物都是特定环境下的生存专家，它们占据着非常狭窄的生态位，复杂的生理和心理特征正是因此而得以进化的。猴子的身体结构是为树栖生活设计的，这使它们在开阔的地面上很容易受到伤害；奶牛、山羊和其他反刍动物有多个分隔的胃和独特的肠道细菌，缺少这些细菌，它们就无法处理绿色植物中的纤维素；猫科动物是出色的猎手，它们是几乎只吃肉的"肉食动物"；黑猩猩和大猩猩的智力使它们能够适应遵循严格统治与支配结构的群体生活。

相比之下，现代人则是彻底的多面手。开阔的草原、茂密的森林、荒芜的沙漠和寒冷的冻土带都有我们栖息的身影。[1] 长期以来，我们一直是"杂食动物"，我们会用一套工具来捕猎和烹饪动物，用另一套工具来采集和加工植物。[2] 即使只考虑上更新世的狩猎采集者，单一人类群体的食物多样性已令人印象深刻，不同群体中种类繁多的食物更让人眼花缭乱。数万年前，一些族群在森林中捕猎小型哺乳动物，而另一些族群则从海洋中捕捞鱼类和软体动物。[3] 不同群体还各自发明了最能有效利用当地植物的烹饪方式。同样引人注目的是，我们的社会环境也比其他动物更加多样化，人类群体有的人口稠密，有的人口分散[4]；有的实行一夫一妻制，有的实行一夫多妻制[5]；有的实

---

[1] Roberts and Stewart (2018).
[2] Price et al. (2012).
[3] Hu et al. (2009).
[4] Hilpert et al. (2007); Hoppa and Vaupel (2008); Birch-Chapman et al. (2017).
[5] Chapais (2013).

行严格的平等主义，有的实行森严的等级制度[1]。当然，我们所有的"超越普遍性"都要归功于文化及由文化孕育的社会可塑性。

文化进化通过一系列复杂过程将我们的祖先转变为现代人，但刚开始时，它并不"高调"，甚至有些卑微。早期人类足够聪明，他们能够彼此分享有用的信息，比如当地环境的特点以及如何获取重要资源，他们会向经验丰富的长辈和技巧出众的"成功人士"学习，这些做法都促使人类群体不断繁荣壮大。因此，选择性模仿是一种进化机制，它有利于传播和积累有用的文化信息。[2]

对我们的祖先来说，最重要的信息是制造和使用工具的方法，尤其是与获取及加工食物有关的工具。石器为我们了解文化进化的曙光提供了一扇窗户，因为相比于其他同样有用的人工制品，石器有更大的可能性被保存下来。按照当代人的眼光看，早期人类石器或许看起来相当简陋。然而事实上，制作它们也需要非常精湛的技巧，其中许多技巧如今已经失传了，比如如何选择正确的部件材料，以及遵循哪些精密的制作步骤，等等。甚至在智人进化之前，我们的祖先就已经发明了几种专用石器——例如，一种用于屠宰牲畜[3]，另一种用于挖掘地下的根和块茎[4]。通过选择性模仿，制作和使用石器的文化信息延续了数十万年。[5]

在一个包含丰富文化的世界中，那些能够汲取更多有用信息的人将获得更强的适应能力。因此，文化进化"选择"了有利于适应社会可塑性的认知机制，这使我们能够获得更多的文化信息，文化学习机

---

[1] Boehm (1999); Calmettes and Weiss (2017).

[2] Blackmore (2001).

[3] Solodenko et al. (2015).

[4] Vincent (1985); Nugent (2006); Liu et al. (2011, 2013).

[5] Stout (2011).

制也因此变得更加强大及更具选择影响力。例如，我们在第三章中看到，晚期人类进化出了对"声望"的天生敏感性。具备了先进的心理理论后，我们就能知道别人在模仿谁，同时，我们也能基于"声望"选择适宜的学习榜样。

更重要的是，正如我们在第五章看到的，在生物–文化进化的塑造下，人类进化出了语言和互动推理能力。这些能力丰富了可用于文化传承的社会知识宝库，从而强化了自然选择，使大脑能够支持更复杂的思考和交流，周而复始，循环往复。语言和互动推理使人类能够提炼信息，更忠实地传递信息，进而积累越来越复杂的文化。

通过连续不断的交流和有选择的社会学习，晚期人类积累了复杂的文化信息，任何一个个体凭借自己的聪明才智都不可能独自创造这种规模的文化。随着人类的进化，考古记录也能体现出我们祖先在这一阶段所取得的丰富文化成就，包括更精致的石器工具、全新的食物加工技术以及控制和使用火的方法。另外，人类还发展出了许多重要知识，包括抚育幼儿的知识、追踪猎物的知识、寻找植物的知识以及更高效地开展合作的知识——尽管知识不像技术，可以清晰地展示在考古记录中。

在本节中，我们只是回顾了从本书第二部分中已经学到的有关文化进化的知识。文化是通过选择性学习机制进化而来的，通过模仿、语言和推理，人类积累了复杂且能适应社会传播的知识体系。在这种文化环境中，自然选择对基因施加了影响。因此，像智人这样拥有巨大、密集而灵活的大脑的晚期人类物种是从文化中萌发出来的。

然而，在本书的第三部分，我们关注的不再是人类的起源，而是智人出现后的文化进化。与前现代智人和其他人类物种相比，行为模式意义上的现代人如何产生了复杂而多样化的活动与技术？我们接下来会看到，部分答案是，人类的知识能力是通过文化进化而来的，没有任何生理调整要素参与。因此，文化进化本身也在进化。

二 "文化进化"的进化

在第三章中，我们强调了自然选择和文化选择所共有的达尔文式选择特征。无论是生物进化还是文化进化，只要性状的变异影响了性状的遗传率，就会产生达尔文式选择结果。区别在于，生物进化需要通过繁殖进行，子代会继承亲代的生理特征。[1]而文化进化则需要通过学习进行，学生会继承榜样的文化特征。一方面，人类会教导自己的孩子；但另一方面，他们也可以把有用的信息传递给任何想拜师学艺或被迫接受教育的人。因此，基因与文化的共同进化会青睐让我们的祖先成为好学生的生理机制，包括聪明的大脑。

然而，最终，文化进化开始改造人类的思想，而不必再费心慢慢修补我们的基因禀赋。正如心理学家塞西莉亚·海耶斯（Cecilia Heyes）所说，文化选择偏爱认知工具（cognitive gadgets）。[2]

海耶斯认为，"认知产品"是观念、表征或规则。[3]"认知工具"是处理观念、表征或规则的心理机制。[4]因此，正如海耶斯所说，文化进化不仅青睐"谷物"，也青睐"磨坊"。识字就是一个认知工具的典型例子。在过去的几千年里，人类获得了阅读和书写的心理机制。其他认知工具则更为古老，如模仿和心理状态归因。

---

[1] Brandon (1990). 请注意，横向基因传递的情况其实也存在（Margulis and Sagan 2008; Ochman et al. 2000; Andersson 2005; Hotopp et al. 2007）。另外关于进化是否需要繁殖，参见 Godfrey-Smith (2009)。

[2] Heyes (2018).

[3] Heyes (2018: 38).

[4] Heyes (2018: ch. 5); Heyes (2016a, 2016b).

在海耶斯看来，针对社会学习的"改良"心理机制是通过文化进化产生的。掌握了这些工具并能加以改进的个体会获得更多的知识，取得更大成功，因此他们更有可能将这些工具传播给他人。与之前对社会可塑性的生物文化适应机制一样，认知工具增强了人类的适应性，因为人类生活在相互依存、信息丰富的复杂社会环境中，信息获取能力的优化会提高个体的生存概率。

所以，人类不仅是信息的受益者，还是信息的传播者，我们可以通过各种心理机制将信息传递给他人。海耶斯的核心观点是，智人不仅继承了新思想和新技术，还继承了新的心理机制——例如，更好的模仿能力、心理理论和语言。这些认知工具受文化选择的青睐，因为它们使人类可以成功地应对一系列新的生态挑战。因此，文化进化不仅给了我们祖先更多信息，还为他们获取更多信息提供了新的认知工具。

为了说明这一点，我们以语言为例。第五章曾指出，语言能力是一种生物-文化进化机制，基因与文化的共同进化逐步形成了与生俱来的语法学习能力和丰富的语言文化。然而，现代语言很可能比前现代智人所拥有的语言更为复杂，正如亨利希所言，现代语言包含更多的语法结构、更大的词汇量和更强的表达能力。[1]语言朝着这些方向进化，部分原因是它为交流和积累知识提供了更强大的工具。所以，现代语言是通过纯粹文化进化产生的认知工具。

海耶斯强调，认知工具使我们更聪明，更有能力获取关于周围世界的知识，亨利希从现代语言进化的角度阐述了这一观点。但我们也需要理解这些理论家和其他人忽视的一个要点：认知工具是如何影响达尔文进化本身的。

---

[1] Henrich (2015; ch. 13).

由于文化选择促进了智力的提高，文化进化本身也变得更加复杂和精密。自然选择的"设计"产生了能够进行自我设计的生物。最开始时，文化进化中的有益突变基本都是随机产生的，可当人类变得足够聪明后，我们能够通过深思熟虑的聪明才智稳定地制造出有用信息。这是一个巨大的转折，如果基因突变不是完全随机的，而是可以刻意塑造的，那么我们的生理结构未来会走向何处（由于生物医学技术的进步，这一想法可能很快就会实现了）？

　　现代智慧不仅改变了文化的产生机制，也改变了文化的传播机制。人类可以通过观察和模仿学到很多东西。可是，一旦我们掌握了更为复杂的现代语言，我们就能够交流更多信息，相比于简单的行为观察，这种信息收集方式更高效、更精确，也更保真。事实上，现代人类在学习过程中通常会将观察、模仿、主动试验和语言交流等方式相结合。

　　现代人类智慧还在另一个重要方面促进了文化传播。我们脱离了"被动接受者"的身份。人类不再仅基于榜样的技能、成功或声望而对其单纯模仿，我们开始批判性地评估和修改自己所能接触到的文化资源。[1]在将新信息付诸实践之前，我们会借助互动推理对信息进行检验，在将信息付诸实践之后，我们会总结其成效。此外，我们开始将众多的理论见解结合起来。随着学习模式转变得更加积极主动，交流式教学也逐渐流行起来。能够采用交流式教学的群体会更为成功，就这样，推理被纳入文化选择机制之中，其效能进一步放大。

　　总的来说，在智人进化谱系中，文化选择变得更为强大。智慧、语言和推理能力的发展助推了信息的制造和传播效率，同时也深刻改变了信息的内容。如果没有文化进化的干预，智人就不可能占据如此

---

[1] Sperber (1996).

多的自然和社会环境生态位，他们不可能成为地球的主宰。

在本章开头，我们回顾了第二部分中关于适应性文化进化的基本观点。在海德堡人和尼安德特人等晚期人类中，文化是通过与技能、成功和声望相适应的社会学习机制进化而来的。我们通过解释现代智人的认知工具（不是源于生物–文化适应而是源于纯粹的文化适应）如何使文化进化更加强大，为这段进化故事增添了新内容。更聪明的人类可以有意识地制造适应性信息、使用现代语言准确地交流信息、运用集体推理能力改进信息并积极地向下一代传输信息。那么，下一步该怎么做呢？我们需要找出有利于现代智能进化的社会环境。要做到这一点，我们需要了解更强大的文化进化是如何实现自催化的。

三 自催化的文化进化

还记得第二部分提到的基因–文化共同进化具有自催化潜力吗？也就是说，这个过程可以产生自己的"燃料"。人脑和文化的共同进化就是最显著的例证。[1]聪明的人类创造了复杂的文化，复杂的文化需要复杂的神经设备来获取，神经设备的升级催生了更复杂的文化，而更复杂的文化则又需要更复杂的神经设备，如此循环往复。然而，纯粹的文化进化也可以进入这种自催化循环。

我们祖先经历的最后一次物种分化发生在30万年前。从那时起，人类生活方式的改变在很大程度上就是由文化变异而非生物变异造就的。文化在进化，文化进化本身也在进化，因此，文化进化过程开始自我生成燃料。一些文化适应有利于另一些文化适应，而另一些文

---

[1] Henrich (2015: ch. 5).

化适应又有利于其他文化适应,如此循环往复,形成了一个不断狂奔的正反馈循环。因此,文化适应在其合力的作用下变得越来越复杂。我们很快就会深入探讨涉及社会制度的文化共进化(cultural co-evolution)[1]。但首先,让我们看一个明确的文化自催化案例,以更清晰地理解该想法。

哲学家金·斯特尔尼(Kim Sterelny)与海耶斯持同样的观点,他认为行为上的现代人类的独特智力并不是生物硬件进化的结果,例如,进化并不是为不同领域专门设计了一种通用的先天心理模块。[2] 相反,我们的智力源于文化进化产生的各类复杂软件(认知配件)以及安装和修补这些软件的复杂社会指令。

以创造和使用由石头、木头、骨头或黏土工具所需的技能为例。最初,人类只能通过反复试验来获得这些技能,但后几代人获得了累积优势:他们一开始的做法是观察长辈,然后自己试验。不过,正如斯特尔尼所说,之后一些长者开始通过教学来加强学习。[3]也就是说,他们有意识地构建了适宜年轻人的教育环境。这样做的群体在与其他群体的文化竞争中获得了优势,人类成为"进化的学徒",受教有方的学徒也能够更好地教导下一代。因此,学徒式学习扩大了材料和方法的范围,从而产生了崭新的思想和技术。

总之,一旦我们的祖先变得足够聪明,他们就能够为他们的后代设计出更复杂的学习环境。下一代又变得更聪明一些,这让他们再次改善后代的学习环境,如此循环往复。斯特尔尼认为,通过这种方式,自催化的文化共进化推动了现代人类心智的构建,以及维持这类

---

[1] "文化共进化"指文化与自身的共同进化,即文化累积催生了复杂的合作形式,而合作又催生了更复杂的知识信息,使得文化本身的样式变得更为复杂。——中译注

[2] Sterelny (2012); Pinker (2003).

[3] Sterelny (2012).

心智系统的社会框架的构建。

文化共进化解释了现代人类思想的存在，但它同时也解释了文化多样性现象。不同的人类群体之所以能够适应如此多不同的自然和社会环境（生活在草原、森林、沙漠和冻土带；发展出杂食性饮食；人口或稀疏或稠密；实行一夫一妻制或一夫多妻制；相对平等，或遵循严格的社会等级制度）是因为文化进化的强大自催化过程产生了必要的知识和工具，凭借它们，我们的祖先可以解决在各种新环境中遭遇的陌生问题。

本章将基于亨利希、海耶斯和斯特尔尼等人的理论，在道德、智慧和复杂社会性共同进化的大框架下，对行为现代性做出解释。为了达成这一目标，我们需要确定两类在自催化文化共进化中占主导地位的文化适应，它们分别是认知适应（cognitive adaptations）和社会适应（social adaptations）。

其中，认知适应包括生态知识和技术诀窍、使用和制造工具的方法、寻找和加工食物的技能以及现代语言和其他认知工具。社会适应包括合作性信息共享、社会分工、道德规范和社会制度。

认知适应和社会适应之间并没有明显的界限。正如我们在第五章中所学到的，认知适应从根本上说是社会适应。然而，认知适应的主要功能是解决知识需求问题，而社会适应的主要功能是解决合作需求问题。尽管两者都以一些生物进化条件为前提，但从某种意义上看，它们都属于文化适应，因为传播和选择的载体是信息而不是基因。

我们在本章中提出的假设是，近代人类进化的引擎是这两种文化适应在一个正反馈循环中的共同进化。一般来说，人类群体的合作性越强，就越能产生复杂的知识体系。而他们获得的知识越多，就越能通过复杂合作受益，因此，知识增长促进了更多的合作，从而产生了更复杂的知识，这又会进一步强化助推合作，如此循环。

正如我们将要看到的，行为上的现代人的出现确实令人费解，或许认知和社会间不受限的共同进化构成了其中最直接的原因。我们之所以成为现代人，是因为文化进化产生了更复杂的认知适应性。这些适应性赋予了我们祖先更多的知识，使他们足以在世界各地开枝散叶。然而，如果我们不是生活在规模更大、合作性更强的群体中（在其中，我们能够分享思想和策略），这一切都不可能实现。为了生活在这样的部落中，我们的祖先需要社会制度。

在人类历史的第三阶段，社会制度是推动文化共进化的最重要的社会适应机制。在下一章中，我们将阐述社会制度与道德观念的结合产生了制度道德，然后，我们还将解释制度道德如何成为社会等级和道德进步的文化进化基础。然而，本章将首先解释社会制度是如何产生的。在此之前，我们需要先知道社会制度到底指的是什么。

四 社会制度和部族

在哲学文献中，我们可以找到对社会制度的复杂分析。[1]哲学家们或许会试图解释，虽然制度和其他"社会建构"是真实存在的，但它们与物质世界中具有明确时空位置的事物究竟有何不同。[2]在这里，我们不会试图为社会制度给出一个严格、抽象的定义，那会太偏离主题。我们需要做的只是提出关于社会制度的一般性描述，并以范例加以说明。

任何特定制度的核心都是一套相互关联的规范，它们不但要准确地表明义务和禁忌，而且会彼此巩固，同时为人们所共享。这些规范

---

[1] Searle (1995, 2010); Miller (2019).

[2] Haslanger (1995).

之所以是"规范",是因为它们能自动引导行为——人们期望其他人都会遵守规范,违反规范的人会遭受制裁。例如,政治体制由复杂的规范网络组成,这些规范规定了谁可以发号施令,谁必须服从命令;争端必须如何解决,谁有权做出裁决;哪些行为是犯罪,以及什么情况下(如果有的话)人们可以免于刑事处罚;等等。

值得强调的是,特定制度内的规范会相互关联。也就是说,它们构成了一个相互支持的系统。而人类之所以能够创建一套逻辑连贯完整的规范体系,是因为他们拥有一致性推理能力。正如前一章所讨论的,这种形式的推理使人类能够解释规范并使它们彼此一致。例如,在当代法律和政治体制中,人们根据先例进行推理。新案件的裁决要参考旧案件,这对于解释法律以及解决法律之间的冲突至关重要。因此,与规范一样,一致性推理是制度的先决条件(在本章后面,我们将用一节来探讨另一种道德促成制度的方式)。

然而,制度并非仅由规范构成。它们还包括许多其他社会成分,包括但不限于仪式、惯例、身份、故事和意识形态。以宗教制度为例,虽然人们就宗教制度在当代社会的价值并无统一看法,但毫无疑问,在很长一段时间内,宗教一直是社会的重要组成部分。宗教制度由祈祷、敬畏、慈善等规范组成,与此同时,它还包含典型仪式、集体聚餐习俗、神父和祈祷者的身份关系、讲述祖先起源的故事、关于超自然力量和来世的诠释以及其他意识形态等内容。

在类似上述的制度出现之前,人类聚集模式仅限于小规模部落,这些部落很少超过150人。[1]制度是人类历史上的重要创新,因为它将各部落编织在一起,组成一个更大的合作群体,小部落之间不再相互疏远,它们构成了部族。

---

[1] Dunbar (1993, 2016).

在文化群体选择方面，部族比部落更具有竞争优势（如第三章所述）。他们会繁衍更多的后代，拥有更大的领地范围，并激励其他群体模仿他们。此外，部族也有可能在与其他部族的暴力竞赛中获胜。通过文化选择，现代人类获得了政治和宗教制度，以及经济、军事和家庭制度。每种制度都有不同的功能，我们将在下一章中进行详述。不过，现在让我们来研究一下它们共有的主要功能。

正如我们所说，制度由规范、仪式、惯例、故事和意识形态组成，它们使人类能够协调活动，以实现互惠互利。因此，制度能够让更多的人口参与大规模合作，合作会带来几种不同的好处，每种好处都有利于制度在文化选择中传播。其中一个重要好处是它可以分担和减少风险。例如，部族成员在遭遇食物短缺或瘟疫时能互相支持。

制度的另一个主要好处是，它们将组成群体的实际力量和潜在力量结合起来。同属一个部族的部落会在袭击、防御和战争中合作，他们在与邻近部族的和平谈判中也有更多筹码。和平往往与统治同等重要，因为它意味着消除了暴力和死亡风险。部族和部族之间的和平关系为他们共同获取资源打开了通道。[1]

另外，制度还有助于解决部族内的争端，部分原因是它们创造了新的道德规范。同时，它们能以更有效的新方式规范人们的行为，例如，通过意识形态塑造，规定不同社会角色应承担的责任。制度通过思想灌输和制裁威胁来约束个体的言行，这两种方式都能减少违规行为，并培养人们正确的道德情感。我们将等到下一章再详细讨论制度带来的好处（以及这些好处究竟对谁产生了影响）。

在形成之初，制度最重要的意义在于其对认知适应机制的进化的影响，实际上行为现代性起源的关键之处正在于此。正如亨利希所

---

[1] Sterelny (2012: 188).

言,加入一个部族意味着成为一个庞大"集体大脑"的一部分。[1]这从几个方面促进了知识和技术的文化进化。如果一个群体中有更多的人,就会产生更多的新想法,思想也会更容易传播。更多的人还意味着更好地过滤、选择和组合想法。

亨利希认为,制度还可能带来专业化认知劳动分工:部族中的一些成员能够将更多时间精力用于某一特定领域,从而产生更有价值的想法。[2]例如,一些人专注于寻找或处理新的食物来源,一些人专注于建造更好的住所,还有一些人则专门教导年轻人。此外,当信息在许多人的头脑中备份后,它们就更不容易遗失。最后,在一个更大、更统一的群体中,文化进化不仅加强了对新信息的选择压力,也加强了对信息处理机制(认知工具)的选择压力。因此,通过扩大群体规模,制度加快了认知进化的速度。

亨利希指出,要了解社会属性是如何推动认知文化进化的,不妨看两个自然发生的"实验",在这两个实验中,小群体失去了与大族群的社会联系。[3]

因纽特人在北美北极地区生活了数千年。19世纪初,生活在格陵兰岛的一个因纽特人群体遭遇了一场流行病,许多成员因此丧命。结果,这个群体遗失了许多专业知识和技能,如制造鱼叉和弓的方法等等。最重要的是,他们不再掌握制作皮划艇的能力,因此与其他因纽特人隔绝开来。直到19世纪晚期,他们与其他因纽特人重新建立联系后,才恢复了那些早已遗失的知识和技术。[4]

塔斯马尼亚人也经历过类似的族群隔绝事件。1.2万年前,气候

---

[1] Henrich (2015: ch. 12).

[2] Henrich (2015: 310).

[3] Henrich (2015: ch. 12).

[4] Boyd et al. (2011).

变暖导致海平面上升，塔斯马尼亚岛与澳大利亚其他地区开始相互孤立。[1] 几千年来，塔斯马尼亚岛民生产的工具和其他手工艺品变得越来越简单，种类也日渐稀少，原因正在于他们无法融入澳大利亚大陆庞大的社会网络。这一案例与因纽特人的案例都揭示了集体大脑的力量。物理层面的群体分离会使集体大脑丧失功能，而社会制度的解体也会造成相同后果。[2]

我们认为家庭、宗教和政治等社会制度是达尔文文化进化的产物。社会制度将独立的部落编织成统一的部族。因此，它们通过分担风险、维护和平、督促规范和解决争端等途径促进了合作。最重要的是，社会制度创造了一个有利于认知适应机制继续进化的环境。因此，部族成员会有更多后代与学生，他们能够更好地传播其发明的制度文化。社会制度和认知适应之间形成了正反馈循环。

然而，我们对社会制度的解释也提出了一个难题。一方面，进化机制是短视的，也就是说，它不会为了长期利益而甘愿付出短期代价。另一方面，制度具有巨大的长期利益，但短期成本却很高。信任本地群体以外的人是一种高风险行为，尤其是一旦遭遇欺骗，个体会损失惨重。如果人类不能信任和尊重他们部落之外的人，他们将无法与一个更大部族的潜在成员合作。那么，部族是如何形成的呢？在下一节中我们将提出，宗教道德有助于推动部族的形成。

五 宗教道德和部族

为什么我们的祖先很难组成部族？这个问题源于前几章讨论过的

---

[1] Henrich (2015: 226).
[2] Henrich (2004, 2006).

一个事实，即前现代人类的道德心理具有排他性。他们并不认为其他部落的成员从根本上与自己相似，不认为其他人在道德上与自己是平等的，不认为外群体受制于同样的道德要求，比如互惠和公平。其结果是，从短期看，道德排他性会增加部落间合作的成本，或阻碍合作的开展。

社会制度之所以具有适应性，部分原因在于它们重新塑造了道德情感和规范，我们将在下一章中看到这一点。这些情感和规范确保了合作，并有可能将多个部落整合成一个单一部族。然而，要使道德规范在部族层面发挥作用，人们必须认定彼此不具备道德适宜性差异，即自己的道德规范对对方也同样适用。当然，问题在于，前现代人类倾向于以怀疑和敌对的态度对待本部落以外的人。

长期以来，部落之间一直会进行一些有限的必要合作。首先，早在部族形成之前，人类就必须进行部落间通婚，否则就要承担近亲繁殖的代价。[1]男性或女性常常自愿离开，加入另一个部落。[2]要做到这一点，部落之间必须停止敌对和不信任。其次，为了获取一些珍贵的资源，部落之间也会交换物品和技能。此外，他们有时还结成军事或政治联盟。但所有这些活动的动机都纯粹基于工具理性。因此，它们并不会使得人们改变对外群体成员的道德看法。

通婚、贸易和军事联盟最初使来自不同部落的人们经常发生接触，并在一定程度上促进了彼此相互依赖。这使得人们对外部落渐渐熟悉，降低了警戒。如果部落间一开始没有这些联系，现代部族就不会出现。然而，要扩大合作范围，把生活在其他部落的人全部纳入一个合作圈，还需要更多东西。我们的假设是，共同的宗教道德充当了

---

[1] Wade (1979); Moore and Ali (1984).
[2] Oota et al. (2001); Hrdy (2009: 239).

这一角色——它也预示着成熟的宗教制度已然形成（第七章将详细讨论）。当然，今后的实证研究可能指向不同解释。眼下我们只是基于现有证据，试着做出一些最合理的猜测。

就像家庭一样，宗教可以为人类提供一种深刻的归属感和内在价值。[1]虽然宗教涉及信仰，但它不仅仅是信仰问题，它还关乎特定群体的归属感问题。[2]宗教社群有很多共同点：真实或虚构的历史，公共仪式，祈祷和崇拜的形式，关于神和英雄的叙述故事，等等。所有这些都有助于形成一个宗教社群共同的"道德认同"。因此，我们这些信仰同一种宗教的人是一个整体，是兄弟姐妹。既然我们是一个整体，当然有彼此协作的义务，拒绝合作就是背叛。

我们认为，通过宗教信仰，部落规模逐渐扩大，并诞生了子部落。子部落因为拥有共同的信仰而结成同盟，这会让他们更为"成功"。而他们的成功又能让他们孕育更多具有共同信仰的子部落，以此类推，宗教被不断继承传播。最终，由于共同宗教信仰的存在，陌生人之间可以建立相互信任的关系，部落规模持续扩张，而避免了走向分崩离析。事实上，宗教可能会将文化上原本相对独立的部落聚集在一起，共享领地和资源，一旦人们共同参与了某种仪式，他们就会为彼此提供支持与保护。

通过宗教，其他方面各不相同的人们可以在一个共同的道德认同下团结起来，通常他们会宣称或相信自己与其他族群成员都是某个祖先（往往是神话传说角色）的后裔。族群成员的方言不同、穿着不同，饮食习惯也不同，然而，一旦他们有了共同的宗教信仰，其他差异就显得不那么重要了。重要的是，他们忠于一种共同的生活、思

---

[1] Krause (2003); Chan et al. (2019).
[2] Appiah (2018).

考和感受方式，这种方式能给他们带来深刻的归属感、意义感和目的感。

当然，对宗教信徒来说，个人利益也很重要。实际上，每个人都会为了自己的幸福而寻求归属感和认同感。比起惩罚，他们更喜欢奖赏，无论这些奖惩是发生在当下还是死后的世界。但是，宗教道德也引导人们赋予合作更多的内在价值，而不仅仅是工具价值。之所以会发生这一切，是因为宗教规范和习俗被注入了道德意义。因此，内疚和怨恨的道德情感能确保人们服从神的指令，从而对彼此保持忠诚。

宗教和道德还以另一种方式产生交互作用——道德推理。正如我们在第五章中所知，通过判断不同情境下是否存在道德适宜性差异，人类将规范从旧情境扩展到新情境。一旦内群体之外的其他人拥有与我们相同的道德认同，那么虽然他们表面上看起来与我们有所差异，但我们会认为这些差异不涉及道德领域，所以不应该将他们排除在我们道德情感和道德规范的范围之外。道德圈因此得以扩张，道德推理本身并不能创造出更大的道德社群，但当它与宗教塑造的新道德认同相结合时，它就能起到这种作用。

例如，我可能会对隔壁部落的人非常警惕，因为他们的服装和说话方式都很奇怪，更不用说他们教给孩子的那些奇怪事情了。但当我看到他们的信仰与我一致以及他们为宗教信仰而做出的牺牲时，其他差异就显得无足轻重了。为了忠于我的道德观，我必须像对待我的邻居一样对待他们。共同的宗教信仰将道德排他性转变为道德平等性。

如果另一个部落里的人是陌生人，我不应该害怕他们吗？如果我认为有相同信仰的人都受到神或其他高级生命形式的保护，我就不会害怕。当宗教向其信徒承诺保护他们免受外界伤害时，人类心智的适应可塑性使道德圈得以扩大。宗教消除了人们对群体外共同信仰者的恐惧，但同时也增加了人们对那些非共同信仰者的恐惧。教友在道德上与我们是平等的，他们也是群体的一分子，他们与那些同我们信仰不一致、不值得信任的真正外人截然不同。

再想一想古老的做法：与我的部落之外的人进行贸易，同他们并肩作战，教导他们并接受他们的教导，以及通婚。一旦我们加入了一个更大的宗教部族，从道德上讲，这些做法与在我自己部落中进行的活动没什么不同。长期以来，人们一直认为所有这些做法都具有工具性收益。在被宗教团结起来之后，它们也得到了道德情感和道德规范的支持，因而具有内在价值。许多部族成员曾被我们视为外人，如今道德推理确保我们会将他们视为道德行为和情感的对象。

道德推理和共同的宗教认同之所以能将不同部落联系起来，原因之一是我们的道德心理具有灵活性。如我们所述，道德情感和规范往往具有排他性，仅限于"我们"而非"他们"。早期宗教并没有抹去这种区别，但它使"我们"的定义发生了变化。[1]因此，虽然我们的祖先扩大了他们的道德范围，但界限本身仍然存在。

事实上，随着部落的出现，道德界限变得更加严格了。过去，如果合作对我们有利，我们就需要灵活地与"他们"开展合作，比如通婚、贸易和临时联盟。然而，一旦我们的祖先可以依靠属于同一宗教部族的其他成员，他们就不必再对遥远的外群体族群如此宽容了。

在他们眼中，外人甚至"不如人"，因此不值得在道德上加以考虑。[2]因此，历史上的大多数人都用一个与"人类"同义的标签来称呼自己的部族，其他部族的人被认为是动物或次等人，可以被奴役、杀害或任其自生自灭。[3]因此，宗教道德是一把双刃剑：我们对部族内的人变得更仁慈，但对生活在部族边界之外的人则变得更残忍。

---

[1] Wilson (2003).

[2] Livingstone Smith (2011).

[3] Boas (1943).

六 部族和行为现代性

本章开头提出过一大谜团：我们祖先行为模式的现代性转向问题。智人是如何开始具有技术创造力的？他们是如何在认知和行为上变得如此像我们这些后代的？他们如何遍布全球并取代其他人类物种？现在，我们终于可以为这些问题提供一个全面的答案了。

第一，我们不妨考虑一下一个备选答案，它很受欢迎，但并不正确。理查德·克莱因（Richard Klein）阐述过一个关于行为现代性的标准解释，这个版本经常被他人重复论述，人们只是略作调整。[1]他们认为，大约10万年前，通过生物进化，智人的神经硬件得以加强，我们获得了一种新颖而独特的"象征性思维"（symbolic thought）能力，从此，我们在人属大家庭中变得独一无二。

许多人相信，正是这种能力使我们的祖先能够发明具象艺术，包括在欧洲许多洞穴中发现的岩壁绘画。他们还相信，象征性思维也推动了新技术的发明。我们成功地殖民了世界，取代了其他人类物种，因为只有我们智人才天生具有象征性思维能力。

但这个标准答案并不是很靠得住。[2]第一，它依赖于一个看起来并不太合理的生理前提。在生物进化过程中，先天心理能力通常不是单个甚至几个基因突变的产物，它们取决于大脑的广泛扩张和重组。在30万年前人类最后一次物种分化之后，我们没有看到任何有关的神经解剖学记录。

第二，最近的考古证据似乎将这一标准解释打入了冷宫。放射性

---

[1] Klein (1995, 2000, 2003)，参见 Tattersall (2013)。
[2] Nowell (2010); Sterelny (2012).

碳测年法测定了西班牙三个不同洞穴的绘画，发现它们起源于6万年前。[1]那时我们的智人祖先还没有到达欧洲。这样看来，这些洞穴中的绘画一定是由尼安德特人创作的，因为从现有记录看，他们是当时生活在该地区的唯一人类物种。由此可见，象征性思维并不是我们所独有的，也不可能是我们成功的关键秘诀。世事难料，甚至有可能，我们的智人祖先是从他们的尼安德特人表亲那里学会了如何绘画。

标准答案还有第三个更严重的问题，事实上，任何试图通过生物或生物文化进化来解释行为现代性的理论都会面临同一问题：人类在10万年前开始向现代人转变。然而，最近的遗传证据表明，智人种群在那之前就开始分化了。所以，从理论上说，撒哈拉以南非洲地区的人类缺乏所谓使智人"与众不同"的秘密基因特征。因此，问题并不仅仅在于标准解释会导致种族主义者把人类分为优等和劣等"品种"，还在于经验证据表明，所有人类都有现代的思维和行动能力，因此，人类的行为现代性显然不是源自10万年前某些个体的基因突变。

我们不否认现代人具有象征性思维能力，我们也不否认这种能力在行为现代性的兴起中发挥了作用。然而，像大多数其他有趣的人类特征一样，它可能是逐渐进化而不是突然进化的。

此外，象征性思维一定比现代性早了几十万年。同样，其他能力也是行为现代性的必要条件：不仅是象征性思维，还有语言和推理、烹饪和合作育儿以及道德情感和规范。但是，在智人进化历史上，这些创新与行为现代性之间存在着巨大的时间差。因此，人类的行为现代性转向一定还需要其他必要条件。

我们有一个比标准解释更好的答案。在我们这个物种出现之后，

---

[1] Hoffmann et al. (2018).

文化慢慢让人类变得更聪明。得益于新的合作性社会组织，文化进化本身也在不断进化，它变得愈发强大。相应的，人类也变得更善于生产新信息，同时也更善于选择有用的信息。强大的文化进化开始催生新的认知适应机制和社会适应机制，在这些适应机制的共同作用下，人类种群的生活样貌也在不断变化。

认知适应和社会适应相互促进。在这个自催化过程中，有两种社会适应机制至关重要。其一是宗教态度和习俗，它赋予人们共同的道德认同，并扩大了他们道德情感、道德规范和道德推理的范围。其二是社会制度，它通过相互关联的规范、仪式、习俗、故事和意识形态，将小群体编织成大部族。宗教道德和社会制度促进了大规模合作，尤其是产生新思想、新技术、新心理能力以及现代思维所必需的合作。因此，在宗教道德、社会制度和文化智慧之间，长期累积的自催化文化进化促进了智人的行为现代性转向。

我们现在是仅存的人类物种。我们推翻了尼安德特人在欧亚大陆的统治，但并不一定是因为我们天生更聪明。[1]至少从解剖结构上来看，尼安德特人的大脑并不比我们小。事实上，他们的大脑稍大一些。尽管几十年来，许多影视作品都将尼安德特人塑造成一副不太聪明的样子，但我们几乎没有理由相信尼安德特人在生物智力上与智人具有差异。

不过，考古发现确实表明，尼安德特人的种群较为稀疏，分布密度较低。[2]现代人类的起源地是东非，那里拥挤不堪、生态多样，相比之下，欧亚大陆幅员辽阔、生态较为单一。就像遭遇了地理隔绝的因纽特人和塔斯马尼亚人一样，尼安德特人没有足够的社会资源来产

---

[1] Henrich (2015: 226).

[2] Degioanni et al. (2019).

生足以有效应对各种生态挑战的新思想和新技术,这些生态挑战包括不断加剧的气候变异、猎物数量减少以及智人的涌入。

尼安德特人与我们非常相似,我们的祖先至少可以偶尔与他们交配。但智人有共同的宗教道德和社会制度,这是尼安德特人所缺乏的。也就是说,我们已经进化出了丰富的社会性文化,它使我们能够生活在部族中,并推动了认知文化的进化。由社会适应机制所孕育出的部族导致了我们与其他人类物种间的差异。

七 总结

一种新型的社会性机制使人类在动物王国中脱颖而出。那些足够聪明、能够获取和分享知识的人将从信息库中受益,通过人们的共同努力,信息库的积累和运转效率要远高于自然选择。合作文化最初与生物进化结合在一起,但最终又与之脱钩,它使我们的祖先具有超强的社会性和超高的智能。

基因-文化共同进化解释了为什么智人比其他类人猿更聪明,包括直立人和海德堡人等人类物种。但是,我们"最近"的祖先比更早之前的智人祖先还要聪明,这则完全是由于文化进化的助推作用。人类在没有经历重大神经解剖结构调整的情况下,在行为上转向了现代性。文化遗传独自支撑起了社会结构变化。

这一章首先展示了文化进化本身是如何进化的。人类不仅获得了更庞大更复杂的信息,还获得了用以处理庞大复杂信息的新认知工具。这意味着现代人可以基于高级智能来设计适应性文化突变,基于语言能力和教学实践来更忠实地传递信息以及基于社会性推理能力来筛选和组合信息。因此,在人类智慧的推动下,文化进化变得更加富有成效、选择性更强。它产生了复杂的适应性，而且速度快得多，因为聪明的现代人已经开始积极地塑造文化进化过程。

强大的文化进化还具有自催化作用。例如，掌握更强技能的教导者可以一次又一次地培训学习者，使他们也成为优秀的教导者。此外，更多的合作群体产生了更广泛的知识，这有利于合作，而更多合作又产生了更广泛的知识，这有利于深化合作，如此循环往复。

本章提出的假设是，人类之所以转向现代行为模式，是因为文化进化在合作社区中变得非常强大。由于获得了社会制度和宗教道德认同，智人从部落动物进化为部族动物，后者规模更大、群体成员关系更紧密，在部族中，人们彼此间具有道德平等性。

社会适应机制和认知适应机制催生了现代思想与行为。在大部族中，道德意识和社会制度共同进化，产生了被我们称为"制度道德"的东西。在下一章中，我们将解释随着农业和定居社会的兴起，制度如何进一步塑造了道德心理。再之后，我们还会探讨是否所有的社会变革都能导向进步。

第七章

制度

数百万年前，地球逐渐变冷，非洲茂密的森林开始萎缩。我们的祖先为了应对气候变化，从树上下来，开始用两条腿走路，在森林边缘和开阔的大草原上占据了新的生态位。当前肢不再忙于攀爬或奔跑后，他们可以用双手自由地操纵物品，并最终得以娴熟地制作并使用工具。[1]

在开阔的平地上生活带来了新的危险。我们的祖先很容易成为狮子、鬣狗和其他凶残的食肉动物的猎物，而这些动物现在大多已经灭绝了。[2]猴子和类人猿经常爬上树梢躲避捕食者。[3]我们再也没有机会（当然也没有能力）利用这些逃生方式了。像其他受到捕食威胁的动物一样，我们在集体中获得了安全感。[4]

我们的群体不断扩大。因此，群体成员之间的人际关系数量呈指

---

[1] Cerling et al. (2011); Vignaud et al. (2002).

[2] E.g., Berger (2006); Aramendi et al. (2017); Njau and Blumenschine (2012); Lee-Thorp et al. (2000).

[3] Mitani et al. (2001).

[4] 有关灵长类动物捕食和群体大小的研究，参见 Isbell (1994)。

数级增长，我们的社会世界也变得无比复杂。庞大而复杂的社会群体增加了暴力的可能性，但也为合作创造了新的机会。自然选择更为青睐那些能够有效开展合作以及管理冲突的个体与群体。因此，人类会通过携手合作来抵御掠食者的攻击、打击邻近的灵长类动物群体、镇压暴君、寻找肉类和其他食物以及抚养后代。

然而，群体规模并不是复杂社会结构的唯一决定因素。另一个决定因素是群体内部的社会分工。[1]一旦个体能够扮演多种角色，新的社会组织形式就有可能出现，合作的价值也随之飙升。因此，文化选择会青睐于成员间可互相学习的合作群体。文化传承系统开始传递越来越多的信息，多样化和专业化的知识体系在人类社会中得到传承。

本书的第三部分从第六章开始，我们假设受宗教影响的社会制度锻造了更新和更复杂的社会结构，这些制度是现代行为模式的推手。社会制度最初和最主要的功能是创建部落，从而利用庞大且多样化的人群所形成的集体智慧。制度之所以受达尔文文化选择的青睐，是因为它们放大了人类的认知能力。因此，由于社会制度、道德文化和认知适应机制（文化影响的结果）实现了共同进化，行为意义上的现代人在10万年前就出现了。

由社会制度构建的人类社群将改变世界。首先，新的现代人类殖民了地球上所有地区，并将当地大型哺乳动物赶尽杀绝，包括其他人类物种。然后，在1.2万年前最后一次冰河时期结束后，一些群体发明了农耕方法和工具。[2]这些创新逐渐传播，最终，不迟于6000年前，农业技术从根本上提高了粮食产量，并使一些人口密度大的部族变成

---

[1] Havelková et al. (2011); Kantner et al. (2019); Hanson et al. (2017); Hartwick (2010); Nakahashi and Feldman (2014).

[2] Zeder (2011); Molina et al. (2011).

了定居者。[1]在漫长岁月中，狩猎者和采集者逐渐让位于农民和牧民。

这种转变未必是一件好事。新的生活方式也并非总是心甘情愿地被采用。一些游牧民族可能喜欢定居生活，但那些不愿这样做的人可能被迫屈服，否则就会走向灭绝。农业促进了社会制度的发展，尤其是有助于培育和维持全新劳动分工模式的社会制度。[2]许多新职业角色与觅食、战斗和养育孩子这些古老而重要的任务没有直接联系，比如政治和宗教领袖。[3]这些人会从集体劳动成果中抽取与其劳动不成比例的大额回报。[4]

在第六章中，我们谈到了宗教和政治制度。但现代人类并非仅仅创造了这些制度，它们也不一定是最重要的制度。早期现代社会共有五种主要社会制度，包括宗教制度和政治制度，以及家庭制度、军事制度和经济制度，它们各自具有独特的重要意义。与其他类型的制度不同，这五种制度在现代历史中长期存在，并对人类的生活方式产生了最深刻的影响。

现代社会继承了早期现代社会出现的五类制度，并与农业和城市化一起蓬勃发展。这些制度之所以会受进化选择的青睐，是因为互利合作可以促使社群在群体竞争中获得成功，当然，也因为某些个体对其他个体的统治能够促使社群在群体间竞争中获得成功。

一方面，随着群体规模的扩大和劳动分工的增加，在庞大而多样化的人群中会出现无数新问题，文化进化会选择出那些能够应对这些问题的制度。另一方面，文化进化也更为青睐使社会地位较高者享有

---

[1] Armelagos et al. (1991); Bocquet-Appel (2011); McMahon (2020); Lawrence et al. (2016); Zahid et al. (2016).

[2] Weisdorf (2003); Harari (2015).

[3] 关于宗教与农业同时出现的论点，见Cauvin (2000)。我们认为宗教的起源更早，与农业同时出现的可能是组织性更强的宗教，这类宗教具有公认的权威规范和等级结构。

[4] Kuijt (2000); Scott (2017).

特权的制度。尤其是在农业社会之后,人类不再那么容易受自然环境变异的影响,合作仍然是生存的必要条件,而统治日益成为一种制胜策略。

第六章的主题是旧石器时代晚期出现的人类部族。在第七章中,我们将重点扩大到新石器时代出现的大规模人类社会,这些社会拥有更复杂的制度和更森严的等级。同样,由于我们面对的是在历史记录中只留下微弱痕迹的文化史,我们的理论解释必然带有很强的推测性。另外,由于这段文化史非常复杂,我们将重点关注对道德进化至关重要的部分。

上一章解释了制度的起源,而本章则转向制度影响下的道德演变。我们会分析农业和城市化对道德变革的影响。另外,我们还将提出制度道德(institutional moralities)的心理学理论。制度塑造了大规模社会的道德心理,这些社会规模庞大、形态多样,但同时也等级森严、暴力频发。从这一点看,人类道德不再总是与高尚挂钩。

正如我们在本书第一部分和第二部分中所了解到的,人类在道德上不同于其他合作动物,因为我们有更丰富的道德情感,能够遵循道德规范,并可以通过道德推理判断是非。然而,这并不是我们道德系统的全貌。人类道德在另一个方面也与众不同,不仅不同于社会灵长类动物,而且不同于我们之前的其他人类物种,甚至不同于前现代智人。几乎所有活着和死去的人类都有道德意识,但只有行为上的现代人类才拥有制度道德。

制度进一步拓展了人类道德版图的规模。在社会制度的控制下,道德情感、道德规范和道德推理使社会结构更加复杂。因此,正如我们在第六章所看到的,早期宗教打造出了一种道德认同,将道德排他性的边界从地方部落扩展到更广泛的大部族。在第七章中,我们将详细探讨制度如何继续扩展道德的范围,同时还将引入统治和从属关系。我们还将论证，制度创造了新的道德规范类别，培养了新的道德情感，并产生了惊人的道德多样性。

本章的大部分篇幅将用于完成三项任务：（1）依次描述五种主要制度的结构和功能；（2）解释它们如何重塑道德观念，尤其是通过新的权威规范和纯洁规范；（3）揭示它们在旧石器时代晚期和新石器时代早期人类历史重大转变中的影响。正如我们将看到的，每一种制度的发展不仅有利于整个群体，也有利于其中的某些个体。因此，制度道德既有高尚的一面，也有邪恶的一面。我们从最古老的制度——家庭开始。

一 家庭制度

像其他合作动物一样，人类有强烈的同情、忠诚和信任感，这些情感将他们与亲属联系在一起。然而，与其他动物不同的是，我们还有亲属关系规范，这为家庭成员关系注入了复杂的社会性角色安排。[1]现代人类独有的家庭制度之所以得以进化，部分原因在于它们增强了道德情感和道德规范在亲属及配偶等家庭关系中的影响力。

人类天生就有结成伴侣的倾向。[2]然而，家庭制度将婚姻正式化，它强化了配对结合的行为模式，并为父子血缘关系的真实性提供了更可靠的保证。[3]因此，父亲们有动力成为更积极的抚育者，这会使他们的孩子以及其他与孩子具有基因遗传关系的人都能受益。同样，父系亲属也承担了更多育儿责任。家庭制度还会对很多问题做出明确规

---

[1] Leonetti and Chabot-Hanowell (2011).
[2] Chapais (2009).
[3] 婚姻的历史参见Coontz (2004)；婚姻和父系的关系参见Bethmann and Kvasnicka (2011)。

定,如后代血统隶属于父系还是母系[1],如何异族通婚[2],是否允许一夫多妻[3],以及纳娶多个配偶需要遵循哪些规定,等等。

除了婚姻,家庭制度还通过建立扩展的亲属关系体系来构建宗族内部的关系。我们已经有了兄弟姐妹和父母。然后,我们又创立了许多其他次要的家庭关系,经由这些关系,道德情感向周边蔓延。在历史上许多人类群体中,你的"兄弟姐妹""表兄弟姐妹""阿姨"和"叔叔"不仅仅涉及那些通过父母或祖父母与你具有真实遗传关系的人。[4]这些概念被更广泛地应用,它们扩大了宗族的感情范围。最重要的是,姨妈[5]和祖母[6]被动员起来,成为次级抚育者。因此,家庭制度扩大了亲属关系规范的范围,从而编织了一个更广泛、更紧密的家庭关系网络。

扩展亲属系统的主要功能是构建更安全、更有保障的社会关系网络。家庭规模越大,安全网就越大。扩展亲属系统还为异父异母关系提供了文化支撑,使异亲养育关系更普遍、更有据可依。如果没有发明这些新的育儿模式,女性不可能做到每胎之间只相隔两三年——在大多数已知社会中,女性怀孕的间隔周期确实如此。[7]

家庭制度可能是人类最古老的社会制度。首先,它们不需要陌生人之间的合作,因为陌生人之间必须克服天生的不信任。此外,家庭的功能涉及人类最基本层面的需求:它们使我们的祖先能够生育更多

---

[1] Ensor (2017).

[2] Chapais (2009).

[3] Fortunato and Archetti (2010); Fortunato (2011).

[4] Pilloud and Larsen (2011).

[5] Hrdy (2009: 79).

[6] Hawkes et al. (1989, 1997, 1998); O'Connell et al. (1999); Hawkes (2003, 2004); Hawkes et al. (2018).

[7] Hrdy (2009).

的孩子，把更多孩子抚养成人，并把他们带到一个有许多亲属可以依靠的世界。孩子们有了更多的兄弟姐妹和表兄弟姐妹，他们可以依靠这些兄弟姐妹和表兄弟姐妹来学习本群体的文化遗产。

在行为模式转向现代性之初，家庭制度就已经成为进化的选择对象，因为它们有助于培养受过良好教育的新一代人长大成人，这一代人已经准备好与他人（包括宗族以外的人）相互依存地生活在一起。因此，家庭制度是其他制度产生和维持的必要前提条件。凭借婚姻制度和扩展的亲属关系，现代人收获了更高的生育率、更多的人数和更大的集体大脑，正因如此，他们才得以从东非突围，并击退了直立人、海德堡人和其他生活在与其家园仅一墙之隔的地方的人类种群。

然而，由于不同社会角色安排可以提高文化适应性，家庭制度并不只纯粹涉及合作关系。它还在家庭内部创造了新的劳动分工和等级体系，男性和女性被赋予了不同地位：在大多数部族中，男性是家庭中的权威角色，女性则屈从于配偶和大家族。[1]家庭中的等级结构也随之延伸到其他社会制度中。

在经历了几十万年相对平等的社会氛围之后，文化进化通过制度将我们带回了更森严的社会等级体制中。在此过程中，制度创造了一组新的道德规范（我们在第四章中简要讨论过）：权威规范——要求人们服从上位者的命令和期望。[2]在家庭中，权威规范使人们服从年长和睿智的家庭成员。等级制度有助于协调行为，但这样做会让从属者（尤其是女性）付出巨大代价。因此，家庭制度是父权制的根源。

然而，权威规范并不局限于家庭。我们可以在宗教团体、政党和经济组织中找到它们的身影。权威规范的内容因其所属体系而异。尽

---

[1] Eagly and Wood (1999).
[2] Haidt (2012).

管如此，在不同的制度背景下，许多权威规范都被道德化了，这是因为它们与道德情感（如内疚或羞耻）联系在一起，因为它们比单纯的传统规范具有更高的优先级。制度权威在宗教和军队中尤为明显，我们将在接下来的两节中看到这一点。

在继续讨论其他类型的社会制度之前，有必要强调一下家庭制度塑造道德心理的两种主要方式。家庭制度的一个核心功能是为母亲提供社会支持结构，鼓励她们长期抚育后代，并帮助她们适应部族生活。照料依赖于同情情感和忠诚情感，以及伤害规范和亲属关系规范。家庭制度扩大了这些情感和规范的范围，编织了一个更大、更紧密的家庭网，其中包括父亲、堂兄弟姐妹、阿姨和祖母。

然而，除此之外，家庭制度还创造了新的权威规范，涉及抚育责任、支配关系和性别等级差异等问题。因此，在现代人类社群中（包括当今世界各地存在的人类），家庭道德情感、家庭义务以及家庭内部的性别等级并不纯粹源于人类的生物进化，甚至也不源于生物-文化进化，它们是制度的产物。[1]

二 宗教制度

大量文献试图从进化角度来看待宗教。例如，宗教之所以能在人类社会中占据一席之地，似乎是因为它利用了人类进化出的其他心理能力。为了更好地应对社会威胁与社会机遇，我们选择相信存在一个主持正义的超自然智慧体。我们一方面崇拜并尊重有声望的权威，同时也会对代表善和正义的力量产生尊重与敬畏的道德情感。因此，上

---

[1] Buss (2008); Hyde (2005); Eagly et al. (2012); Geary (2010).

帝是一个针对人类心理特征而被设计出来的概念：他永远存在，无所不能，完全公正。[1]

宗教制度创造了一种社会等级体系，其中神灵享有终极权力、声望和权威。其下是祭司和巫师，他们能更直接地接触超自然力量。最底层的是其他人，他们必须依靠宗教权威才能与神灵进行交流。[2]

由于宗教认同是部族起源的核心，通过规范、习俗和意识形态等方面的要求，宗教对部族成员产生了深刻影响。因此，人们常依据宗教权威规范，来证明各种政治、家庭和军事安排的合理性。宗教之所以能够持续存在，部分原因在于它能与其他制度相互融合、共同进化。[3]

然而，宗教制度也有两大固有功能，独立于它们与其他制度的联系。首先，宗教制度会通过一种新奇而又非常有效的方法来监管道德规范。[4]如果上帝或其他超自然实体是永恒的见证人，那么不道德行为就无法免于惩罚。因此，即时惩罚（因果报应）或永久惩罚（下地狱）的威胁有助于培养大规模合作所必需的道德观念。宗教规范很容易被视为道德规范，因为它们不依赖于凡人的意见。这些规范是由强大而有威望的神明所规定的，被视为客观存在，优先于其他仅仅是传统的规范。

正如我们在第六章中看到的，宗教还有第二个主要功能。宗教习俗和仪式营造了一种群体意识，加强了部族内部的社会联系和认同感。对部族的忠诚与对家庭的忠诚是一脉相承的。由一致性推理延伸

---

[1] 这被称为"宗教进化的副产品假说"，参见Atran and Henrich (2010)，另一种备选解释适应主义假说，可参见Wade (2009)，关于二者间争辩的概述，见Sosis (2009)。在我们看来，宗教最初是一种副产品，然后成为一种适应机制。

[2] Boehm (2008).

[3] Levine (1986); Rossano (2006); Peoples and Marlow (2012); Beyers (2015).

[4] Dennett (2007); Sanderson (2008); Atkinson and Bourrat (2011).

出来的道德情感和规范，强化了对习俗和仪式的忠诚，而这些习俗和仪式则界定了个体的宗教身份。一个人之所以关心这些事情，部分原因是那些与自己身份相同的人也关心这些事情。由于宗教认同的存在，人们感受到彼此间的信任，可以从部族中其他人的角度看待问题，并以尊重和敬畏的态度对待内群体。

因为宗教是早期部族认同的核心，所以宗教制度很可能非常古老。我们知道，人类在行为现代化之前就经常埋葬死者。[1]这表明与死亡有关的宗教信仰和习俗在当时已具备了一定基础。正因如此，宗教制度是最早将小群体结合成大部族的关键力量之一，这似乎较为可信。

一些人编造了神话，说他们部族是由超自然力量所创造的，部族成员都是超自然力量的宠儿。共同的神灵祖先（来自宗教传说）也会促使部族成员将彼此视为"亲人"。因此，宗教制度与家庭制度一起，加深了部落内部融合所需的道德认同，从7万年前开始，这些部族开始在欧亚大陆和其他大陆上扩展自己的生态位，如果没有统一的道德认同，他们无法达成这一成就。

宗教为一些事物涂抹了"神圣"的色彩，同时，它也为一些事物涂抹了"亵渎"的色彩。因此，宗教制度催生了另一类规范（就像权威规范一样，在第四章中也有简要讨论）：纯洁规范——禁止玷污或侵犯神圣的事物。[2]

纯洁规范可能起源于禁止乱伦的家庭制度。但宗教扩大了关于身体的纯洁规范，"不洁"的行为包括食用特定食物（如猪肉或贝类）、无益于生育的性行为、月经期女性进入宗教圣地以及婚前性行为等

---

[1] Rendu et al. (2013); Pettitt (2013).

[2] Forth (2017).

等。"纯洁"的标准之所以会发生改变,是因为在人口稠密或人畜接触频繁的区域,这些标准有助于人们维持健康,远离疾病。[1]另一种解释是,它们有助于身居要职的男性控制女性的身体和生育。[2]

违反道德规范的行为可能招致残酷的制裁,包括死刑。因此,权威规范有时会对不服从领导的公民、不服从军官的士兵和不服从丈夫的妇女实施处决。[3]纯洁规范甚至会要求人们杀死遭受强暴的无辜受害者。[4]令人震惊的是,诸如此类的残酷制裁都出于道德动机。[5]也就是说,人们有时会对家人和同伴施暴,但这不是因为他们置道德于不顾,反而恰恰是因为他们受到了道德规范和道德情感的制约,而这些规范和情感是由构建他们部族的制度所培养出来的。

在早期的宗教部族中,纯洁规范是如此强大,以至我们的道德情感被进一步扩展了。我们获得了对神的敬畏和崇敬,我们也对违反精神纯洁的行为感到厌恶和反感。奇怪的是,虽然厌恶最初是一种非道德情感,但它后来为纯洁规范所吸纳。[6]最主要的原因是,厌恶会引发回避和疏远反应。[7]因此,厌恶情感最开始的功能是帮助人们避开疾病和感染源,然而,一旦为道德所吸纳,厌恶也会帮助人们遵循规范。我们会对玷污国旗、吃人肉和"不正常"性行为等有悖道德纯洁的行为产生厌恶感。[8]就后一种情况而言,宗教常常是某些身体纯洁规范的源头,如性别歧视和恐同。

---

[1] Kelly (2011).
[2] Vandello and Hettinger (2012).
[3] Haidt (2012).
[4] Kulczycki and Windle (2011); Ruggi (1998); Sev'er and Yurdakul (2001).
[5] Fiske and Rai (2014).
[6] Chapman et al. (2009).
[7] 关于道德厌恶的因果作用及其在道德认知中的应用,参见Kumar (2017a)。
[8] Rozin et al. (2008).

总之，宗教制度在多个方面改变了人们的道德心理。在它的作用下，人们会认为与自己具有共同宗教身份的人是"自己人"，因此值得信任和尊重。宗教权威的口头或书面言论往往规定了一个部族应该看重什么以及必须遵守什么规则。正如我们所看到的，宗教制度扩大了道德权威的范围，将神灵和宗教领袖纳入其中。它还创造了新的道德纯洁规范和相应的道德情感，即敬畏和厌恶。

从某种意义上说，道德先于宗教。正如柏拉图所指出的那样，人们倾向于认为，上帝之所以会要求人们做某些事，是因为这些事在道德上是正确的，而不是错误的。[1]然而，宗教在制度道德的发展中扮演着重要角色。它在扩大道德规范和道德情感的同时，也划定了更清晰的道德界限，将教友与异教徒区分开。宗教的权威规范和纯洁规范有时会凌驾于其他道德规范之上，如伤害和公平。我们接下来会看到，制度道德也以其他方式加强了团结和暴力。

三 军事制度

最近的考古记录让我们有充分理由相信，现代人向欧亚大陆迁徙的过程，始终伴随着暴力事件。确实，群体竞争的关键之处有时在于社群是否能在充满挑战的环境中生存繁衍。但是，群体也可能通过扩张领土、夺取资源、杀戮男性和诱拐女性而获得成功。即使是不崇尚这些野蛮行动的群体，也需要保护自己不受这类行动的伤害。对于建立稳固的外交关系来说，群体间有效的暴力威慑往往是一种必需品。

当然，群体间的暴力冲突比行为现代性转向要古老得多，甚至比

---

[1] Plato (399 BCE).

智人以及更早之前的人类祖先都要古老得多，这类行为至少可以追溯到人类与黑猩猩的最后一个共同祖先。[1]然而，在现代人中，军事制度产生了更有效的新战略和新袭击手段。[2]军事制度的演变是因为它们促进了群体间的暴力竞争。

军事规范、仪式和实践使团体能够采取快速、协调和灵活的行动。现代人以制度训练士兵，使他们能够协调一致地行动，在其中，更严格的等级命令链是一个关键创新。[3]军事机构的领导人也可能是政治或宗教领袖。职级间稳定的权力结构使有组织的军事行动成为可能。权威规范要求个体服从宗教和军事领袖的要求，个体对领袖的誓言具有道德神圣性。违反权威规范往往会招致残酷的制裁，公开的惩罚会起到警示作用。

不过，我们还是不应夸大等级指挥结构的重要性。大量研究表明，士兵的主要动机对象是其所在部队的战友，对彼此的忠诚和互惠将他们紧密联系在一起。[4]此外，当必须迅速做出生死攸关的决定时，士兵们会尊重战友的自主权，他们会在没有上级指示的情况下，根据眼前情况做出最有利的决定。

士兵的战斗力取决于他们的训练和指令的质量，也取决于他们在部队中的道德关系结构。同样，同级军官在协调决策时必须相互依赖，道德纽带保证了他们之间的联系。对于士兵的战斗效率来说，指挥结构起着至关重要的作用，但每一级指挥结构都必须辅以士兵间的道德关系，这种关系以信任、尊重、互惠、平等和公平等道德规范为

---

[1] Crofoot and Wrangham (2010); Pitman (2011).
[2] Lee (2016: ch. 1); Kissel and Kim (2019).
[3] Lee (2016: ch. 1).
[4] Lee (2016: 32); Whitehouse and Lanman (2014); Whitehouse et al. (2014); Whitehouse (1996).

基础。如果失去道德纽带，所有的指挥层级都会毫无意义。[1]

因此，军事制度可以通过凝聚力（士兵间的团结一致）和社会等级（有效的指挥）两条路径来强化群体作战能力，这可以让群体在竞争中有更高概率保卫己方领土、扩张领地并消灭对手。[2]配合协调的军事运作模式在空间和时间维度上扩展了指挥权限，军事领袖和其他将领有权在远离前线的地方设计战略、做出决策，并要求士兵坚决服从。可能正是军事制度减少了人属的种类，也就是说，在大约3万至4万年前，凭借完善的作战军队，现代人终结了其他人类物种的命运。[3]

现在让我们暂停一下对五种主要制度的分析，先来阐明这些制度是如何演变的。第三章和第六章都曾分析文化选择在群体层面的运作模式。某些群体可能比其他群体存续的时间更长、产生更多子群体、占据更广阔的领地。要达到这些成就，其中一种方式是通过战争击败其他社群。然而，文化传播还可以以另一种方式扩大群体实力，成功的群体往往更善于吸引外来移民，他们也更有可能激励其他群体模仿他们，采纳他们的想法、规范和做法，进而实现社群融合。

制度之所以会受到文化群体选择的青睐，有两个不同原因。一方面，正如我们进化史上的大部分情况一样，群体可以通过互利合作获得选择优势。无论社会互动的形式是猎鹿难题还是重复囚徒困境，对于参与其中的个体来说，合作都比单打独斗要更可取。不仅个人从中受益，整个群体也会从中受益。因此，制度的传播在一定程度上是通过文化选择过程实现的，在此过程中，个体可以增加自己的利益。

但另一方面，有些群体的竞争优势不在于群体成员的互惠互利，

---

[1] McDonald et al. (2012).
[2] Lahr et al. (2016); Wrangham (1999); cf. Kelly (2005).
[3] Le Blanc (2004).

而在于某些成员形成了对另一些成员的支配关系。群体成员要实现协调行动，往往需要一个或几个成员获得为整个群体做决定的权力。这或许是好事，比如年长明智的领导者为了群体最佳利益而谨慎决策。但也可能让人生厌，如家族或政治领袖借机利用其崇高地位剥削压榨他人。因此，群体在文化上的成功往往会以牺牲部分个体成员为代价，这是制度传播的另一个原因。

目前为止，在本章中我们主要讨论了三种社会制度：家庭制度、宗教制度和军事制度。每一种社会制度都是通过赋予群体更多的文化适应性而产生并延续下来的。当这些制度能够促进群体内部的合作，并赋予群体中某些成员更多的掌控权和支配权时，群体就会取得成功。因此，我们认为，最早的家庭和宗教制度对于群体凝聚力的提升至关重要，强大的凝聚力使行为上的现代人得以离开非洲，扩散到世界其他地区。而早期的军事制度则帮助现代人用暴力击败了他们一路上遇到的竞争对手。

每一种制度都能够规范社会行为，因为它与道德心理相联系，而权威规范和纯洁规范如今又进一步增强了道德心理。例如，家庭制度扩大了忠诚规范和亲属关系规范的范围，并在男女关系中引入了新的权威规范。宗教制度调整了道德排他性，将更多对象纳入道德情感和道德规范的适宜范围，同时它还助力构建了纯洁规范，指定了不洁的标准。军事制度落实了旧的互惠规范和新的权威规范，以便更有效地实施群体暴力。

接下来，我们将把注意力转向另外两种重要的社会制度：经济制度和政治制度。我们将解释这些制度是如何重塑道德心理的。我们还将强调经济制度和政治制度在农业革命和城市革命中发挥的重要作用，远在智人开始四处殖民前，这些革命就催生了大规模社会（尽管仍处于史前时期）。

四 经济制度

经济劳动的社会分工早在智人出现之前就存在了。[1]人类一直都有不同的职业,有些人更多地从事育儿、狩猎、加工食物或制造工具的工作。[2]然而,经济制度为组织资源和服务的生产与分配创造了更为复杂的社会结构。

通过协调适宜的学生和从业者,经济制度推动了更高程度的专业化。5万至7.5万年前,行为现代化的全面发展标志着各种创新技术的爆发。为了创造这些技术和使用这些技术的知识,人类需要精心设计的文化体系来教育年轻人学习专业技能,并按照经济秩序组织劳动力。

一旦其他加强合作的制度出现,经济体制的复杂性也随之增加。它们也越来越多地通过权威规范在管理者和劳动者之间进行等级划分。然而,与军事制度一样,只有当互惠和平等的道德纽带能够对在各级开展合作的劳动人员或管理人员施加足够约束时,等级制度才会有效。[3]

与其他制度一样,经济制度催生了多种解释和应用核心道德规范的方式,涉及公平、互惠和自主规范等等。例如,在经济制度中,权威规范无处不在,但人们也享有一定程度的自主权,相比之下,那些被迫成为奴隶的人几乎没有自由可言。在一些社会中,权威规范使人们相信,奴隶有为主人服务的道德义务。道德意识形态甚至可能导致

---

[1] Goldsby et al. (2011); Simpson (2012); Cooper and West (2018).

[2] 关于性别分工,参见O'Connor (2019)。

[3] Adler (2001).

一些奴隶接受自己被支配的身份地位。因此，对权威和自主的解释取决于一个社会具体的经济秩序形态。[1]

从行为上看，现代人将更多的时间和精力投入一个特定的行业：贸易。[2]可能某个部族有机会得到重要的食物、工具和其他资源，对于另一个部族来说，这些资源也非常重要，但他们无法独自获取。考古证据表明，在智人进化之前，人类就已经发展出了长距离的物质资源贸易。然而，由于现代人类能够更好地实施和开展贸易，贸易的重要性与日俱增，所有的参与者都可以从中受益。贸易为文化传播创造了条件，在频繁的贸易中，群体可以模仿其他群体的文化，也可以用自己的文化同化其他群体。

文化是最有利可图的贸易商品，因为交换思想不需要参与者放弃自己已经拥有的思想。托马斯·杰斐逊（Thomas Jefferson）曾说过："谁在我的火炉旁点燃他的火把，谁就能得到光明，但我不会因此而陷入黑暗。"[3]对思想、技能、知识、技术以及所有其他文化元素的交易，为农业革命和城市化革命奠定了基础。因此，经济制度有助于这些革命的展开。

1.2万年前，最近的一个漫长冰期结束了。[4]北半球大片冰原融化，海平面上升。气候变暖使新月沃土、中国和中美洲的人类找到了养活自己的新方法。没有任何事先谋划，人类不经意间就开启了对植物的培育和对动物的驯化——种子不小心撒落到地上，猎物被围困起来以供日后屠宰。[5]

---

[1] Yates (2001); Taylor (2001); Santos-Granero (2009); Jameson (1977); Crouch (1985).
[2] Brooks et al. (2018); Johnson and Earle (2000: 31).
[3] Jefferson (1813).
[4] Zeder (2011).
[5] Diamond (1997).

凭借智慧和敏锐的洞察力，人类将偶然的农业成果发展成了一场大革命。数万年的强大文化进化为他们把握机遇做好了充足准备，现代人类在开发和改造技术方面积累了足够多的经验。新的经济规范和实践使现代人能够开发出播种作物[1]和管理牲畜[2]的技术。马很快就被驯服，车轮发明后，马匹可以用来拉车、运送贸易货物和武装军队。[3]因此，经济体制对农业和技术的蓬勃发展起到了至关重要的作用，制度也使这些新技术得以传播。

多学科科学家贾里德·戴蒙德（Jared Diamond）认为，农业似乎只出现在世界上少数几个条件特别成熟、当地动植物适合培育驯化的地区。[4]只要没有天然屏障的阻挡，农业就会从少数几个中心向其他地区扩散。戴蒙德令人信服地证明，欧亚大陆的东西走向促进了农业传播。欧亚大陆西部的气候与东部相似，因此适应某一地区自然环境的动植物可以很容易地移植到纬度大致相同的另一地区。另外，沙漠、海洋和地峡阻碍了农业在非洲和美洲的迅速传播，而欧亚大陆则没有为以上因素所限制。

然而，气候和地理并不能完全决定命运。戴蒙德没有注意到，经济制度很可能也是农业革命的重要推动力。农业发展不仅会遭遇自然障碍，还会遭遇人为的文化障碍，而经济制度则消除了文化障碍。通过移民以及物质和文化贸易，农业从极少数起源地传播到全球各个地区，最终，大多数部落开始种植作物和放牧，狩猎和采集成为边缘化的经济形态。

---

[1] E.g., Wu et al. (2019).

[2] Chessa et al. (2009); Vigne et al. (2009); McTavish et al. (2013).

[3] Anthony (2010).

[4] Diamond (1997: ch. 10).

农业的发展是城市化等后续革命的必要前提。[1]它意味着部落可以在一个地方定居下来，并稳定地生存下去。人们常常认为这是一个明显的进步：人类可以待在家门口，等着庄稼成熟或牲畜长大，而不是四处寻找水果和块茎，或为了捕猎动物而长途跋涉。然而，狩猎采集者的日常劳动负担要比定居者轻得多[2]，他们也可能更健康[3]。更传统的生活方式仍然具有吸引力，并在世界大部分地区持续了很长时间（更多关于这类比较的内容，请参见第八章）。

无论如何，由于农业的效率比狩猎和采集的效率更高，它产生了粮食盈余。[4]这使得定居点的人口密度得以提高。[5]这也意味着越来越多的人可以从事粮食生产以外的工作，包括其他社会体制特别是宗教和政治系统提供的各类工作。这些不同领域的权威可以强迫其他人为他们服务。

虽然农业得以传播，但人们并不总是心甘情愿地走上这条道路。历史上第一个农业帝国是建立在奴隶制和种族灭绝基础上的。政治学家兼人类学家詹姆斯·斯科特（James Scott）认为，早期的农业国家会对其民众及周围部族实施残酷压迫，但他没有解释，为什么农业帝国对其子民造成了如此负面的影响，却还可以存在。从本章所阐述的观点来看，它们的出现和存续很可能是因为它们使处于社会精英层级的人受益，这些人会积极维护既得利益，他们利用自己的权力或社会声望来打磨自己所处社会的文化适应性，使他们的社群成为群体竞争

---

[1] Childe (1950).

[2] Bhui et al. (2019); cf. Kaplan (2000).这就是"原始富裕社会假说"。请注意，这可能只适用于男性，而女性的工作时间可能没有增加或减少。

[3] Larsen (2006); Key et al. (2020); Wells and Stock (2020).

[4] Barker (2009).

[5] Bocquet-Appel (2002); Hershkovitz and Gopher (2008).

的优胜者。[1]

总之，经济制度的演变是因为它们有助于维持物质和文化贸易、新技术和农业。所有这些活动都离不开分工和权力。因此，道德规范被精心设计，激励人们在经济制度中发挥自己的作用，每种角色都有相应的道德约束，如平等的合作伙伴、权威的管理者或服从支配的下属。正如我们接下来将看到的，随着政治制度的兴起，社会等级变得更加极端，政治制度其实早已存在，但在城市革命之后，其重要性和影响力与日俱增。

五 政治制度

尽管互惠和平等在道德中非常重要，但人类从未失去过类似于类人猿的身体支配和服从关系，尤其是在男女之间。在更早的时候，人类社群中也有声望卓著的领袖和不对称的社会权力。[2]随着农业定居点的兴起，政治制度放大了这些社会现象，产生了声望极高、神格化的领袖，他们可以通过社会支配从庞大且不断增长的人口中调集巨大力量。[3]领袖们将一些定居点变成了运作良好的城邦，并设置专门的管理队伍。等级森严的政治制度之所以能传播开，为其他群体所模仿，是因为在文化进化过程中，它能给整个群体带来好处，即使这些好处并不能惠及所有个体成员。[4]

从根本上说，政治制度创建了一个中央权力机构，它可能由一个

---

[1] Scott (2017: ch. 5).
[2] 一些学者认为早在人类进化之前，政治就出现了，参见Corning et al. (1988); Corning (2017)。
[3] Price (1995); Feinman (1995).
[4] Scott (2017: ch. 4).

或多个领导人组成。领导人通过民众的恐惧、尊重和信任等方式获得权威地位。中央权力机关可能促使决策更民主，也可能导致决策更专制。无论如何，它都拥有或被赋予了广泛的决策权，包括解决个人之间的争端及惩罚不服从者的权力。

内部权力规范允许政治机构管理部族间的战争和外交，它们还通过垄断暴力来限制部族内的敌对行为。暴力和从属关系主要服务于当权者，但有时也会给其他人带来好处。因此，政治机构组织了协调一致的行动，以应对来自社群内外的威胁和机遇。[1]

政治体制在城市中的变革性影响如此之大，以至它们重新构建了其他制度。首先来看家庭制度，在城市中，婚姻趋向一夫一妻制，这或许是因为在人口稠密的城市中，性传播疾病的发病率较高；也可能是因为一夫一妻制可以限制无伴侣男性的比例，他们容易制造暴力冲突，构成社会的不稳定因素。[2]政治体制还重新配置了经济制度，它进一步加强了劳动分工、贸易和财富积累，也让社会不平等日益严重。

军事体制早已存在，但在城市和国家形成之后，它们又获得了新的意义。有组织的暴力系统既能保护公民免受邻近社群的侵害，同时也能对近邻施加有效威吓。"野蛮人"是另一类可以被驯化和奴役的动物。[3]忠诚道德情感和亲属关系道德规范会成为有组织集体暴力的激励因素，如果另一个社群对我们或我们的生活方式构成生存威胁，那么你就有道德义务赶走他们或杀死他们，这不仅仅是为了你自己，也因为你对社群负有道德责任。

法律制度是政治制度的一个重要分支。它们同样依赖于一个中央

---

[1] Carneiro (2012).

[2] Fortunato and Archetti (2010); Bauch and McElreath (2016); Kokko et al. (2007).

[3] Scott (2017).

权力机构，其主要功能在于将约束群体成员行为的规范正式化。法律制度将规范转化为法律，规范可能只是一些约定俗成的规则，但法律则需要用语言明确表达出来。另外，不同于规范的是，执法权由中央权力机构直接或间接掌握，并不属于全体社群成员。

在第一部成文法律文件——4000年前的《汉谟拉比法典》问世之前，政治权威也会针对部落成员的行为制定明确标准。[1]然而，城市中书面语的文化演变改变了法律制度，同时也扩大了法律的控制力，使其在人口规模和复杂程度不断增长的社群中占据支配地位。通过建立公共规则体系，法律制度限制了暴力和搭便车行为，但也进一步加深了财富和权力分配的不平等。

这些不平等的存在，依赖于国家在贸易和其他商业活动中强制推行某些法律，以及在军事体制中强制贯彻指挥链的意志。然而，民众也会支持国家通过武力来确保人人严格遵守法律。他们之所以能与国家达成这种共识与承诺，可能缘于共同的宗教道德认同。不同国家或许有不同宗教信仰，但其道德-政治功能却非常一致。事实上，五大制度都是国家的重要基础支撑，它们之所以能够做到这一点，是因为每一种制度都以同国家运作模式相协调的方式塑造了道德。例如，宗教制度创造了同国家相适应的权威和神圣规范。

现在，让我们回过头来，总结一下关于政治制度和道德的经验启示。一般来说，随着群体越来越多地需要解决内部争端以及对威胁和机遇做出集体决策，政治制度开始出现。在小部落中，部落"代表"们可以在相互尊重的基础上平等讨论问题，达成共识。随着部族的形成和扩张，以及部族发展为城市并最终成为复杂的国家，政治制度变得更加重要，决策变得没那么民主，而是更加专制。

---

[1] Scheil (1904).

复杂的社会组织形式需要更多政治结构，并将平等的道德关系转变为等级关系。政治制度还创造了一系列新的道德范畴，包括国家及其对公民的义务，如自由、压迫和公正。道德情感和道德规范之所以能够"政治化"，部分原因在于它们将所有的"自己人"纳入了一个整体，人们本来互不相识，但因具有共同国家认同而发生了道德关系——无论这种关系是平等关系还是等级关系。生活在国内外的人都可能被视为工具，甚至被当作奴隶、牲畜和邪恶之源。因此，政治"精心雕琢"了一种制度道德，以允许人们支配或伤害所谓劣等人。

在本章中，到目前为止，我们已经对五种制度的演变做出了推测性解释。通过合作和统治，现代人类形成了部族，后来发展出依赖农业的定居社会，最后发展出依赖贸易和商业的城邦。我们还指出了社会制度如何塑造现代人在大规模社群中的道德情感、道德规范和道德推理。

制度的文化演变也在社会和国家之间催生了道德多样性。在下一节中，我们将提出，道德心理学中的制度视角可以揭示我们道德心理之间的变异模式。为了做到这一点，我们将转向农业革命和城市革命后制度道德的演变，并从过去几千年的一些重要发展中选取一个小样本。

六 制度推动道德多样性

关于进化的一个常见误解是，生理特征束缚着文化进化。[1]的确，生理属性制约了文化，但文化也可以对生理特征施加巨大控制。人类

---

[1] Wilson (1978).

的身体和大脑可以灵活地应对文化——事实上，它们就是为文化所塑造的。在社会进化和个人发展的整个过程中，文化影响着我们的生理属性。

正如我们在本书第一和第二部分所学到的，道德心理具有灵活性。道德规范和道德推理并非与生俱来的，此外，先天道德情感会受到个体学习环境的影响。这意味着，道德心理为文化进化提供了可塑资源。因此，制度重新塑造了道德情感、规范和推理，使它们不仅能够维持联盟和部落，还能够维持部族和社会。道德心理与社会组织的变化同步发展，包括智人从游牧狩猎采集生活向农耕定居和城市生活的转变。

在过去6000年左右的时间里，文化的变化更加迅速。[1]文化进化推动人类道德在多样化的轨道上疾驰。在文化进化的控制下，制度创造了新的道德规范，并重新安排了它们之间的优先次序。因此，不同社会之所以会具有不同道德形态，原因在于这些社会发展了不同类型的家庭、宗教和政治制度，制度塑造了特定社会的道德思想。

由于社会制度的差异，各部族对婚姻、一夫一妻制、是否允许离婚、男女之间的支配和从属关系以及同性恋等问题有着不同的道德观。对于什么是虔诚、什么是罪恶、什么是神圣以及什么是亵渎，它们也有不同道德观点。一个部族可能认为某些情况在道德上具有相似性质，另一个部族则可能认为这些情况并不适用于相同的道德规范。此外，在政治权利的范围、权力继承、民主的合法性以及平等和自由的相对重要性等问题上，各部族也有着截然不同的道德观。显然，这只是世界各地制度道德多样性的冰山一角。

由于文化具有很强的可塑性，制度会随着物质和社会条件的不同

---

[1] Mesoudi (2011); Henrich (2015: ch. 17); cf. Perreault (2012).

而发生变化，有时变化的速度甚至会非常快。某些情形下，群体间竞争促使制度与其他文化适应机制共同进化。文化进化中的正反馈循环催生了新的道德变异，同时也催生了新的社会结构变异。

可以肯定的是，制度道德的文化进化会受到大量随机漂移的影响。然而，在现代历史的长河中，是持续的进化选择而不是随机文化漂移催生了制度道德的多样性。接下来，我们将重点讨论几个可信案例，它们可以体现道德多样性的适应意义。我们想借此说明，在近现代历史中，制度的文化演变如何继续重塑了道德心理（我们的目标并不是完整地描述道德多样性）。

社会科学家有时会从适应性的角度，对个人主义文化和集体主义文化之间的差异做出解释。[1] 在某些地区，人们为了获得物质财富，必须依赖更密切的合作，因此，这些地方的家庭制度、经济制度和政治制度在进化过程中会转向集体主义，而具有集体主义属性的制度又会青睐特定的道德情感和道德规范，使同亲属关系相关的道德心理享有更高优先级。例如，一些研究人员认为，东方文化比西方文化更具集体主义色彩，因为相比于小麦，人们在种植水稻时需要更多的合作与协调。[2] 在集体主义文化中，对家庭和亲属的忠诚是一种更重要的品质，往往优先于其他道德情感和规范。[3]

我们已经强调过，早期农业城邦的发展并不仅仅是因为群体内部的相互优势。一些规范和制度之所以受到青睐，是因为它们有利于人口中的精英成员，这些人利用自己的资源和权力来维持这些制度，如果这些制度得以延续，它们就会给这个群体带来文化上的成功。在早

---

[1] Triandis (1988); Triandis and Gelfand (2012); Kotlaja (2018); Hornikx and de Groot (2017); Xiang et al. (2019); Du et al. (2015); Brown et al. (2014); Frank et al. (2015); Chiao and Blizinsky (2010).

[2] Talhelm et al. (2014); Henrich (2014); Hu and Yuan (2015); Ruan et al. (2015).

[3] Henrich (2020).

期的神权国家中，通过道德灌输，领袖会被塑造为神的代理人和民众的道德领袖。国家则进一步引入新的规范和制度，使底层人民、女性和其他弱势群体处于从属地位。道德情感和规范的发展使人们甘心屈从于支配者，并支持等级森严的阶级和政治结构。在这些地区，权威规范优先于自主规范。

正如心理学家理查德·尼斯贝特（Richard Nisbett）和多夫·科恩（Dov Cohen）所描述的那样，荣誉文化的进化过程中也可能存在适应性道德变异的情况。[1]荣誉文化的成员将尊重以及相关的羞耻和愤慨等道德情感放在首位。人们有责任按荣誉行事，履行这一义务使人获得他人的尊重。如果一个可敬的人没有得到尊重，其他人就会感到愤慨。如果一个人行为不光彩，他自己就会感到羞耻。

在一些崇尚荣誉文化的地区，如美国南部，人们会有强烈的荣誉感，这导致他们在面对威胁和侮辱时，很容易感到愤怒并做出攻击行为。[2]有时这会导致复仇循环。当暴力建立在羞耻和怨恨等道德情感之上时，它就具有了道德动机。但是，这套情感和规范是如何产生的呢？根据尼斯贝特和科恩的观点，某些制度特征会成为滋生荣誉文化的温床，包括政治制度无法可靠地保护民众的财产权，而经济制度对偷窃等不公平的财产占有行为持默许态度。

例如，尼斯贝特和科恩指出，美国南方移民往往来自苏格兰的牧区，那里的牧民经常遭遇牲畜被盗，而他们却无法指望得到合理补偿。[3]所以，人们"降低"了自己的愤怒阈值，因为它提供了一种有效预防偷窃的方法。表现出这种性格特征的人能更好地守护自己的财富，拥有更多的后代，并成为人们效仿的对象。因此，与畜牧业相关

---

[1] Nisbett and Cohen (1996).
[2] Nisbett and Cohen (1996).
[3] Nisbett and Cohen (1996).

的经济和政治制度建立了荣誉的道德观念。

宗教、经济和政治制度似乎也塑造了人们对陌生人的信任和尊重。[1]亨利希及其同事发现，在公共物品博弈实验中，被试与陌生人合作的意愿因文化而异。[2]在日常生活"市场化"程度较高的社会中，人们的合作意愿最高。很可能这正源于制度与道德情感之间的文化共进化。经济和政治体制促进了市场经济的发展，而市场经济青睐于人们与陌生人之间相互信任、互惠互利的道德情感，这促使市场经济向更复杂的形式发展，而市场经济的发展又会进一步选择道德情感，如此循环往复。

然而，市场经济不仅对民众的道德观念产生了积极影响，还创造了财富和权力的等级制度，导致上层受到尊重，下层遭受蔑视，进而强化了等级观念。[3]从16世纪和17世纪开始，拥有市场经济的国家开始对军事力量较弱的其他文化地区实施殖民策略。这一切之所以会发生，部分原因在于那些国家长久以来形成了一种稳定的制度道德，它们的国民相信，某些人是劣等人，只适合为更好的人服务。

在本节开头，我们质疑了"生理特征束缚着文化进化"这一观点。关于进化论的另一个常见误解是，进化本质上是"进步的"——有机体可能日趋复杂化，或经历其他难以言明的过程，但无论怎样，结果是不可阻挡地向"更好"迈进。然而，在进化选择过程中，重要的仅仅是某一特征是否能增强个体或群体将该特征传递（通过繁殖途径或交流途径）给其他同类的能力。符合这一要求的特征不需要更复杂，也不需要任何其他意义上的"更好"。

---

[1] Henrich (2020).

[2] Marlowe et al. (2008); Ensminger and Henrich (2014); Henrich et al. (2001, 2004); Henrich (2000); Knafo et al. (2009).

[3] Gowdy (1999).

文化进化有助于解释当代社会复杂多样的制度道德的起源。在农业化和城市化后，人类世界形成了更密集而激烈的社会竞争，这些道德规范的"设计"初衷正是解决以上问题。因此，制度道德是进化设计的复杂产物。然而，它们的复杂性并不等于正当性。如果某些道德比其他道德"更糟糕"（这是一个很难回答的问题，我们将在本书的下一部分探讨），但它们却增强了人类的进化适应性，那么它们将继续存在。更具适应性的道德不一定是"更好"的道德。

七 总结

在本书的第一和第二部分中，我们从众多学科所涉及的研究中抽丝剥茧，建立了一个解释道德心理进化的总体框架。人类的进化是由智力、社会组织和道德的共同进化推动的。在这一共同进化过程中，最先出现的道德特征是类人猿的同情和忠诚（第一章）。随后，更广泛的道德情感出现在人类祖先身上（第二章）。然后，随着生物与文化的碰撞，道德规范和道德推理在晚期人类（智人）身上得到了进化（第三至五章）。

在本书的第三部分，我们继续基于我们的总体框架来阐述人类历史。但我们将关注点置于更近的历史中——智人出现并成为行为意义上的现代人之后。第一部分和第二部分解释了道德在第一和第二阶段的进化途径——分别是生物进化和基因-文化共同进化。我们猜测，在智人开始行为现代性转向之际，文化进化已经成为道德进化的唯一推动力。

在人类进化的第三阶段，文化接管了一切，我们祖先的生活方式因文化而改变。我们的智人祖先针对社会可塑性做出了一系列适应性调整，但这些调整不再涉及生物-文化机制，而只涉及文化机制。他们有能力基于选择性模仿、语言交流和互动推理进行高级社会学习，这大大提升了文化进化的速度。

新的道德心理也促进了文化积累所需的社会可塑性。人类的道德心理本身具有灵活性特征，我们可以在社会环境中获得普遍的道德规范，并通过互动式道德推理来改变情感和规范。道德推理与宗教认同的结合扩展了我们的道德界限。得益于部族生活的诸多优势，智人在行为模式上转向现代性。

转向现代性之后，人类进化的下一步是什么？我们的祖先要生活在由文化革命点燃的新世界中，从根本上说，一切进化机制都要为这一目标服务。自人类诞生以来，我们的祖先以狩猎采集作为主要的食物获取途径，后来，他们学会了耕种庄稼和放牧，培育植物、驯化动物成为他们的日常活动之一，这一过程初始很缓慢，但不断加速。再之后，农业定居生活引发了城市革命，人们开始生活在庞大而密集的社会中。直到最近，由于科学、工业和信息技术领域的文化变革，我们的生活方式又发生了巨大变化。这些革命仍在继续，但未来的轨迹则不确定。我们唯一可以确定的是，文化进化自身也在不断进化，在社会可塑性的推动下，更多的文化变革即将到来。

第六章的目的是了解人类历史上首次同时也可能是最重要的一次文化革命，它早于工业革命、早于科学革命、早于计算机革命、早于城市化革命甚至早于农业革命。在智人进化很久之后，我们的祖先终于迎来了这场文化革命，它使智人成为现代人。第一场革命以及随之而来的所有重大变革，其关键之处都在于不断进化的文化框架，它增强了我们对社会可塑性的适应。

在第七章中，我们的目的是说明在行为现代性兴起与城市和国家出现之间，五种不同类型的社会制度如何改变了人类道德心理。家庭制度和宗教制度扩大了道德的范围，同时也创造了新的权威规范和纯洁规范。军事制度和经济制度加强了群体凝聚力，强化了权威结构。随着我们的祖先在城市定居，政治制度加深了统治和从属关系。

五种主要制度各有不同的功能。通过文化群体选择，制度的演变既会使群体中的普通成员获益，也会使群体内的特殊集团获益。通过促进合作与（或）统治，制度增强了群体的文化适应性。制度对道德心理的影响如此之大，以至制度的快速文化演变成为道德变革的主要引擎之一。

不同社会在不同时间和空间获得了不同的道德观念。每个社会都有一个共同的生物文化核心，但其道德情感、道德规范和道德推理的内容却大相径庭。我们已经看到，社会制度是这种差异的主要来源。随着时间推移，制度道德的文化演变放大了这些差异。然而，不同社会之间的道德差异是否有好坏之分？这是我们接下来需要在本书第四部分思考的问题。

第四部分

道德进步

第八章

进步

在人类历史的大部分时间里,我们的祖先都生活在相对平等的小部落中。然而,当他们的思维和行为转向现代性之后,人类社会组织发生了巨大变化。制度将小部落联系在一起,形成了大部族。部族通过建立超越直系亲属关系和当地社群的等级制度,提高了社会的复杂性。

制度还创造了进一步的劳动分工和知识分工。一些人成为专职人员,如战士、猎人、采集者、农民、牧民和地区管理人员等。此外,在农业和城市化兴起之后,人类又重新转向了社会等级制度——泾渭分明的等级关系在类人猿中司空见惯。

在最早的大规模农业社会中,过剩的食物和其他资源使社会制度得以建立,一些人可以获得凌驾于其他人之上的权力和地位。统治阶级占据着高级社会职能,这些职能几乎不涉及粮食生产等体力劳动。社会等级和影响力分布不均。因此,除了新的劳动和知识分工,人类还开始了进一步的地位和权力分工——包括性别之间的分工及性别内分工。

农业的发展是影响现代人类的第一场重大技术革命。在大约1.2

万年前,农业的种子就已播下,但又过了6000年,在城市革命和随之而来的农业城邦扩散之后,它才出现显著进展。其他技术革命则是近代的产物,由教育学习制度所孕育。18世纪,工业革命开始了。机器被用来制造商品,其动力来自蒸汽和化石燃料,而不是人类或动物。20世纪,一场席卷全球的信息技术革命再次改变世界。

在每一次现代技术革命中,人类都将劳动"外包",先是外包给动植物,然后外包给机器和能源,最后外包给可以模仿甚至超越人类大脑某些功能的计算机和网络。在这些情况下,高效的生产模式和随之而来的资源过剩都导致了社会复杂性的提高,更多个体被庞大的合作项目联系在一起。大量的专业职能意味着更多劳动分工和专业知识,而所有这些社会合作都是通过不断深化和日益普遍的社会等级制度来管理协调的。强大的城邦统治着邻近的部族和村庄,进而演变成民族国家和帝国。随着经济规模的扩大,管理者和劳动者之间的权力关系也变得更加不平等。

人类的历史从小部落开始,进而演变为大部族,接着是城市和国家。随着科学和工业领域掀起技术革命,以及政治和经济组织领域掀起社会革命,人类进化的故事暂时告一段落。毫无疑问,在过去的几千年里,尤其是最近的几百年里,人类社会变得越来越复杂。但是,情况有变得更好吗?道德进化了,但人类在道德上进步了吗?

本书的第三部分主要探讨了制度道德在早期现代社会的演变。从十万年前到几千年前,人类的生活方式因农业化、城市化以及家庭制度和宗教制度的变革而发生了变化。本书第四部分现在转向晚期现代社会的制度道德演变,即从大约500年前至今,人类在科学、工业、政治组织和经济等各个领域全面爆发大革命之后,我们的制度道德的变化趋势。

从现代性早期开始,制度道德为现代人提供了道德信仰和习惯、道德概念和原则、道德故事和意识形态以及道德文化的其他一系列构成要素，这些要素在不同的时空有着巨大的差异。然而，制度道德还包括更深层次的道德情感、道德规范和道德推理。正如我们在第三部分所看到的，制度道德是经过文化雕琢的道德心理。

我们将在第四部分继续探讨道德观念与社会制度的文化演变。前几章主要是解释与描述，而本书的其余部分则增加了一个明确的评价视角。现在，我们不再是简单地研究人类道德随着时间推移发生了哪些变化，我们还要试图了解道德是如何改进或恶化的。我们的主题仍然是道德进化，但我们将把重点缩小到具有进步性或倒退性的道德进化上。[1]

谈论"道德进步"本身就充满了争议。在某些人看来，任何说出这个词的人都会天真地认为，整个世界都在不断进步。我们会解释为什么这种天真的观点并不正确，尽管如此，我们也会指出，我们完全可以认定某些道德优于其他道德，这合情合理。道德进步是真实存在的，但它只发生在局部领域，并且具有偶然性。通过解释现代晚期制度道德的进步和倒退，第四部分的各章将使我们能够就如何促进道德进步，以及如何避免道德倒退和道德停滞总结出普遍性启示。

第八章为我们在本书最后评价部分研究道德进步奠定了基础。在第九章和第十章中，我们将详细研究道德进步和道德倒退的进化机制，而本章的初步目标是为进化科学提供一个关于道德进步的哲学分析视角。我们的道德进步理论是作为传统哲学伦理学的对立面而发展起来的，其目的是，在存在重重阻碍的情况下（为什么存在阻碍，我们马上会进行解释），对道德做出评价与比较。更具体地说，道德进步理论试图找出一些重要的文化进化机制，这些机制在过去推动了可

---

[1] Kitcher (2011, 2021); Buchanan and Powell (2018); Buchanan (2020); Heath (2014).

靠而持久的道德进步，因此它们在不久的将来也有可能继续推动道德进步。

为了在本章中发展道德进步理论，并在后续章节中应用这一理论，我们首先需要解释为什么谈论道德进步是有意义的。我们将抛开对道德进步的天真看法，以更复杂的方法来探讨这个话题。不过，在探讨具有挑战性的哲学问题之前，我们先提出一个更简单的问题：随着时间推移，人类的福祉是否有所增进？或者换句话说，人类的生活境况比前人更好了还是更差了？

一 进步

在早期现代社会，狩猎采集者的生活比最初居住在城镇的农民好得多。狩猎采集者的饮食更丰富、更稳定。相比之下，农民严重依赖一两种营养成分贫乏的农作物，因此，他们更容易受到作物歉收和饥荒的影响。早期农民的骨骼和牙齿化石可以显示出他们严重营养不良，而狩猎采集者的遗骸则无此迹象。[1]

早期现代人生活方式的其他差异也影响了他们的福祉。[2]农民与牲畜住得很近，这增加了他们感染传染病的风险。此外，狩猎采集者通常有大量的闲暇时间，而耕地和收割庄稼则是密集型劳动，需要农民倾注大量精力。最后，对劳动力的需求也意味着实行奴隶制和使用童工会成为早期农业社会的普遍现象。对于狩猎采集者来说，实行奴隶制是一种不太常见的景象。只要他们的"文明"邻居不从事大规模农业种植，他们就不会将某些人判定为奴隶。

---

[1] Katz et al. (1974); Larsen (2006); Wells and Stock (2020).

[2] Key et al. (2020).

但是，不要怀念过去的美好时光。除非你生活在最最贫穷的地区，过着最最贫困的生活。在现代技术发展和社会革命之前，人们的生活并不富裕，狩猎采集者可能比早期现代社会的农民生活得更好；但在科技革命之后，当代人的生活比之前所有人都要好得多。

平均而言，当代人的预期寿命是以前的两倍[1]，婴儿死亡率降低了几个数量级[2]。曾经致命或使人异常痛苦的疾病现在可以被治疗或预防。暴力事件发生率的差别也很大，此时此刻，人类间产生暴力伤害行为的概率要远远低于历史上的任何时刻。[3]更不用说，我们现在完全不需要考虑捕食动物的威胁，但对许多前现代人和早期现代人来说，却不是这样。

在所有这些方面，目前活着的绝大多数人都比晚期现代社会之前的人享有更高水平的福祉。促成以上改善的原因多种多样，通过蓄意屠杀和激烈的资源竞争，肉食性捕食者被赶尽杀绝，或至少被赶到人类栖息地的边缘。科学和工业创新带来了现代医学和更好的卫生条件，延长了无数人的生命。近代后期的技术革命也催生了可以节约劳动力的新发明，使无数人的生活变得相对更轻松。

正如心理学家史蒂文·平克（Steven Pinker）所言，现代晚期的经济和政治变革也增进了人们的福祉。[4]在大规模劳动分工的推动下，大规模贸易使商品和思想得到了更广泛的传播。不断扩大的物质和文化贸易网络带来了财富积累和暴力减少。同样重要的是，大国通过法律和政治体制实现了对暴力的垄断。诚然，这些制度在许多方面都具有压迫性，但它们也减少了复仇、谋杀和其他残暴罪行发生的可能

---

[1] Angel (1969).当前数据可参照世界银行给出的实时信息。
[2] 婴儿历史死亡率，参照Goodman and Armelagos (1989)。
[3] Pinker (2012).
[4] Pinker (2012, 2019).

性。政客们的行为动机可能纯粹是自身的利益，但他们的法律和政策往往鼓励和平与贸易，而不是战争与掠夺。如今，财富分配不平等现象确实更加严重，但人们的平均财富水平却大大高于狩猎采集者或农耕者。

这是进步吗？从某种意义上说，绝对是。当今时代人们的平均福祉水平比早期现代社会要高得多。当然，办公室工作和琐碎的劳动会让人不快乐。但是，相比于寿命短、罹患致残疾病后无医可治、高暴力死亡风险、一半子女无法活到成年等状况，当代人遭遇的心理烦恼实在不算什么。

从道德角度看，人类福祉水平的提升是一种积极进展。然而，无论平均福祉水平如何提升，这都不一定意味着道德进步。按照艾伦·布坎南和雷切尔·鲍威尔的观点，我们必须区分两种进步。一种是我们在本章中已经分析过的，它涉及平均福祉水平的提升[1]；另一种是我们尚未探讨的，它涉及道德意义上的进步，即人类道德的改善。例如，在本章稍后会阐述的道德进步中，有一类被布坎南和鲍威尔称为"包容性道德进步"，它指道德情感和思想涵盖和保护更多的人，而不仅仅是少数特权阶层。

"道德进步"一词有些模棱两可。有些人会把人类福祉水平的提升视为道德进步，因为从道德角度看，这是一件好事。我们只想关注另一种道德进步。直白地说，如果世界某方面有所改善，这一改善不仅仅是其他文化发展的副产品（如医学进步提高了人均寿命），而且源自人类道德思想的变化（如我们认为应该照顾老弱病残人士），这才是我们眼中的道德进步。

请注意，道德情感、规范和推理的改善必须有实际效果。如果人

---

[1] Buchanan and Powell (2018: ch. 1).

们的观念得以提升，但实际情况却没有发生任何变化，那么道德进步也无从谈起。例如，如果边缘局外人开始引起人们更多的道德关注，但他们的生活并没有得到实际改善，那么我们就没有取得真正的包容性进步。

沉浸在自己假想的高尚道德中固然很诱人。许多人都会情不自禁地相信，他们在道德上比祖先更优秀。然而事实上，虽然自近代早期以来，人们的平均福祉水平明显有所提高，但我们没有理由认为，在从早期现代社会向晚期现代社会转变的过程中，人类的道德水准也在提升。正如我们接下来要论证的，人类从古代狩猎采集社会迈向农业社会，之后又迈向技术和政治更为先进的现代民族国家，但生活福祉水平的提高是否伴随着道德进步？我们其实并不清楚。

之所以"不清楚"，主要原因是对道德的任何评价都必须依赖社会结构。然而，由于最近几百年的技术和社会革命，人类社会结构发生了巨大变化，在巨大变革的背景中，我们其实难以进行道德水准的比较。例如，当政治体制变革使得人们在道德上更加强调自由时，社会在道德上是否有所进步？不清楚。这取决于一个社会的组织模式在多大程度上需要人们相互依存。也许自由越多越好，但前提是特定的生活方式能够承受这种自由，而且更多的自由不会引发排外和不公正。

再看另一个例子。为了便于讨论，我们假定，相比于当代人，早期现代人对陌生人的态度更加野蛮和冷酷。乍一看，这似乎是道德进步。但在某些地方，这种变化之所以会出现，可能是因为陌生人不再构成巨大的生存威胁。陌生人变得不那么危险了，这或许是由于社会合作的发展，或许是由于物质财富的广泛增长，或许是由于公共安全治理的力量更强大了，或许是由于这些因素的复杂组合。总之，如果道德评价依赖社会结构，那么将现代道德与之前时代的道德进行比较就非常困难。由于人类关系结构发生了如此巨大的变化（无论是在社会内部还是在社会之间），当时的道德与现在的道德可能无法比拟。

为了揭示真正的道德进步，我们必须将我们的评价焦点缩小到现代性晚期的事件上。在此之前，让我们停下来回顾一下。在第七章中，我们论证了农业社会与城市社会的进化在一定程度上是因为它们不仅有益于所有民众，还有益于特定权力集团。这可以解释为什么早期的农民最终取代了狩猎采集者，但他们的处境却更糟了。然而，狩猎采集者和农民的处境又都比当代人差得多。农业革命后，人们的福祉水平大幅下降，然后在过去的几百年里又极速上升。并非每个人都是如此，也并非生活的所有领域都是如此，但从整体来看是这样的。

然而，本书关注的是道德进化研究，对我们而言，最重要的不是福利的增加，而是道德的（有效）改善。当涉及具体的道德进步时，我们很难有把握地确定晚期现代人是否比早期现代人更进步。在组织形式完全不同的社会之间进行道德比较实在是太难了。要想更清晰地思考道德进步问题，并有把握地进行评估比较，我们就需要深入局部道德领域。

二 局部道德进步

我们曾主张在思考道德进步时要有所克制：对于晚期现代人是否比他们的遥远祖先拥有更好的道德这一问题，我们很可能难以做出判断。然而，我们接下来要论证的是，如果把范围限定在较小的时间尺度上或某些领域内，那么道德比较实际上是可行的。假定仅考虑最近几百年的历史，我们确实可以得出一些相对没有争议的局部道德进步案例。

我们根据哲学家菲利普·基彻（Philip Kitcher）、布坎南与鲍威尔的观点，在下面列出了一些最明显的道德进步案例。[1]许多人对道德进步这一概念有所质疑，稍后，我们会就此进行分析与回应。不过就目前而言，如果说道德上的某些变化确实具有进步性，那么以下变化确实属于道德进步：

废除了非洲奴隶贸易，同时在美洲废除了奴隶制；

在许多国家（尽管不是所有国家），减少了种族偏见和民族歧视，包括反犹主义，从而使过往被压迫的民族获得了更多的幸福和自由；

在许多国家（尽管不是所有国家），承认女性与男性具有相同价值，并通过法律确保女性与男性权利平等；

减少了对男女同性恋者的仇视和污名化，特别是在北美和欧洲；

谴责并反对殖民主义、种族隔离和侵略战争，支持平权运动。

这里有三个主要的限定条件。第一，并非每个人都同意以上所列都属于道德进步的真实案例。例如，想想那些以保守宗教传统为道德观基础的人，他们可能会认为，宗教教义已经规定了男女两性在社会中不同的性别角色，所以性别平等是在朝着错误方向前进。或者，他们可能认为对同性恋更包容是道德倒退，而不是进步，因为他们认为同性恋是"不自然的"，是一种罪恶。我们不会在本书中驳斥这种观点。我们只是简单假定存在世俗意义上的道德进步。如果你同意道德有进步和倒退之别，那么你可能也会有兴趣了解进化科学对道德进步的解析。

第二，这些道德进步的案例并不足以让我们自我陶醉或沾沾自喜。例如，种族主义和性别歧视在全球仍然普遍存在。据我们所知，

---

[1] Kitcher (2011, 2021); Buchanan and Powell (2018: 47).

它们可能会在未来几十年内愈演愈烈。然而，在世界上的一些地区，种族主义和性别歧视的程度，无论以何种标准衡量，都明显低于一两个世纪前。

第三，进步并不意味着完美。可是不完美，即使是严重的不完美，也不意味着没有进步。换句话说，我们某些方面在道德上变得更好了，但还没有足够好。例如，奴隶制和殖民主义的遗留问题在当代社会中依然存在，令人心痛。尽管如此，我们在努力改变这些问题，世界显露出道德改善的迹象，哪怕只是零碎的改善。

正如我们在上一节中所了解到的，从早期现代社会向晚期现代社会的过渡并不一定伴随道德进步。但是我们是否有理由认为，起码过去几百年，人类见证了道德的整体进步？在这段时间里，社会组织当然发生了变化，但变化还没有大到无法进行道德比较的地步。那么，道德进步真的发生了吗？不幸的是，这个问题的答案也不得而知，原因有很多。

除了道德进步的典型案例，我们也能看到道德倒退的典型案例，而且是毫无争议的倒退。[1]要明确的是，同道德进步一样，道德倒退并不仅仅涉及人们的福祉水平下降，它还涉及道德观念。例如，意外事件或生物进化引发的流行传染疾病并不构成道德倒退。道德倒退是人类道德理念的退步，这种退步不仅存在于人们的头脑中，而且会在现实中产生真正的负面影响。

让我们来看看三个最明显的道德倒退案例。第一，灾难性战争和大规模种族灭绝的频率与强度在20世纪有所增加，如我们所知的世界大战和许多大屠杀惨案。[2]由于大规模毁灭性武器和极权主义政治

---

[1] Buchanan and Powell (2018: ch. 7).
[2] Glover (2000); Levy (1982); Clauset (2018).

的存在，战争和种族灭绝问题有可能在21世纪更为严重。

第二，在同一时期，贫富差距加大了，而且变得更加根深蒂固，经济不平等又进一步导致了政治权力的不平等。[1]这两种情况可能源自政治道德的转变，它们在北美和欧洲社会最为明显（但并不仅限于北美与欧洲）。

道德倒退的第三个案例是，如今遭受痛苦的非人动物比人类历史上任何时候都要多。[2]的确，在许多国家，越来越多的人出于道德方面的考虑成为素食主义者。此外，越来越多的法律以及一些非正式的社会规范也禁止我们残忍对待动物，无论是宠物还是医学研究对象。[3]尽管如此，工业化养殖在过去的一个世纪里迅猛发展。数百亿有知觉的动物在现代农场中度过了短暂、痛苦、悲惨的一生。经济和政治体制未能保护脆弱动物。就像在这个案例中一样，有时道德倒退是因为道德未能跟上社会发展的步伐。

在本节中，我们试图陈述一些最清晰、最无可争议的道德进步与道德倒退案例。一个直接启示是，局部道德进步本身并不意味着整体道德进步。然而，我们也没必要为此感到悲观，换个角度看，局部道德倒退同样不意味着整体道德倒退。

要对道德变化进行整体评估，就必须将某些领域的道德进步与另一些领域的道德倒退并列起来，所以我们需要找出现代晚期所有最重要的进步和倒退案例，这正是该问题的困难之处。本章会提供一些案例，但我们并不幻想自己手中掌握了"完整清单"。此外，别忘了，还有很多具有争议性的情况，我们没有十足的把握对其做出道德进步或倒退的判定。

---

[1] Piketty and Saez (2003); Bornscheir (2002).
[2] Fitzgerald (2008); Ritchie and Roser (2017).
[3] Beers (2006).

然而，即使我们能够列出一份完整的清单，而且清单上的案例的道德性质都很明确，接下来又该如何比较呢？我们减少了种族不平等，增添了动物的痛苦，这二者相加后，会得到怎样的道德结果？计算之所以困难，正是因为人类道德系统具有多元性，没有所谓通用"货币"（正如我们在第四章中所看到的）。因此，整体评估的第二个障碍是，我们无法用一种方式来衡量所有的道德行为，或者说，我们无法将道德进步和道德倒退的案例全部加在一起，计算出"总和"，得出"道德整体进步了"或"道德整体倒退了"这样的结论。

一些哲学家对我们的祖先或敬而远之，或钦佩不已。例如，托马斯·霍布斯（Thomas Hobbes）认为原始自然状态下的"原始人"没有道德；让－雅克·卢梭（Jean-Jacques Rousseau）则认为他们非常纯洁。本章的论证表明，这些评价都没道理。我们根本不知道，总体而言，世界"道德弧线"的斜率为正还是为负。

然而，如果仅仅将评价范围限定在过去几百年，将评价内容限定为局部道德领域而不是整体道德领域，我们其实可以做出有效的道德比较。我们可以明确地说，有些道德变化是进步的，而有些道德变化是倒退的。本章稍后，我们将为此进行论述，并说明它如何支持伦理理论。然而，在发展道德进步的伦理之前，我们需要对道德变化进行更细致的分析。明确的道德进步案例有一些共同点，即涉及人类道德的有效改善，但它们之间是否有什么不同之处？

三 两类道德进步

在本章的前半部分，我们阐述了福利进步和道德进步的不同。现在，我们需要区分两种主要的道德进步。这种分类方式并非详尽无遗，因为道德进步还有其他种类。不过，它们基本涵盖了本章之前讨论过以及后续将会讨论的案例。为了揭示这两种主要的道德进步，我们将首先重温一下本书前几部分提到过的两个道德问题，并分析它们的发展历程。

第一种道德问题是群体之间的道德排他性问题。历史上，人类群体获得了彼此灵活合作的能力。但通常情况下，他们不会将自己的道德情感和规范完全延伸到其他群体的成员身上。相反，他们经常将外来者非人化，并对其施以暴力。正如我们在第一章和第二章中强调的那样，从最初的类人猿和早期人类开始，道德系统就存在灵活的排他性。

然而，正如我们在第六章中看到的，道德界限在现代早期发生了变化。宗教和社会制度的出现，一方面将道德的适宜性范围从部落扩展到部族，另一方面也加深了部族之间的对立。此外，在第七章中，我们看到早期农业社会变得更加排外，因为他们有动力去剥削和压迫邻近社群（如掠夺土地或劳动力），在这种情况下，人类更容易以非人化的方式对待外人。

当道德对象涵盖了曾经的"局外人"、减少了群体之间的道德排他性时，就会出现包容性道德进步（inclusive moral progress）。正如我们在第五章中所看到的，有时人们会察觉自己对同种行为的道德反应存在不一致之处，他们可以通过推理认识到，其他社群的成员与自己并没有道德适宜性差异，没有理由对他们"另眼相看"。布坎南和鲍威尔认为，包容性道德进步意味着更多人类和动物被赋予了适当的道德地位，而在道德进步转变之前，他（它）们的地位尚未获得充分认可。[1] 或者，正如彼得·辛格（Peter Singer）和其他哲学家所言，

---

[1] Buchanan and Powell (2018: ch. 5).

"道德圈"扩大了。[1]因此，道德规范和道德推理的范围更大了。在情感层面上，同情对象不再局限于"我们"。

种族灭绝就是一个典型的道德排他性例子，比如第二次世界大战中纳粹德国对600万犹太人的大屠杀。大屠杀是由意识形态所推动的，在纳粹看来，犹太人不仅不是人，而且是邪恶的化身。美洲大陆奴隶制背后的意识形态则不同。[2]奴隶制的支持者认为黑人是次等人。尽管反犹主义和种族主义仍时有发酵，尤其是当某些白人特权受到威胁时，但这两种（极端）道德排他性形式都已为全世界人民所唾弃。

我们可以再说出一种我们更为熟悉的种族主义形式。美国种族歧视的减少就体现了包容性道德进步。南北战争之前，黑奴是奴隶主的合法财产，他们被剥夺了道德地位，被排除在白人构建的道德圈之外。南北战争之后，人们对黑人的道德评价慢慢发生了转变——不是持续转变，但总体趋势是积极向上的。再之后，美国政府以立法的形式，确定了非白人享有与白人完全相同的道德地位。随着奴隶制的废除，黑人的境况得到了改善，尽管他们随后还遭受了私刑、种族隔离法、大规模监禁以及其他许多恐怖行为的摧残。

第九章和第十章将对种族歧视进行详细分析。反歧视运动恰好为包容性道德进步提供了一个恰当例证。此外，它也再次表明，所谓道德进步只是相对而言。在美国，许多白人对待黑人的方式仍然应该受到谴责，不过与之前相比，我们还是能看到明显的进步。也就是说，歧视黑人的现象依然存在，但已经减少了——现状不一定好于十几年前，但肯定好于几百年前。

总结一下本节到目前为止的讨论，人类面临着群体之间的道德排

---

[1] Singer (2011).
[2] Thomas (1996).

他性问题,这个问题起源于几百万年前,仅在几万年前加剧。包容性道德进步在一定程度上缓解了该问题。相关例证包括各种反种族主义运动,也包括民族中心主义、殖民主义和同性恋恐惧症的减少。当然,这些道德现象存在许多差异,但它们在某种程度上都能体现出道德排他性特征,即某些群体的成员被视为道德地位低下者,他们被其他人排斥在道德圈之外。然而,另一类道德进步的情况则有所不同,它涉及更多的近现代进化史。

这就引出了相应的第二类道德问题,即群体内部的道德不平等。长期以来,个人之间的关系,尤其是男女两性间的关系,一直受支配和从属地位的影响,其不平等程度随时间和空间而变化。然而,在农业革命和城市革命之后,道德不平等现象激增,社会等级制度变得无处不在。道德排他性问题相对来说很好理解,但对于道德不平等问题,我们则需要更详尽的分析。

在任何工业化社会中,随着劳动和知识的大规模分工,一定会出现专职于管理的官僚体系,权力和威信的集中是不可避免的。这不仅是一种必要选择,而且是一种有利选择,因为我们需要解决集体行动问题,以维持异常复杂的社会结构,从而创造高水平福利。也就是说,在运转良好的晚期现代社会中,一些人会对其他人施加干预(在道德允许的范围内),这样的情况至少存在于某些生活领域。而最理想的干预途径,不是暴力或恐惧,而是民众对他们所扮演的社会角色的尊重。

然而,当社会等级与过度集权和不平等联系在一起时,或者换句话说,当社会等级受到支配和从属的影响时,道德问题就会产生。有些人被迫扮演人格受辱的社会角色,他们社会地位低下,缺乏社会权力。他们所遭受的压迫说明,必要的社会协调不是为了服务所有人,而是为了服务特殊利益集团。

道德不平等问题并不在于某些人（居于从属地位的被支配者）被完全剥夺了道德地位，他们只是无法享有平等的尊重。此外，不公正社会等级结构的背后几乎总是有某种特定的道德意识形态，它可以为等级结构赋予合理解释。这种意识形态本身并不像道德排他性那样将人"非人化"，但它会把某些群体塑造成只适合被支配和领导、不值得被平等对待的卑贱者。

包容性道德进步扩大了道德的范围。相比之下，平等性道德进步（egalitarian moral progress）则推翻了不公正的社会等级制度。换句话说，平等性道德进步减少了支配/从属关系，促进了男女之间、种族或民族之间、社会经济阶层之间以及更广泛意义上的高低阶层之间的道德平等。当道德规范和道德推理在不公正的社会等级制度中改善了某些群体的从属地位，从而使得社会权力的分配更加公平和公正时，更大的平等就会得以实现。在情感层面上，平等性道德进步可以纠正人们对"下层人"的蔑视态度，使所有人都获得合适的道德尊重。

如果继续这样对道德不平等问题进行抽象的深入分析，我们将很快陷入哲学思辨的泥沼中，与其如此，我们不如看一个具有启发性的具体案例。根据凯特·曼恩（Kate Manne）和许多其他女权主义哲学家的观点，父权制从根本上说是一个道德不平等问题，因为它由统治和从属制度组成。[1]在性别歧视意识形态中，女性被视为劣等人，她们被认为只适合在社会中扮演从属角色。

因此，相应地，妇女状况的改善体现了平等主义的进步。几乎在所有国家，妇女都曾被剥夺选举权、议政权以及在政府中任职的权利。几十年的女权主义运动推动了两性之间的道德平等和政治平等。女性在政治机构、宗教团体以及家庭中都获得了更多的社会权力。虽

---

[1] Manne (2018); Frye (1983); Becker (1999); Hooks (2004).

然还有很长的路要走，但我们在两性平等领域已经取得了一些进步。

然而，正如女权主义哲学家长期以来所主张的那样，性别不平等不仅体现在政治层面，也体现在人际互动层面，生活中很多男性经常表达出对女性居高临下的蔑视态度。[1]虽然过去几百年间，在世界上的很多地方，人们对女性的道德尊重与日俱增（我们将在第十章中详细介绍），但毋庸置疑，我们取得的性别平等进展还远远不够，父权制的力量依然很强大。所以无论是性别领域还是其他领域，平等性道德进步同样是相对的，只有在相对于之前的状况有所改善的情况下，我们才能称之为"进步"。

我们一直在论证，我们的分类法适用于明确的道德进步案例。再举一个例子，考虑一下国际范围内的道德进步。一方面，殖民统治、种族隔离和征服战争的锐减有赖于包容性道德进步——道德圈的扩张跨越了国界、民族和语言的界限。另一方面，一些国际政治机构也在一定程度上防止了剥削与压迫，这些机构（尽管到目前为止力量仍相对薄弱和有限）促进了北半球发达国家和南半球发展中国家之间的道德和政治平等。当然，许多剥削现象依然存在，包括弱国会屈从于临近的强国。

许多道德进步的案例都同时涉及包容性道德进步和平等性道德进步。例如，我们认为种族主义的衰退反映了包容性道德进步。但种族关系通常不仅具有排他性，也具有不平等性。因此，在北美和欧洲，反种族歧视运动缓慢扩大了道德的适宜性范围，将黑人纳入其中，同时也逐渐消除了黑人的从属身份，提升了他们的社会地位。同许多其他案例一样，这个案例同时体现出了包容性和平等性的道德进步（因此，这将是我们在第九章和第十章中的讨论主题）。

---

[1] Hanisch (1970).

最后，重要的是要看到，道德倒退具有类似性质。包容性道德进步的反面是排他性道德倒退（exclusive moral regress），平等性道德进步的反面是不平等性道德倒退（inegalitarian moral regress）。这一分类方式足以将我们列举的案例纳入其中，日益频繁的战争和种族灭绝反映了排他性道德倒退，对养殖动物的残忍态度也同样体现了这一点。相比之下，贫富差距和阶层差距的不断扩大则反映了不平等性道德倒退。因此，我们的分类法既适用于道德倒退，也适用于道德进步。

在后面的章节中，我们将重点讨论更多道德进步和道德倒退事件，我们还将解读推动包容性（第九章）和平等性（第十章）的得失的进化机制。眼下，我们需要基于道德哲学做出进一步分析，以阐明为什么我们要开展这类研究，它到底有何意义。

四 传统伦理学理论

在本书第四部分的这一阶段，我们重点介绍了一些包容性道德进步和平等性道德进步的具体案例，所有这些案例都发生于现代性晚期（大约过去500年）。我们回避了长期的、整体的比较，将评估范围限定在中短期的特定道德领域。然而，一些批评家仍对此持怀疑态度，他们承认某些社会变革得到了广泛认可，但不愿将其称为"进步"。

然而，我们所列举的道德进步（和道德倒退）案例都无可争议。例如，人们有理由对少数族裔平权行动的策略有所怀疑，但却不会为奴隶制进行严肃的道德辩护。同样，如果你持自由主义、世俗主义观点，并愿意进行道德评价，你就应该承认，种族主义的衰退属于道德进步，妇女更多地参与政治属于道德进步，殖民主义的消失也属于道德进步。除非，你对所有的道德主张都不予评判（道德虚无主义）。因此，人们有理由相信，我们在研究道德进步（或倒退）问题时所依据的方法和判断标准非常可靠。[1]

怀疑论者仍有可能要求我们给出更有说服力的理由。有些怀疑论者想要的是一种普遍性的伦理理论，用来解释为什么有些变化是进步，而另一些变化则是倒退。我们接下来要论证的是，这种怀疑论的推理思路把事情弄反了。传统的伦理理论是概括性理论，它们本应作为更具体的道德评价的基础。事实上，这些理论往往是超越了人类知识极限的崇高理想。要得出这一结论，我们必须先阐述哲学伦理学的现状。

传统上，伦理学一直是理想理论（ideal theory）中的一个课题。[2]也就是说，道德哲学家的核心目标之一是制定一个普遍的伦理准则——一种在任意情况下都可以判定行为对错的公式。例如，古典功利主义就是一种理想理论。[3]功利主义认为，世界上唯一重要的事情就是获得快乐和消除痛苦。当一个人面临选择时，道德上唯一正确的行为是产生最高预期效用的行为，即让快乐"收益"足以抵消痛苦"代价"的行动。

将传统伦理学理解为理想理论，有助于理解其特有的方法论。伦理学家经常把时间花在精心设计稀奇古怪的思想实验上，这些实验与现实生活相距甚远。最好的思想实验会引发强烈的直觉性道德判断，从而使研究者能够对普遍性伦理原则进行检验。

为了说明这一点，请看一个针对功利主义而开发的著名思想实

---

[1] Street (2006, 2008); Joyce (2007, 2013, 2016).
[2] Rawls (1971); Simmons (2010); Valentini (2012); Rivera-López (2017).
[3] Bentham (1789); Mill (1861); Sidgwick (1874).

验。[1]想象一下，一名医生有机会牺牲一名健康的病人，将其器官分配给五名本来会死去的病人。我们再假定，这件事不会对公共卫生产生进一步的影响，也不会侵蚀人们对医疗职业的信任。从功利主义角度出发，医生应该杀一人救五人。但这样做在道德上正确吗？

大多数人凭直觉给出的答案是否定的。[2]牺牲一个健康、无辜的病人似乎并不正确，即使它能产生最大的效用。如果我们的直觉判断没错，那么功利主义原则就错了。该原则原本提供了一个普遍的道德准则，但由于出现与之相矛盾的反例，它必须被放弃或修改。而实际上，所有已知的理想理论都会容易受到类似反例的驳斥。

伦理学的理想理论有一个重要的局限性：我们很难得到一个普遍的道德准则。这到底是为什么呢？正如我们在本书中所看到的，道德是一项进化成就。从情感核心到制度大厦，人类道德是进化过程的产物，而进化远比任何个体都要聪明得多，也远比任何进行合作推理的群体要聪明得多。诚然，我们的道德进化结果远非完美，尤其是考虑到道德排他性和道德不平等性的存在。然而，自然选择和文化选择青睐的不是道德完美，而是"适应"。尽管如此，相比于我们人类自己所能发明的道德系统，进化机制所创造的道德系统要更精细，也更有价值。

此外，人类是容易犯错的生物，我们每个人都出生在特定的历史时刻。你似乎可以从零开始建立自己的道德观，但这只是一种错觉。我们每个人的道德观都是从祖先那里继承下来的。正如基彻所言，我们可以共同修正它，但进化的道德心理是我们的起点，也必须成为我们的起点。[3]也就是说，如果幸运的话，我们或许可以改进自身的道

---

[1] Thomson (1985); Foot (1967).

[2] Greene (2013: 113).

[3] Kitcher (2011: 285–286).

德，但要知道理想的道德准则却难上加难。即使那套准则确实存在于某个地方（也许就刻在上帝的脑海中），但我们不太有可能发现它。

然而，我们确实有足够的依据可以判断出，某些道德变化是进步还是倒退。我们知道，某些道德变革会减轻不必要的痛苦、减少不公正的歧视或改善不公正现象。尽管某些道德判断问题还富有争议，但起码，我们可以对废除奴隶制、善待动物以及实现男女平权等选择充满信心。

最终，我们会解释为什么这些关于进步和倒退的道德判断是合理的。[1]不过，就目前而言，我们只需要认识到，与功利主义等传统伦理理论所必需的道德原则相比，我们对道德进步的案例更有信心。我们不确定世界上是不是真的存在普遍性道德原则，但我们确信，世界上存在真实的道德进步案例。特别是，相较于在各种思想实验中做出的判断，你应该对这些真实案例更有信心。

举例来说，我们相信，医生不应该随意摘取健康病人的器官，但这种"相信"可能只能达到中等程度。我们很难确定"电车难题"和其他难题的正确解决方案是什么。道德哲学家们设计这些难题是为了检验普遍性道德原则，他们有时对这些难题寄予了过高的信任（见第四章）。然而，当面对这些虚构的道德故事时，我们的道德直觉判断其实非常不稳定。相比之下，当面对道德进步的明确案例时，我们的道德直觉判断则要稳定得多。例如，不出意外，你应该不会赞成奴隶制、男女不平等、种族灭绝以及殖民战争，而且你会确信，自己的立场是正确的。

所以，明确的道德进步（和道德倒退）案例是伦理学最可靠的起点，它们比思想实验或普遍性伦理学理论更可靠。事实上，伦理学必

---

[1] Kumar (2017b, 2019).

须有一个起点，道德结论不能从纯粹的事实前提得出。哲学史上有许多从"是什么"推导出"应当是什么"的做法，它们最后都以失败告终。因此，要评价人类行为，哲学家们必须"在船上重建我们的船"，所以他们一开始就要选择最坚实的木板作为立足点。[1]也就是说，我们必须先做出一些道德判断，然后在此基础上，稳妥地做出其他判断。

我们在本节一开始就解释说，对道德进步持怀疑态度的人需要一种伦理理论来证明道德进步的存在。然而，考虑到人类道德的进化特征（没有普遍性道德原则），伦理学最可信的起点不是伦理理论，也不是人们对罕见思想实验的直觉反应，而是具体的道德进步案例，例如，奴隶制、种族隔离和种族歧视都是错误的。从这些案例出发，我们实际上可以发展出一种伦理理论。正如我们接下来要看到的，这不是一个可以对任何情况都做出对错道德判断的理想理论，而是一个关于道德进步的理论。

五 道德进步理论

承认理想理论的局限性并不意味着放弃哲学伦理学及其所有的评价目标。虽然我们可能无法知晓普遍的伦理准则，但我们确实能知道，特定社会变革是否算得上道德进步，我们甚至还能知道如何促成更多的道德进步。我们也可以知道，某些变化构成了道德倒退，也许我们还可以知道如何抵制进一步的道德倒退。这就是哲学家们所说的"非理想伦理学"的评价目标，它避免了任何不切实际的遥远愿景，

---

[1] Neurath (1921); Quine (1960).

将关注点集中于推进道德进步和抵制道德倒退的策略上。

非理想伦理学探究道德进步在过去是如何实现的,因此,我们在未来可以继续推动道德进步。这是一个宽广的研究领域,许多以经验和历史为导向的哲学家,如伊丽莎白·安德森(Elizabeth Anderson)、查尔斯·米尔斯(Charles Mills)和阿马蒂亚·森(Amartya Sen),都在研究非理想伦理学。[1]它可以从许多不同的科学领域中汲取信息,如经济学、政治学或社会学。正如我们在此所阐述的,道德进步理论是一种非理想伦理学的尝试,它揭示了在文化进化过程中推动道德进步的心理和文化机制,并以涉及多学科的进化科学理论(本书前几部分所阐述的那种理论)为依据。

我们并不打算找出道德进步的所有成因。即使是在一本试图全面介绍人类道德起源与发展史的书中,这个主题也有点过于宏大了。我们的目标比较狭隘,但它也为我们的道德进化编年史增添了新的一卷:探索道德思想的文化进化、社会制度进化和复杂知识的文化进化如何结合在一起,在共同进化的作用下,人类社会实现了道德进步。

为了实现这一目标,在第九章和第十章中,我们将确定包容性道德进步和平等性道德进步的主要心理机制与制度机制。然而,现在,当我们还停留在第八章时,我们需要提出一些关于道德进步理论本身的问题:对道德进步的解释究竟如何起作用?在什么条件下(如果有的话),道德思想和社会制度会倾向引发道德进步,而不是道德倒退或道德停滞?我们真的有可能从历史经验中推断出在未来推动道德进步的策略吗?

当我们以足够冷静的态度面对这一问题时,我们必须承认,未来的道德进步可能不会到来。在生活中的某些领域,也许是许多领域,

---

[1] Anderson (2010); Mills (1997, 2017); Sen (2009); Schmidtz (2011); Kumar (2020).

人类社会目前可能面临着无法逾越的障碍，我们的道德水平无法被进一步提高。对于许多持悲观人性论调的人来说，这种想法特别具有诱惑力。因为他们通常认为，人类道德只是一层薄薄的文化外衣，下面深藏着人类自私自利的本性。

但是，让我们把话说清楚。预测道德可能停滞不前，甚至预测道德灾难会在不远的将来上演，这是一回事。类似预测完全站得住脚，它们具有坚实的理论基础。然而，声称道德进步不可能发生则是另一回事，这种说法根本站不住脚，尤其是当它建立在对人性的悲观看法之上时。

事实上，本书已经证明，悲观的人性论是错误的，正如我们在本书开头所表明的，人类是心理上的利他主义者。他们不仅具有利己主义动机，还具有利他主义动机。当然，这并不意味着人类是独一无二的。类人猿和其他合作动物也是心理利他主义者。人类的不同之处在于其进化而来的道德可塑性，我们在本书第一至第三部分已对此进行了充分论述。

由于物质和社会环境的持续变化，智人及其人类祖先进化出了灵活的道德能力，他们能够学习多种规范，并发展出道德推理实践。道德情感核心也具有灵活性，我们的同情和尊重等情感的适用范围与强度并非天生固定不变的，我们可以通过学习对其加以调节。因此，由于利他主义道德心理并不排斥变化，道德进步是可能的。进化"设计"的灵活道德系统让我们能够看到进步的希望。

人类道德的最初功能是解决小群体中出现的相互依存生活问题。然而，自从人类在行为上成为现代人之后，在社会制度的推动下，我们的道德心理又得到了进一步提升。我们在第三部分中了解到，制度重新塑造了情感、规范和推理，使道德能够解决在更大部族和社会中出现的更复杂的生活问题。例如，宗教制度扩大了道德适宜性的范围，使得人们可以将同一部族中的每个人都视为平等的道德对象（第六章）。

社会制度对道德心理的影响如此之大，以至制度成为道德多样性的主要原因。因此，在市场一体化的社会中，人类更愿意对陌生人给予信任和互惠，这是因为宗教、经济和政治制度已经对他们的道德情感和思想产生了影响。[1] 但与此同时，正如我们在第三部分中了解到的，这些制度也使人们对某些群体和其子群体成员敬而远之。例如，大多数制度的父权化特征导致男性对女性缺乏尊重。这意味着，我们的道德心理可塑性不仅为我们带来了进步的希望，也让我们有理由警惕道德倒退。

道德进步是可能的，因为我们的道德心理是如此灵活。然而，出于同样的原因，道德倒退也是可能的。由于道德情感的适用范围可以被重塑，它们能够变得更具包容性，也能够变得更具排他性。此外，人类的尊重情感或许会促成平等，但也可能导致专制。再如，智人迈入现代社会后产生的权威道德规范和纯洁道德规范往往具有压迫性，它们会构成暴力的根源，尤其是当人类将其置于其他道德规范之上时（第七章）。权威规范使一些人被置于较低的社会阶层，他们会遭受他人的蔑视与区别对待；纯洁规范则导致某些人成为另一些人眼中令人厌恶的污秽物，因此遭到他们的排挤与歧视。

在制度的影响下，道德倒退时有发生。出于特定意识形态的引导，一些人会认为圈外人不值得被同情与尊重，从而产生了强烈的道德情感排他性。或者，他们开始相信，由于男女之间存在与生俱来、不可改变的差异，对女性的歧视与压迫在道德上合情合理。又或者，因为他们的家庭和宗教制度，他们主张同性之恋有违自然。

---

[1] Henrich (2020).

事实上，这些不良的道德意识形态也可以为受害者所内化，使他们相信自己的种族、性别或性取向天生低人一等。正如女权主义知识分子和活动家几十年来一直强调的那样，受害者有时会获得一种反映主流群体态度的"错误意识"。这种错误意识加剧了他们自身遭受的压迫。理性的道德变革需要克服错误意识的束缚。[1]

通过本节的讨论，我们可以澄清之前提出的关于道德进步理论本身的问题：如果既有希望又有忧虑，那么怎样才能使灵活的道德系统走向进步，而不是倒退或停滞不前呢？更具体地说，什么样的心理和制度机制会推动进步式的道德变革？我们的答案将在本章的下一节，也是最后一节得到阐述，它会更加凸显道德进步理论的优势与主张，同时，也有助于我们更清晰地理解第四部分其他章节将要呈现的内容。

六 理性道德变革

本章提出了一个观点，我们在后面的章节中会用一些具体的例子为其进行辩护。但我们认为，即便不加以深度阐释，该观点"看起来"也很合理，即现实具有内在的进步偏向。[2]也就是说，当人们对周围世界和居住在其中的人形成了准确的信念时，他们往往会重新评估自己的道德情感和规范，从而转向更大的包容性和平等性。例如，正是由于人们对某些群体形成了错误认识，他们才会排斥或贬低对方，进而催生了非人化态度和等级意识形态。

为了更准确地了解现实，人类必须通过互动推理获知真相（第五

---

[1] Kitcher (2021).
[2] 这是科尔伯特（Colbert）在白宫记者晚宴上说的（2006）。

章)。道德心理和社会制度的共同进化可以带来进步式的道德变革,但前提是人们必须共同掌握充分的信息,而且他们所处的社会和制度环境必须允许他们进行富有成效的推理(见第九章和第十章)。在这些条件下,人们可以明智地重新解释他们的道德规范,并恰当地解决它们之间的冲突。基于以上分析我们可以得知,对道德观念的理性影响能够使社会朝着道德进步的方向发展。因此,道德进步理论的主题就是理性的道德变革(rational moral change)。

从这个意义上说,道德进步理论至少有两个足以获得人们支持的理由。首先,理性的道德变革比任何其他方式的道德进步都更可靠、更持久。有时,道德的演变方式是正确的,但原因却是错误的——例如,道德演变通过随机的文化漂移或由于著名人物的影响而发生。但是,这类进化机制同样有可能导致道德倒退。因此,我们有充分的理由去寻找那些只有利于进步、不会导致倒退的机制。理性的道德变革就是一条稳健的进步之路。

其次,理性的道德变革为传统伦理学中的理想理论提供了另一种选择,这种选择更容易实现,也能实现评价目标。道德进步理论并不试图寻求道德探索的终点——上帝心中的普遍准则或存在于某个晦涩、抽象领域的普遍准则,而是寻找我们的道德心理在过去得以改进的途径。一旦找到了正确途径,我们在未来也可以继续推动道德进步。我们要追求的不是"最好",而是"更好","更好"已经可以了。

在本章的前面部分,我们曾面对怀疑论者的质疑,他们不相信道德变化具有进步性。我们的反驳理由是,如果你接受世俗的道德观——你并不是一个道德虚无主义者,并且你认为个人可以判断是非对错,那么你就应该认同我们提出的那些明确的道德进步案例。但是,除了证明我们案例的可信性,我们现在还能对怀疑论者说些什么吗？

我们已经论证过，你无法通过传统伦理学中的理想理论来证明对道德进步的评价是否合理。简而言之，问题在于普遍性道德准则这一概念本身就具有争议，它自然无法成为合适的评价标准（我们在前文解释了为什么不存在普遍性道德准则，这是道德的进化特征所决定的）。然而，通过解释道德进步理论是如何运作的，我们已经找到了一种更好的方法，它足以证明道德进步案例的合理性。对怀疑论者的最好回应就是：道德进步是真实的，因为它是理性道德变革的结果。

我们认为，对理性道德变革的研究本身就很有吸引力。它可以帮助我们理解为什么道德进步如此难以实现和保持。此外，研究理性的道德变革可以告诉我们如何抵制道德倒退，如何保持和扩大已经取得的道德进步。我们将在下一章看到，一些最清晰、最令人信服的道德进步案例之所以会发生，在一定程度上是因为人们澄清了事实，并改进了道德推理。

在第九章和第十章中，我们将解释理性如何推动了包容性进步和平等性进步。我们将论证，人类道德的进步既体现在心理层面，也体现在文化层面。也就是说，进步不仅取决于我们道德观念的理性变革，也取决于我们社会环境的改善。因此，未来道德进步的关键在于培养理性的道德思维，同时创造文化条件，使这种思维能够促进更多的文化进化：理性的道德变革会自我催化。

在这一阶段，我们必须提出一个重要的限制条件。关于道德进步的研究文献已经非常多了，本书没有足够的篇幅对这些文献进行一一回顾。在这里，我们主要根据人类思想和文化的演变过程，为道德进步（和道德倒退）提供一个新的解读视角。我们相信，对许多读者来说，这种程度的讨论还不具备足够的说服力。然而我们的目标之一正是鼓励人们进一步探索和讨论，我们希望引发人们的交流对话，而不是结束交流对话。

正如本章所指出的，我们很难甚至不可能知道在巨大时间尺度内人类道德是否取得了进步，比如从早期现代社会到晚期现代社会。我们也很难确定几年时间里的道德变化程度。例如，在过去的一个世纪里，美国针对黑人的种族主义明显减少了，但在过去的十年里它是否减少了？我们其实并不清楚。

话虽如此，我们似乎确实知道一些中期变化是积极的。在本书的其余部分，我们将研究能够有效促进道德进步并逐步改善人类道德观的理性机制。因此，我们对道德进步的历史解释将表明，为什么我们对自己提出的清晰案例充满信心，为什么我们不需要一个普遍性道德原则。

在人类进化的第三阶段中（本书第三部分），出现了现代部族和制度化社会，这主要是因为人类为一只"看不见的手"所指引，他们不断传播和学习文化。第四部分则开始涉及人类进化的"第四阶段"，在这一阶段，文化进化在更大程度上为人类所控制。在人类之手的积极引导下，社会道德会得到改善。因此，人类进化的第四阶段包含了道德的文化和理性进化。如今，我们已经为接下来的探索奠定了基础。在此过程中，我们还将探讨制度道德的等级结构如何导致人类道德倒退。接下来的章节将根据我们现在看到的文化进化机制，阐明推动道德进步和抵制道德倒退的策略。

七 总结

本书第一部分和第二部分探讨了道德情感、规范和推理的生物与文化进化，以及它们如何推动了智人的诞生。第三部分接着探讨了早期部族和定居社会中行为意义上的现代人的制度道德的文化进化。最后，第四部分则开始探讨在更小的时间尺度内——在过去几个世纪中，文化和理性对道德进化的影响。此外，从第四部分开始，本书不再仅仅做出描述，我们还会提出更明确的预测与主张。

在第八章中，我们列举了一些道德变化的例子，并解释了为什么我们可以合理地将一些变化视为道德进步，而将另一些变化视为道德倒退。然后，我们提出了一种名为"道德进步理论"的非理想理论，该理论阐述了在正确的社会和制度环境中，理性心理如何能推动进步式的道德变革，它还为促进未来的道德进步提供了路线图。因此，道德进步理论有别于传统理想伦理学，在人类认知能力有限的情况下，这种选择更为可行。

在接下来的第九章和第十章中，我们将把道德进步理论应用到一系列详细的案例研究中。我们的目的是建立一个关注中期时间内局部道德领域变化的通用道德进步模型——一个可以预测未来的模型。该模型能够从更宏观的角度检视促成近几百年来道德演变的一些力量，这意味着我们必须跳过许多重要的历史细节，例如经济史和政治史，而更多强调道德思想和社会制度在过去几个世纪一些最重要的道德革命中的作用。

制度道德有时以进步的方式变化，有时以倒退的方式变化。也许更常见的情况是，它们并没有朝着积极或消极的方向发生明显的变化。但是，通过研究那些确实带来了显著结果的变化，探明其中的原理，我们就更有可能鼓励道德进步，阻止道德倒退。在下一章中我们将看到，关键之处在于找出灵活的道德心理与复杂的社会制度之间的反馈回路。

第九章
包容性

很久以前,我们的祖先发展出了狩猎和采集技能,从那时起,人类就生活在相互依赖的群体中,而群体间经常彼此竞争,只有在竞争中胜出的群体才会留下后代和文化思想。

群体间竞争往往是血腥的,尤其是在地球上人口密度大、资源和领地稀缺的地区。部落经常对脆弱的邻居发动残酷的战争和袭击。和平主义不利于适应性,冷酷无情才是基因和文化遗传的保证。事实上,道德观念的进化在一定程度上是因为群体内部的合作促进了群体之间的竞争,包括暴力冲突。

然而,在整个人类历史中,群体间竞争大多是纯粹的文化竞争,因此这种竞争相对来说是良性的。例如,有些群体更善于吸引移民,而移民则会接受该群体的文化;此外,某些群体的发达繁荣也会激励其他群体对其进行效仿。本书得出的一个教训是,要准确描述我们祖先与"外人"的关系,我们必须为不同时空的巨大差异留有余地。有时,群体间会爆发战争;有时,他们会为了贸易和通婚而合作。由于群体间的社会关系具有波动性,人类进化出了灵活的道德心理,这样一来,我们可以依据实际需要,以道德排斥或道德包容的方式对待外人。

此外，正是由于我们生来就具备道德灵活性，再加上后来社会制度对道德观念的影响，解剖意义上的现代人才成为行为意义上的现代人；小群狩猎采集者凝聚成大部族；这些大部族建立了更大的定居社会。而我们道德情感和道德规范的适用范围会依据现实情况来划定。于是，通过将道德从家庭扩展到部落，智人诞生了。再通过早期的宗教认同和社会制度，智人道德圈扩大到大型社会，他们成为行为上的现代人。

然而，在定居社会进化之后，道德排他性的诱因增加了，制度道德却衰退了。强大的寡头国家会剥削压迫周边社会。对劳动力的大量需求，加上道德标尺可轻松滑动，意味着这些国家将走上人口掠夺之路。外来人要么成为顺从的仆人，要么被毁灭。战争、种族灭绝和奴隶制是农业城市、国家和帝国播下的种子，它们也是现代人类历史上由道德排他性造成的三大最深重的罪孽。

正是由于道德心理具有灵活性，奉行利他主义精神的人类才能够大量屠杀外来者。大型部族之间的战争可能导致数百人死亡，而掌握了先进技术的民族国家之间一旦爆发战争，后果则更为恐怖。在20世纪，仅两次世界大战就导致大约一亿士兵和平民丧生。[1] 晚期现代人类中遭受种族灭绝的人数与之相当，甚至更多，包括美洲和澳大利亚的原住民，欧洲的犹太人，土耳其的希腊人和亚美尼亚人，苏联、德国、柬埔寨、印度尼西亚、卢旺达和其他无数地方的少数民族。[2] 正如哲学家大卫·利文斯通·史密斯（David Livingstone Smith）所言，在每一种情况下，人们都将其他社群非人化，并将他们排除在自

---

[1] Hedges (2003).

[2] Kiernan (2007).

己的道德关怀范围之外。[1]

如果幸运地躲过了毁灭性的战争或种族灭绝，许多人类社会内部就会变得多样化。也就是说，这类大型社会包含多个社群，它们的意识形态和身份认同或多或少会不一致。有时，不同民族、说不同语言、信仰不同宗教或具有不同政治身份的人可以相对和谐地生活在一起。然而，少数群体也常常被贬斥到社会边缘，主流社群认为他们不值得同情或尊重。例如，在北美和西欧，以基督徒为主的白人社群曾将黑人、异教徒、残疾人以及男女同性恋、双性恋和变性人等性少数群体排除在道德圈之外。

现代人类历史带有一些恐怖故事的色彩。然而，在晚期现代社会，我们也能看到明显的包容性道德进步案例，它们缓解了上文描述的那些排他性问题。我们不可能知道道德整体上是在进步还是在倒退。但是，只要具备基本道德对错判断能力，我们就会确信，通过废除非洲奴隶制、消除种族主义以及减少基于性取向的歧视，我们实现了包容性道德进步。

在第八章中，我们概述了几个明显的包容性道德进步和排他性道德倒退案例。在第九章中，我们将描绘一幅更为丰富的画卷。本章中关于道德包容性和道德排他性的详细案例研究来自美国和西欧社会（这仅仅是因为，鉴于我们的文化背景，我们恰好对这些地方的历史发展更为熟悉）。首先，我们将讨论过去250年里人们对种族歧视的反抗历程。然后，我们将讨论过去50年间人类中心主义的快速变化。

乌托邦令人神往，但却不可知。因此，道德进步理论并不寻求普遍而理想的道德准则，而是要从近代历史中发掘理性改善道德心理的策略。在本章中，我们将通过确定推动包容性道德进步的文化演变机

---

[1] Livingstone Smith (2011); Glover (2000).

制来发展道德进步理论。也就是说，我们会建立一个理性道德变革模型，该模型可以解释人类社会如何有效地实现包容性进步，或者换句话说，怎样让道德圈持久扩张（平等性的文化演变更为复杂，将留待下一章，也是最后一章来讨论）。

本章的主题是包容性道德进步。因此，大量的材料都可能与此相关。光是种族主义或人类中心主义的文化演变，就可以写出整整一本书。因此，我们别无选择，只能有所侧重。我们的目的并不是彻底解释包容性进步是如何展开的，本章的重点在于研究包容性如何受理性所驱使，在此基础上，我们可以分析怎样使文化进化向进步式道德变革的方向倾斜。

本章中的每一个案例都值得我们花更长的时间来研究。此外，每个案例都可以从许多不同角度加以阐释。然而，本书第一至第三部分所介绍的多学科进化科学为道德进步案例提供了一个重要视角。我们将通过对心理机制和制度机制的探索，获得关于理性道德变革的普遍经验。正如前一章所述，我们并不打算就道德进步提出一个明确理论。如果本章和下一章的内容能激发其他研究者对这一主题进行进一步的分析与讨论，我们就成功实现了预期目标。

在晚期现代社会，道德扩张（将以前的"局外人"纳入自己的道德圈）有时有充分理由。要理解这种理性的道德变化以及如何利用这种变化，掌握道德心理和社会制度的进化知识至关重要。根据本书前面所阐述的制度道德心理学，我们将建立一个模型，说明包容性道德变革历史事件背后的理性力量。在该模型的基础上，我们将试探性地预测，如何有效地孕育道德进步的萌芽。

一 非洲奴隶制度

在本书中，我们一直小心谨慎，避免对现代晚期的道德演变抱有天真而不合理的乐观看法。上一章提出，我们根本无法知道人类社会在过去的几百年中是否有了道德上的整体进步。虽然存在局部的道德进步，但也存在局部的道德倒退。我们无法对整体的道德变化做出评估，因为很难确定进步是否大于倒退，尤其是考虑到道德是多元化的，不同道德领域的问题无法直接比较。如果不牢记这些想法，就很容易陷入盲目乐观的陷阱——接受一幅美好但不正确的近代道德变化图景。

然而，我们也很容易陷入愤世嫉俗的犬儒主义之中，而忽视了真正的道德进步。例如，19世纪的废奴运动显然是个了不起的成就，尽管奴隶制显然早就该被废除了。在现代人类社会的漫长历史中，大多数没有被铁链束缚的人都接受或默认某些形式的奴隶制并不有违道德。值得庆幸的是，这种观点正在逐渐消失。然而，进程还不够快：例如，在性交易中仍然存在强制奴役的情况。但是，谴责和废除奴隶制的理性驱动力（如果有的话）是什么呢？这就是我们在本章开头尝试回答的问题。然后，在我们继续考虑道德包容性的其他得失时，我们将扩展和调整我们的答案。

美洲的奴隶制对黑人成年人和儿童造成了可怕的暴力伤害。奴隶是合法财产，奴隶主可以随心所欲地杀害或鞭笞他们，只是为了让奴隶服从命令或者警示其他奴隶。女奴遭到强奸，婴儿惨遭杀害，家庭支离破碎。事实上，几乎所有人都会对苦难产生自然的同情反应，同时人类社会也有禁止无端伤害他人的道德规范。然而，美国白人却容忍奴隶制，甚至赞许奴隶制。基督教教义告诫信徒要像爱自己或自己的亲人一样爱陌生人，确实，基督徒在很多领域都做到了循规蹈矩、尽善尽责，但他们却在支持与施行奴隶制。

与美国经济和政治制度相联系的种族主义意识形态是奴隶制的强大堡垒。根据这种意识形态，非洲人后裔的智力或道德能力都无法达到正常成年人的水平。[1]种族主义和非人化意识形态抑制了白人对黑人的同情，并限制了可能针对黑人的道德思想和情感。

然而，当亲身经历过奴隶制的黑人通过睿智而富有同情心的话语向听众讲述奴隶制时，种族主义意识形态就难以为继了。一些白人仍然认为奴隶贸易并不像报道中经常描述的那样惨无人道。曾目睹贩奴船上种种残酷行为的艺术家通过生动形象的文学描述驳斥了这一观点。废奴主义的宣传小册子，以及像哈里特·比彻·斯托（Harriet Beecher Stowe）的《汤姆叔叔的小屋》这样的书，也使奴隶制制造的痛苦跃然纸上。[2]它们驳斥了白人将黑奴视为重要的家庭成员这一令人宽慰的幻想。同时，它们还展示了黑人身上丰富的"人性"，凡是读过这些作品的人，根本无法忽视这一点。因此，随着白人接触到各种证据（有关奴隶制恐怖与残忍之处的证据，以及有关黑人道德和思想品格的证据），种族主义意识形态开始衰落，反对奴隶制的道德力量也在慢慢增强。

在美国，道德观念变化缓慢。直到血腥惨烈的南北战争结束后，奴隶制才被废除。英联邦的情况则不同，政府通过相对和平的法令废除了奴隶制。然而，在经过半个世纪的公开辩论之后，反对奴隶制的意见才开始占据上风。英国的道德进步并不是由奴隶自发领导的，尽

---

[1] Livingstone Smith (2011: ch. 4).
[2] Stowe (1852).废奴主义宣传小册子可参见Carey (2014)。

管有些人确实发挥了一定作用。这一变化背后真正的推动力在于，白人群体内部开展了公开讨论，从而将他们的道德和宗教信仰嫁接至"奴隶制问题"。鉴于大量证据表明，奴隶制是一种极其邪恶的制度，并且它会对社会和经济产生恶劣影响，英国人扪心自问，他们是否可以继续容忍奴隶制。

正如哲学家夸梅·阿皮亚（Kwame Appiah）所指出的，关于奴隶制的公开讨论不仅发生在议会大厅，还发生在报纸、书籍、酒吧、教堂、学校和市政厅会议上，普通民众、教会领袖和商界巨头都踊跃参加。[1]英国工人阶级以自己能够通过体力劳动谋生而自豪。阿皮亚认为，当他们凭直觉看不出自己的工作性质与非洲奴隶的工作性质有什么区别时，他们会感到自己的体力劳动并不光彩（除非奴隶制被废除）。考虑到其他的道德承诺，英国人发现他们不应该让奴隶制继续存在下去。

奴隶制在美国和英联邦的消亡史，显然要比我们刚才讲述的故事丰富复杂得多。[2]例如，我们忽略了来自极端组织的压力，它们迫使人们正视奴隶制的道德许可问题。此外，我们也可以说奴隶制的衰落在很大程度上是出于经济因素，与道德无关。总之，肯定有许多力量在起作用。但我们感兴趣的是反对奴隶制的道德观念到底怎样通过理性心理机制得以产生和传播。也就是说，美国和英国社会如何认识到奴隶制是错误的？形成这种道德认知所需的文化和制度条件是什么？

我们希望你会同意，废除奴隶制是一个明显的道德进步案例。如果你同意，你对自己的判断有信心吗？应该是有的，但你的信心从何而来？这并不是因为反蓄奴是一种不言而喻的真理（否则奴隶制不可

---

[1] Appiah (2010).
[2] Drescher (2009).哲学上的总结可参见Collier and Stingl (2020: ch. 6)。

能存续那么长时间），也不是因为你从普遍的道德准则中推理出了真理（因为没有这样的准则）。其实，你只是刚好承袭了谴责奴隶制的制度道德文化。所以，眼下的问题是：你的祖先是如何获得"奴隶制是错误的"这一道德知识的？我们已经说得够多了，现在可以给出一个答案。

受害群体最能对道德排他性感同身受，白人之所以认识到奴隶制是错误的，是因为黑人证明了奴隶制的残忍。[1]而且，在美国和英国，白人能够通过推理认识到，假定他们的命运同黑人的命运一样，那将是极端可怕而不公正的安排；既然如此，同样的命运对黑人来说，也是可怕而不公正的安排，因为黑人和白人之间并不存在道德适宜性差异。直接接触的经验、可靠证据、直觉性道德感受以及道德一致性推理共同打破了过往的意识形态——黑人是智力和道德低下者，而这种意识形态构成了奴隶制存在的正当理由之一。

然而，仅有理性思考是不够的。在美国白人群体中，最容易认识到奴隶制不公正性的是北方白人。北方白人长期以来一直与非洲人后裔相隔绝，废奴运动的成功部分在于种族隔离的社会结构被打破了。与黑人有过直接接触的白人可以把他们了解到的事实向其他人传播，这样的事情发生在美国北部各州、英联邦和其他地方。[2]当然，并不是所有人都那么容易被说服。尤其是，为什么白人奴隶主没有敏锐地意识到不公正呢？任何人都很难谴责自己的生活方式，尤其是当这种生活方式对自己、亲属和整个家族都有利时。正如查尔斯·米尔斯（Charles Mills）所指出的那样，人们之所以会面对种族排斥的危害而茫然无知，是因为"无知"是他们维持自身利益的方式。[3]

---

[1] Carey (2014).

[2] Cameron (2014).

[3] Mills (2007).

从废除奴隶制的案例中，我们可以吸取三个教训。第一，包容性进步的理性源泉在于被排斥的受害者，他们对自身特质和所遭受的不公正待遇有更准确的认识。第二，非受害者也可以通过道德直觉与道德推理获得这类事实信息。第三，要扩大道德包容性，就必须改变社会结构，让圈内人和圈外人经常友好接触。[1]正如我们将在下一章中看到的，这并不是所有形式的道德进步的充分条件，但它往往是道德圈包容性扩展的必要条件。当制度改革改变了社会结构时，这种方式尤其有效。

记得吗，在本书的第三部分，我们说过人类是通过认知适应和社会适应之间的自催化文化进化而成为现代人的。到目前为止，在本章中，我们已经发现了证据，表明同样类型的自催化进化过程是合理废除奴隶制的基础。通过社会知识和直觉性道德推理，白人开始逐渐认识到奴隶制是多么令人发指，他们也能察觉到白人和黑人之间没有道德上的显著差异，所以奴隶制是不合理的。这种思想的开放依赖于白人和黑人之间的群体接触，它也能促进更多群体接触，进而加深人们对奴隶制罪恶的认识，于是又促进了更多接触，如此循环往复。

我们现在已经初步了解了道德进步的普遍模式，本章将对其做进一步阐述。包容性道德进步是通过文化进化中的道德、知识和社会结构间的正反馈循环来实现的。在我们的每一个研究案例中，该观点都会以不同方式得以印证。废除奴隶制只是我们的第一个例子，在这一案例和其他案例中，道德观念的逐步完善引发了新的知识和社会结构改革，而知识增长和社会结构改革也是道德观念逐步完善的原因。然而，在美国奴隶制废除之后，种族包容的进展却更加缓慢和不平衡，其中，部分原因在于白人的野蛮反抗，部分原因则在于根深蒂固的制

---

[1] 例如，群体接触理论的研究证实了这一观点。

度障碍。

二 针对黑人的种族歧视

美国在19世纪废除了奴隶制,但奴隶制遗留下来的影响却异常深远。在南方邦联各州,奴隶制是一种长期存在的生活方式。南方的政治和经济精英将白人工人阶级与被奴役的黑人对立起来,使他们成为劳动力市场上的竞争对手。[1]因此,各个阶层的白人都有动机捍卫自己相对于黑人的特权。在他们所坚守的意识形态中,白人是上帝精心创造的生命形式,应该得到更多尊重与物质回报。

虽然南方在南北战争中输给了北方,但这一结果并没有在很大程度上改变大多数南方白人根深蒂固的文化优越感。废奴法案推出后,南方白人继续通过频繁的私刑和持续的骚扰对黑人施暴。此外,南方各州还通过人头税、识字测试和粗暴的恐吓等手段,利用选举权来压制黑人,虽然一些黑人早已获得解放,但他们的选举权却被剥夺了一个世纪之久。[2]

在20世纪60年代,民权运动成功地废除了种族隔离制度,推翻了许多歧视性法律和规则。但种族歧视问题依然存在,它既存在于白人的行为中,也存在于为白人服务的经济和政治体制中,尤为严重的是,它还存在于美国刑事司法系统中。从比例上看,黑人成为警察暴力执法受害者的可能性远远高于白人。他们也更有可能被剥夺公民权,例如通过不公正的党派选区划分被剥夺公民权。[3]

---

[1] Alexander (2010: ch. 1).

[2] Packard (2003).

[3] Alexander (2010).

米歇尔·亚历山大（Michelle Alexander）和其他社会科学家的研究表明，美国黑人的入狱率是白人的数倍，主要是因为毒品犯罪，尽管使用和销售毒品的人口比例并不存在显著的种族差异。[1]种族歧视持续存在的一个原因是，白人仍然持有或明显或隐性的种族偏见。亚历山大认为，种族偏见影响着执法人员在刑事司法系统中每一步的选择，从对被告提出何种指控，到重点巡视哪些社区，都是如此。[2]

种族歧视问题有着更为深刻的社会基础。根据伊丽莎白·安德森等人的观点，它主要取决于美国社会的一个结构特征，而该特征的构建和维持又是几种不同类型社会制度共同作用的结果。接下来我们将看到，20世纪和21世纪美国反黑人种族主义的历史以一种完全不同的方式体现了道德、知识和社会结构之间的反馈循环，根据我们的模型，这种反馈循环是结束奴隶制的幕后功臣。

在本章中，我们将讨论黑人遭遇的道德排斥问题，即他们被置于白人构建的道德圈之外。下一章再讨论他们在不公正社会等级制度中的从属地位。[3]因此，我们当下只是分析反黑人种族主义的一个方面。通过探讨促进和破坏理性道德变革的因素，我们将继续关注影响包容性道德进化的动因。

美国白人和黑人在财富[4]、死亡率[5]、健康[6]和教育[7]方面存在着惊人的差距。安德森令人信服地指出，造成这些差距的一个最重要的原因就是种族隔离。20世纪60年代，合法的种族隔离制度被废除，但

---

[1] Alexander (2010); Mauer and King (2007); Vogel and Porter (2016).

[2] Alexander (2010).

[3] Anderson (2010); Griffith et al. (2007); Holroyd (2015).

[4] McKernan et al. (2013).

[5] Desantis et al. (2017).

[6] Farmer and Ferraro (2005); cf. Kahng (2010).

[7] Everett et al. (2011).

在工作场所、学校、教堂、俱乐部和社区中，自发和非自发的种族隔离模式依然存在。事实上，自20世纪80年代以来，美国学校中的种族隔离现象一直在加剧，一方面是由于城市核心区的白人外迁[1]，另一方面则是由于面对民权法关于教育机构必须实现种族融合的规定，法院选择置之不理[2]。

再加上原先就存在的种族差异，美国种族隔离的结果是，黑人在多个相互关联的生活领域都处于不利地位。物质和社会资源都集中于白人企业、学校和社区，黑人成人和儿童获得的机会有限。至关重要的是，正如安德森指出的那样，种族隔离还阻碍了群体间的友好接触，从而固化了种族歧视和偏见。因此，针对黑人的种族主义在一些地方持续存在，在另一些地方以极其缓慢的速度消退，而在其他地方却有所抬头，因为包容性道德态度、知识和社会结构之间的正反馈循环被打破或受到了阻碍。[3]

总之，种族主义的衰落和持续，与反奴隶制背后的道德动因是一致的。当黑人和白人之间的隔离障碍被拆除后，有关种族主义的事实信息就可以从黑人那里传给白人。如此一来，白人就会发现，没有任何正当理由可以将黑人排除在他们的道德圈之外，因为黑人和白人之间并不存在道德适宜性差异。然而，在20世纪和21世纪，美国种族方面的包容性道德进步受到了种族隔离的阻碍，这种隔离是由几种社会制度共同维持的。

美国的法律和经济制度有一条臭名昭著的"潜规则"，当黑人家庭想要在白人社区购买房屋时，他们无法申请抵押贷款。[4]经济制度

---

[1] Ihlanfeldt and Sjoquist (1998).
[2] Orfield and Lee (2004). Anderson (2010)引用了一些相关案例。
[3] Merry (2016).
[4] Kain (1968).

使得白人和黑人倾向于从事不同的职业[1]，教育制度则导致白人和黑人在每个学习阶段都会获得不同的教育机会[2]。在行政组织层面上，政府主要受白人指挥，这阻碍了其他制度结构的改革（更多内容见第十章）。因此，社会各个领域集体"合谋"，通过系统性的安排，将黑人置于不利地位。但我们在此要强调的是，它们维持着种族隔离，而种族隔离又助长了道德排斥。

哲学家和社会正义倡导者曾就种族主义的本质进行长期讨论。早期学术研究往往将种族主义的渊源归结为人们的某种心理倾向。[3]也就是说，人们认为种族主义从根本上说是种族主义者相信某些种族低人一等，以及/或者他们天生反感其他种族。

然而，最近的学术研究则偏向于否认传统看法，新学术观点主张，种族主义从根本上说是社会结构问题，而不是个人问题。[4]也就是说，种族主义是作为一种社会制度存在的，它系统性地使有色人种处于不利地位。个人可能产生善念，但如果社会结构有利于白人而不利于黑人，那么种族主义就会继续存在。例如，结构性种族主义的表现之一是，在市政支出层面上，黑人聚居区学校获得的财政支持远远达不到平均水平。[5]

这两种观点都很有价值，但也各自具有局限性，简单地把它们加在一起是不够的。诚然，种族主义包含道德心理和社会结构，但它并不是一种静止不变的现象，而是一种动态机制。在美国，针对黑人的

---

[1] Pager and Shepherd (2008).

[2] Wells and Crain (1994); Byrd-Chychester (2000).

[3] Garcia (1996, 1997, 1999); Blum (2002). 相关的心理学和神经科学研究，参见 Gaertner and Dovidio (1986); Greenwald and Banaji (1995); Chekroud et al. (2014); Hodson and Busseri (2012)。

[4] Jones (1997); Bhavnani et al. (2005); Phillips (2011). 同时参见 Carmichael and Hamilton (1967)，他们创造了"制度性种族主义"这个词。

[5] Feagin and Barnett (2004); Vaught (2009).

种族主义是一个复杂而不断演变的社会体系：贬低、排斥黑人的态度创造了将白人与黑人相隔的社会制度，这些社会制度为白人群体提供了各种形式的物质和社会资源，同时剥夺了黑人群体应享有的物质和社会资源。

反种族主义的道德进步在一定程度上是通过扭转这种恶性循环而取得成功的。同情的情感和对道德立场的理性信念促进了社会融合，而社会融合又点燃了情感和信念之火。因此，种族包容的倡导者必须努力改变人心，同时也要努力改变社会制度结构。如果不改变这两个动态因素，种族排斥现象就不可能显著减少。例如，进步人士有必要推动政治、经济和教育制度的改革，但是，当旧的种族主义结构被拆除后，只要种族主义意识形态仍有很大的影响力，它的信徒就会重新建立新的不平等结构（就像美国废除奴隶制后发生的事情）。

本章的主要目的是建立一个中期理性道德变革的进化模型。简而言之，我们的模型表明，当道德观念、知识和制度性社会结构之间存在累积性、自催化的文化共进化时，包容性道德进步就会稳步推进。

三　物种歧视

我们的渐进式包容模型确定了道德、知识和社会结构之间的正反馈循环。在反种族主义、反恐同症和反仇视变性人等包容性道德进步事件中，我们发现了不同程度的理性循环。这一循环也体现在道德圈的另一种变化中，它涉及的不是种族或性少数群体，而是非人类动物。然而，总的来说，人类与其他动物之间关系的变化是倒退的而非进步的。正如我们将要看到的，原因在于理性循环被打破了。

自从进化以来，人类就经历了与其他动物的激烈竞争。哺乳动物、鸟类和其他生物也寻找水果、块茎、种子和坚果。非人类灵长类动物试图占据的领地也是人类合适的栖息地。狮子和其他大型猫科动物是危险的掠食者，它们吃掉了许多人类。为了生存，我们的祖先开始以捕猎动物为食。很明显，他们当时还不能人道地对待动物。直到很久以后，他们才可以选择与大多数其他动物合作，而不是竞争。

早在农业革命之前，人类就已经与一些动物物种建立了共生关系。他们最亲密的伙伴是狼的后代，通过自然和人工选择，狼最终进化成了狗。大约4万年前，一些狼开始在人类的营地附近游荡，吃人类丢弃的食物。[1]最终，它们为人类所接纳，人类与它们建立了一种彼此保护与陪伴的道德互惠关系。人类通过文化驱动的基因选择驯化自身，经由同样的机制，他们又将狼驯化成了狗。[2]

随着农业的发展，人类开始驯养许多以前只能在野外狩猎的动物。尽管饲养这些动物是为了获取肉类或牛奶，但人与它们之间的关系也相对比较和谐。人类希望动物保持健康，至少部分是出于对自身利益的考虑，因为他们自己的生存依赖于此。此外，近距离的接触也培养了人类对动物痛苦的同情，因为动物表达这种情感的方式与人类非常相似。[3]

然而，工业革命彻底改变了我们与驯养动物的关系。[4]狗和猫这样的陪伴动物享受了我们的宠爱，但是，巨大仓库中低廉、高效的肉类生产加工技术，以及对肉类供应日益强化的财政激励，导致了几乎难以想象的动物悲剧。在工业化农场里，数百亿的猪、牛和羊不断遭受折磨和痛苦，这些动物的情感能力与我们最熟悉的宠物没有差

---

[1] Irving-Pease et al. (2019); Camarós et al. (2016); cf. Thalmann and Perri (2019).

[2] Frantz et al. (2020).

[3] Miralles et al. (2019).

[4] Joy (2011).

异。[1]对于那些没有对动物的痛苦习以为常的人来说，这类悲剧无疑令人心碎。

从历史的角度来看，人类与其他动物之间的关系显然是一种道德倒退。负责保护动物的经济和政治制度未能对工业和经济革命的结构性后果做出适当反应。尽管在世界许多地区，人们对非人类动物的关注日益提高，例如，选择纯素食或弹性素食的人越来越多，但道德倒退还是发生了。

问题的根源是制度性的。动物被隔离在偏远的工业化农场，使我们大多数人无法切实感受到它们的情感。因此，动物被"去人性化"了，因为它们的情感和认知能力被掩盖了起来，它们被赋予的道德地位也比它们应得的要低。动物解放运动组织最重要的一个策略就是促进人对动物的了解，向人类证明动物也有痛苦和快乐的体验，并生动地宣传动物遭受的虐待。[2]社交媒体对这一策略至关重要。

动物权利活动家在边缘地带取得了最大的进展，他们唤起了部分人对动物的同理心，比如说，只要给予足够的情感鼓励，这些人愿意采用更善待动物的饮食方式。然而，要想有效地改变人们对动物的道德看法，重要的是不仅要生动地宣传动物的痛苦，而且要通过社会传播的知识和直觉性道德推理来表明，虽然人类与其他动物之间存在真实差异，但我们不应该为了廉价食物而虐待动物。积极分子必须鼓励道德一致性推理。例如，如果折磨有知觉的猫或狗是错误的，那么在工业化农场里折磨有知觉的猪、牛和羊也是错误的。宠物和牲畜之间的差异不足以构成区别对待两者的理由。[3]

有效的行动主义还必须针对制度和制定制度的人，包括民主政治

---

[1] Nierenberg (2005); Food & Water Watch (2015).

[2] Jasper and Poulsen (1995); Wrenn (2013); May and Kumar (2021).

[3] Campbell and Kumar (2013).

制度下的选民。例如，他们必须努力推翻禁止记录和传播工业化农场生存条件的"禁言法"。[1]通过这些方式，隔离动物的社会壁垒（同时存在于物理空间层面和我们的头脑层面）可能会被推翻。融合可以增强道德论证的力量，而道德进步的循环也可以因此获得推动力。[2]

当涉及种族主义、恐同症和仇视变性人时，道德进步的主要推动者是遭受道德排斥的受害人。相比之下，非人类动物不具备相同的知识能力或行动能力，它们当然没有办法用同样的方式来表达它们所遭受的伤害，特别是通过语言讲述。因此，在这种情况下，与动物关系密切的人最有可能获得关于动物的事实知识。

长期以来，科学家一直对那些将动物拟人化并夸大其情感和认知能力的"软心肠"持怀疑态度。[3]然而，近年来有关动物存在复杂思维和情感的科学证据急剧增加。[4]此外，夸大动物能力的道德风险低于低估动物能力的道德风险。[5]因此，与动物生活在一起的人通常比与动物隔绝的人更值得信赖。克里斯汀·安德鲁斯有力地指出，研究动物的科学家有责任发展与动物的关系，从而给予动物应有的关爱。[6]

从我们的理性循环模型中，我们提炼出了一系列关于如何获取知识以扩大道德圈的观点。最了解局外人"真相"的人往往是道德排斥的受害者以及与他们关系密切的人。因此，通过传播他们所获取的知识，可以改革将局外人隔绝在道德圈之外的制度。接下来将进入本章最后一个任务，我们要就我们模型中关于包容性道德进步的速度和可

---

[1] Bittman (2011).
[2] May and Kumar (2021).
[3] Morgan (1894); Daston and Mitman (2005); Sober (2006); Andrews and Huss (2014).
[4] Andrews (2016).
[5] Mikhalevich and Powell (2020).
[6] Andrews (2020).

预测性的内容进行论述。

四 渐进主义

人类道德是进化的成果。因此，正如我们在第八章中所论证的那样，人类不可能获知理想化的普遍道德准则（实际上它也不存在）。我们所能拥有的最好事物是非理想伦理学，也就是对道德改进的科学研究。道德进步理论是一种尝试，它依赖于进化科学来研究理性的道德变化是如何在过去推动科学进步的，而且据我们分析，基于这一理论，我们在未来可以继续取得道德进步。

在第九章中，我们已经从理论转向实践——从道德进步理论的哲学基础转向其应用。通过对道德排他性案例的深入研究，我们构建了一个进化模型，它既可以解释过去包容性道德进步发生的原因，也可以确定引发未来包容性道德进步的条件。现在，我们需要就模型中一个关键假设进行论证。更具体地说，我们需要为道德进步的"渐进主义"（incrementalism）观点提供理由，我们还需要解释为什么这种观点并不像它乍看之下那么保守。

要弄清渐进主义，我们首先可以借鉴的不是哲学伦理学中的相关观点，而是进化科学中的相关观点。在生物学发展史上，关于物种演化速度的争论此起彼伏，与地质学中关于地球表面变化速度的古老争论如出一辙。我们只需要利用生物学概念做一个类比，所以接下来对进化的陈述可能稍微简要一些。

在关于生物进化方式的看法上，主流理论之一是渐进主义理论。[1]根据这一观点，新物种的出现历经了亿万年。自然选择导致的持续压力引起了物种解剖结构与生理特征和行为上微小、渐进的变化。随着时间推移，这些微小变化积累起来，有时会产生具有适应性的复杂机制。然而，在每一代繁殖进程中，后代特征几乎与父母完全相同。因此，渐进主义意味着新旧物种之间的界限是一片模糊的过渡带，没有清晰的边界。

与之对立的观点是标点理论或骤变论，这种观点认为新物种是突然出现的。[2]例如，一种极其罕见的基因突变会催生一种全新的身体结构。如果骤变是进化实现的方式，那么在某个关键节点上，子代会与亲代"形同陌路"，新旧物种泾渭分明。

除了某些特殊的例外，渐进主义在生物学辩论中基本取得了胜利。[3]然而，关于道德进步速度的类似争论仍然十分活跃。道德进步是循序渐进的吗？还是源自猛烈的社会变革？鉴于文化进化不同于生物进化，它可以由人类有意的创新来引导，渐进论和骤变论似乎都是可行的选择。

前股票交易员、非正统哲学家纳西姆·塔勒布（Nassim Taleb）推断，道德变化更符合骤变规律。[4]塔勒布认为，人类历史在很大程度上是由所谓黑天鹅事件塑造的。这些事件完全不可预测（除了事后自以为是的"后见之明"），但会对社会产生巨大影响。例如，马的驯化、蒸汽机的改良和计算机的发明都属于此类事件。或者，我们可以想想一些消极事件，比如核武器的制造、致命传染病的意外进化或者某些政客偶然登上历史舞台。

---

[1] Darwin (1859, 1971).
[2] Eldredge and Gould (1972); Bowler (1983).
[3] Quammen (2018).
[4] Taleb (2010).

说得更确切一点,"道德黑天鹅"是一种不可预测的事件,它推动社会及其制度道德走上一条全新的道路,要么向好的方向发展,要么向坏的方向发展。如果你认为道德进步是道德黑天鹅事件作用的结果,那么你就不应该对我们的包容性道德进步进化模型抱有期望,也不应该对任何模型抱有期望。毕竟,如果道德变化全然来自不可捉摸的骤变,那么经验总结对未来将毫无指导意义。此外,你还应该理解并支持激进的政治运动,它们更倾向于对社会进行大刀阔斧的全面改革,而不是循序渐进的改良。

然而,历史记录似乎证明了渐进主义是正确的。我们在这一章研究的道德进步案例似乎都符合这种情况,想想奴隶制的废除以及抵制反黑人种族主义的重大胜利。所有这些成就都是随着道德知识的传播和内部人与外部人融合的积累而逐步实现的。其中一些道德进步发生得非常快,尤其是与之前几个世纪的道德停滞相比。然而,它们的整体发展模式依然符合渐进主义的主张。

道德文化的整体转变确实会发生,但几乎总是倒退而非进步。例如,想想各种"文化革命",在这些革命中,一个激进的政党获得了权力,并试图从头开始重新设计他们的社会。他们胸怀壮志,大动干戈,但几乎总是以失败告终。这不仅是因为他们的做法没有为社会带来繁荣昌盛,还因为新的制度道德比以前更糟糕。事实上,我们有理由认为,骤变式的道德变革通常都是道德倒退。

当代人类所拥有的道德系统是达尔文文化进化过程的复杂产物。正如我们所论证的那样,这一机制比任何人类个体都要聪明得多。例如,政治激进分子对美好未来的许诺与描绘或许具有一定价值,但要想一举实现他们的愿景则十分危险。人类道德的进化本质决定了,如果有人试图大规模重新设计制度道德,他制造出的东西很可能会比现状更为差劲。这也就是黑天鹅事件往往不会导致道德进步的原因。

这就引出了一个关键问题：渐进主义并不等同于拥抱传统而不赞成改革的僵化保守主义。渐进式的道德演变可以带来快速甚至突破性的成果。也就是说，积极的道德革命确实会发生。通常，大规模的道德进步始于小规模的"生活实验"。小部分"实验者"并不打算重新设计整个社会的文化，他们的初衷是利用道德推理来改良小社群。但如果实验结果是积极的，那么其他地方的人便可以学习这些成果，并在越来越大的社会范围内进行推广。

尽管如此，循序渐进的道德变革可能并不足以应对人类所面临的最严重的生存威胁。例如，要解决人为的气候变化问题，也许就需要一些完全不同的东西，在这种情况下道德黑天鹅或许会行得通。因此，我们不能过于自信地认为，过去行之有效的策略在未来也会继续奏效。在下一章讨论气候变化问题时，我们将探讨我们认为最好的渐进式解决方案，即使它们还不够好。

道德进步可能较为缓慢，但无论是快还是慢，有效的包容性进步都是由道德知识渐进式增长以及相关社会结构转变所推动的。正如我们在本章中所看到的，渐进的道德变革始于局部生活实验，随后它会步入道德思想、知识和社会结构之间正反馈循环的轨道。当微小的文化变革不断积累和扩散时，道德进步就实现了。

总之，渐进式的完善与修补是有效促进道德进步的方式。尽管如此，我们不要忘记，即使道德进化机制比许多政治激进分子更机智，它也远非最佳方案。进化选择的标准是更适应，而不是更正义。这意味着我们不能指望进化选择的力量会自动站在包容和平等的一边。在人类历史的第四阶段，道德价值观和道德原则所决定的文化适应标准引导了道德文化（包括道德理性）的进化，而道德价值观和道德原则取决于内外群体所获得的新经验知识和道德一致性评估。

五 总结

鉴于人类进化出的道德系统具有灵活性特征（本书从第二章开始详细介绍该特征），道德进步是完全有可能的。它使我们有理由对未来抱有一些期望，但这不能证明寻求维持现状的传统保守思想有多么正当。道德文化可以逐步向好的方向改善，相对巨大而迅猛的变化是许多小变化积累的结果。当我们想实现道德进步时，渐进主义是我们所能拥有的最好方案，考虑到全面改革往往会带来的恶劣后果，它也是我们最应该争取的方案。

在本章中，我们重点讨论了涉及不同群体的渐进式道德进步，他们是道德排斥的主要受害者，包括黑人和非人类动物。我们并没有暗示每个案例的情况都相同，但我们认为，它们都事关道德排他性。我们认为，在这些案例中，存在一种共通的道德包容推动模式，实际上该模式也适用于所有其他道德排他性问题。

为了有效而持久地扩大道德圈子，人类必须培养对被排斥的受害者的同情，并进行推理，以突出圈内人与圈外人之间的基本相似处。圈外人可以将有关不公正排斥的道德知识向身边亲密的圈内人传播，因此，我们必须改革制度，以减少内部人员和外部人员之间的隔离。

这些措施不太可能产生一次性的增量收益，但它们有可能引发自我催化的道德革命，向进步逐渐倾斜。如此一来，包容性进步可能惠及所有的遭受不公正待遇的群体。对这一理念的最好检验，不是来自抽象的哲学论证，而是来自勇敢的新生活实验，以及对实验结果的集体反思。

第十章

平等

数百万年来，现代猿类物种的祖先，包括我们人类，在小群体中相互依赖地生活。它们具有同情和忠诚的道德情感，依靠彼此的保护来抵御掠食者和邻近灵长类动物的攻击，共同抚养后代，并形成紧密的联盟。

然而，在类人猿中，信任一般仅限于亲属和少数朋友，尊重也不完全相互对等。类人猿群落由严格的社会等级制度构成。占统治地位的雄性和雌性希望其他成员对它们感到敬畏和恐惧。只要还能维持自己的统治地位，它们就会凶狠地对待从属者，而且完全不受惩罚。[1]

在人类祖先与黑猩猩的祖先在进化树上分叉之后，人类祖先就不再寻求对群体中其他成员的统治权，也不再凶狠地对待他们，至少不会把这类行为视为理所当然的事情。人类进化出了黑猩猩和其他类人猿所没有的协作情感和认知能力。通过集体惩罚，杀死或驱逐潜在暴君，人类建立了信奉平等主义的社群。在这一社会环境中，利己主义专制统治不利于提高个体适应性，因此人类获得了相互尊重的能力。

---

[1] Cowlishaw and Dunbar (1991); Hrdy (1999).

然而，统治等级制度从未在人类社会中消失，尤其是在两性之间。[1]父权制并非现代发明，早在相对平等的更新世，男性就时有可能试图统治女性，其中既包括那些自愿成为他们配偶的女性，也包括不自愿成为他们配偶的女性。只要不受惩罚，男性和女性都会努力提高自己的社会地位，压迫在社会等级中地位低于自己的人。从进化视角看，这些专横的人有其成功的一面，他们会留下更多后代，也会吸引更多效仿者。因此，虽然我们可能希望自己的血统有更多的高尚成分，但我们确实从祖先那里获得了渴望支配的生理和文化特征。

性别不平等很可能早在现代社会形成之前就已成为人类历史的一部分，尽管在农业到来之后，这种现象显著加剧。部族和社会经济阶层之间的不平等起源较晚，但也由来已久。自城市革命以来，政治领袖获得了凌驾于普通公民之上的权力；"文明"帝国奴役"野蛮"邻国；君主征服封建臣民。因此，在享受了数十万年相对平等的生活方式之后，人类恢复并升级了远古时期支配与从属的社会风尚。

在过去的几百年里，晚期现代社会出现了新的、更持久的不平等问题，它们既存在于社会之间，也存在于社会内部。以市场为导向的自然资源开采带来了巨额财富，社会阶层之间出现了更大的裂痕。由于普遍存在的制度结构，社会经济弱势群体承受了不必要的负担。他们受到宗教、政治和经济精英的压迫，这些精英享有社会权力地位，却剥夺了其他人改善自身境况的机会。[2]

殖民主义持续了数个世纪，它始于15世纪和16世纪，终结于20世纪。技术先进的国家发展了先进的经济和军事制度，它们入侵并占领了较弱的国家，剥削和压榨当地的"劣等人"。虽然后来野蛮的殖

---

[1] von Rueden and Jaeggi (2016); Sidanius and Pratto (1999).参见Pratto et al. (2006)对社会支配理论中"不变性假设"的探讨。

[2] Kohler and Smith (2018).

民主义逐渐衰落，但殖民主义遗产仍在影响着不同社会以及社会内部不同阶层之间的关系。[1]那些明显残忍和暴力的剥削手段逐渐消退，取而代之的是更加隐蔽的从属关系。如今，北半球富裕国家对南半球贫穷国家施加了巨大的政治和经济控制。[2]

在第九章中，我们讨论了包容性道德进步的案例研究及其背后的理性力量。通过对历史案例的分析，我们构建了一个模型，为如何通过理性心理机制来有效推动包容性道德进步提供了普遍经验。我们提出：关键在于发掘圈外人所拥有的道德知识，进行互动式推理，并建立减少隔离的社会制度，如此一来，关于外群体的事实真相、包容态度和促进融合的社会制度就能在自催化的文化共进化中相互滋养。

然而，第九章中有一个案例并非纯粹关乎道德排他性。种族歧视不仅仅涉及黑人被排斥在道德圈之外，还涉及不公正种族等级制度中的从属关系。因此，对种族歧视更全面的论述还必须引入平等性道德进步的概念。我们现在要讨论的正是这类道德进步。

在上一章中，我们重点讨论了美国和英国社会中的奴隶制、种族歧视等现象和物种歧视的演变。在本章中，我们对平等主义和不平等主义的案例研究在很大程度上也具有文化特殊性，包括性别不平等、阶级不平等、导致社会不公正的交叉不平等，以及助长全球不公正的殖民主义遗产。

在本书第四部分，也是最后一部分的高潮部分，我们将继续通过道德进步理论的视角来审视道德进步与道德倒退的案例。具体来说，我们将分析平等与不平等的演变过程，从而阐明实现理性道德变革的普遍策略。我们将找出推动平等性道德进步和不平等性道德倒退的心

---

[1] Wengraf (2016).
[2] Nkrumah (1984); Prashad (2007).

理与制度机制。我们还会在第九章包容性道德进步模型的基础上建立新模型，但这一模型更为复杂，它不仅探讨了如何扩大道德圈，还探讨了如何打破不公正的社会等级制度。

再次重申，我们的目标是开启一场关于进化科学和道德进步的对话，而不是提供最终结论。我们希望评论家与其他专家学者能对我们的理论加以改进。在现代性晚期，某些社会领域产生了更大的平等性，而另一些社会领域则产生了更大的不平等性。通过解释这些现象的成因，我们将描绘出实现未来平等的路线图。正如我们在第四部分所了解到的，可靠而持久的平等成果取决于理性的力量。要想实现广泛而持久的变革，关键还在于文化进化过程中道德观念、集体知识和社会制度结构之间的正反馈循环。

一 男权社会

最古老、最根深蒂固的不平等问题发生于男女关系领域。在类人猿群落中，两性之间也存在统治等级制度，通常情况下，即使是最卑微的雄性也比最强势的雌性占据更高的社会地位。很久以前，狩猎采集者的社会组织体现出了更高程度的平等性。但是，由于第二章所述的原因，社会平等并没有覆盖到性别领域。

农业革命后，情况越来越糟。女性主要担负生育、抚养幼儿和操持家务的职责。[1]这些职责本身并没有什么不可取之处，但在父权社会中，它们对应的社会等级很低。社会权力的缺乏意味着，当遭受男性的压迫、奴役和暴力伤害时，女性几乎没有任何求助途径。所有这

---

[1] Hansen et al. (2015).

些都不仅仅是先天生理特征的结果，现代人类社会的性别不平等取决于制度文化的进化。

在美国和其他西方国家，女性处境从19世纪末20世纪初开始显著改善。[1]第一波女权浪潮成功地为妇女争取到了某些基本法律和政治权利，如选举权、财产继承权以及受教育权。第二波女权浪潮在更广泛的层面上取得了重大成功：女性突破了职业封锁，得以出现在之前禁止她们进入的行业领域；司法机关以立法的形式，保护女性免受家庭暴力和婚内强奸的伤害；女性还获得了自由生育选择权。简单地说，第二波女权浪潮带来的最大成果是"意识觉醒"，它使女性（也包括一些男性）开始认识到，在公共领域和女性个人生活中，不公平的父权结构构成了女性从属地位的基础。

最近的女权运动继续将某些性别不平等现象当作抗争对象，包括工作场所和其他公共场所的性骚扰，性别间同工不同酬，以及普遍存在的厌女文化。最关键的是，第三波女权浪潮变得具有交叉性。[2]人们开始关注到女性身上承载的多重压迫，这些压迫相互交织，它们不仅关乎性别，可能还涉及阶级、种族、性取向、性别认同和能力。

当然，在父权制下，妇女仍然处于从属地位，即使在那些声称开明的社会中也是如此。在美国，大约四分之一的女性会成为强奸或其他形式的性侵犯的受害者。[3]有色人种女性和贫困女性尤其容易遭受性暴力。[4]伤害异性恋女性的最常见的施暴者仍然是她的男性伴侣。[5]刑事司法系统仍然对大多数发生于家庭中的配偶伤害行为无能

---

[1] Freedman (2007).
[2] Crenshaw (1989).
[3] CDC (2020).
[4] Planty et al. (2013).
[5] RAINN (n.d.).

为力。[1]

此外，照顾孩子和操持家务仍然是"女性的工作"。[2]在爱情和其他人际关系中，女性也承受着"情感劳动"的压力，也就是说，对于那些在情感上依赖她们的男人和孩子，女性似乎有义务管理好他们的健康与幸福，她们如果没有履行这一义务，就会受到制裁和惩罚。[3]与其他不平等一样，某些社会或族群的女性要承担更为沉重的家务劳动和情感劳动负担。

而在公共生活中，面对影响其生活的社会规范和制度，女性依然没有太大掌控力。即使是现在，也只有极少一部分政治家是女性[4]，少数族裔女性所占的比例则更少[5]。在其他社会机构中，如公司[6]、宗教团体[7]和高等院校[8]，女性也很少居于权威地位。因此，女性从属地位的基础不仅包括男性的态度，也包括专为男性服务的社会制度。

尽管如此，在过去的一个半世纪里，相对而言，许多国家的女性的地位已经有所提升，尽管这只发生在某些领域，而且白人女性的地位要高于其他族裔的女性。男性和女性在家务劳动和育儿方面的平衡发生了变化，即使变化有限。一百年前，正式规定和非正式规范都禁止女性进入大学。[9]现在，许多曾经是男性专属的行业允许女性涉足其中，即使这些职业并不特别欢迎女性。[10]在政治和其他社会机构中

---

[1] Klein (2009).
[2] Hochschild and Machung (2012).
[3] Zimmerman (2015).
[4] UN Women (2019).
[5] United Nations (2018).
[6] Hinchliffe (2020).
[7] UN Women (2019).
[8] Seltzer (2017).
[9] Solomon (1985).
[10] Women's Bureau (n.d.).

担任要职的女性数量也不再几乎为零。诚然,性别平等还有很长的路要走,但我们已经取得了一些进展。许多地方的女性拥有更高的地位,享有更大的社会自由并赢得了更多的尊重。这是如何实现的?

在反对种族主义的斗争中,通过群体间接触,个体的情感、规范和信念发生了变化。然而,空间融合显然不能解释性别不平等现象的减少。早在智人出现之前,男性和女性就倾向于以夫妻关系和家庭形式生活在一起。因此,男性总是与女性有大量的直接接触。第九章介绍的包容性道德进步模式似乎无法解释性别平等性道德进步。

此外,当我们将视角从包容性转向平等性时,我们的进化模型的另一个明显缺陷也暴露出来。在许多压迫环境中,白人和黑人在空间上并不存在隔阂。因此,我们的模型似乎无法解释为什么在一些和黑人关系非常亲密的白人群体中,比如家庭曾雇用黑佣或由黑人照顾抚养长大的白人,种族从属关系仍持续存在。这些白人与黑人有长时间的直接接触,可还是会视对方为下等人。简而言之,我们之前提出的模型无法解释平等性道德进步的演变,无论是针对女性问题,还是针对种族问题。[1]

那么,之前的模型是否应被舍弃?我们不这么认为。但是,为了解释平等性道德进步,我们确实需要对其进行重大修改。在下一节中,我们将基于20世纪和21世纪的性别平等进程来阐述我们修订后的模型。在本章的其余部分,我们将调整这一模型,以解释其他平等问题的演变。然后,我们将确定在地方和全球范围内阻止交叉不平等加剧的条件。其中,关键的一步是找到由社会制度所支持的某些微妙的隔离形式。

---

[1] 种族和性别从属关系的矛盾,参见Thomas (2000)。

二 性别平等

不同于其他具有支配等级关系的群体,男性和女性的生活空间从来都是统一的。然而,伊丽莎白·安德森认为,就像白人和黑人一样,男女之间经常为另一种不太明显的方式所隔离:社会角色。[1]许多社会职位和行业都是男性专属的,女性被剥夺了相关机遇(反之亦然)。重要的是,"女性行业"所对应的社会地位较低,她们几乎没有社会权力。因此,角色隔离强化了不公正的社会等级制度。

支撑起这种社会组织形式的是一种普遍而根深蒂固的意识形态以及一系列相关的社会实践。根据性别歧视的意识形态,男性和女性存在某些天然差异。[2]例如,男性自信又理智,而女性则被动又情绪化。这些所谓天然差异成为在两性间分配工作、地位和权力的依据。

性别歧视意识形态的力量足以扭曲道德情感。在性别歧视意识形态的影响下,男性很可能不会同情努力摆脱从属地位的女性,反而会对她们感到不满或愤怒。在他们看来,假如一个女性徒劳地反抗她与生俱来、无法摆脱的"劣等本性",她最多只值得怜悯,但不值得支持。当男性占据权力地位时,性别歧视意识形态会使女性处于地位低下的境况。

在北美和西欧,性别平等的道德进步最初是由女性激发的,她们成功地扮演了传统上只属于男性的角色,并表现得出类拔萃。最初,女性争取到在市政厅一级的小规模政治机构就职,她们还进入了学校和其他传统上由男性主导的教育场所。世界大战期间,由于男性忙于

---

[1] Anderson (2010).

[2] Fausto-Sterling (1992); Shelby (2014); Haslanger (2017); Hanel (2018); Manne (2018: 20).

在战场作战，许多地区别无选择，只能允许工业劳动力市场对女性敞开。[1]后来，收入增长的停滞也要求更多女性外出赚钱，因为单人收入不足以支撑整个家庭的开销。

平等的大门不会自动为女性开放，她们必须强行打开。当女性在较高的职位上表现出色时，通常，她们身边的大多数男性都会有所抵触，但也有一些男性为她们的成就而感到由衷敬佩。因此，关于两性存在天然差异的性别歧视意识形态开始瓦解。一方面，基于性别的种种偏见在社会上广为流传；另一方面，事实却证明两性在才智、能力与品行方面不存在差异，信念和现实之间的巨大鸿沟使得性别歧视意识形态很难继续维持下去。随着意识形态的堡垒被逐渐摧毁，角色融合仍在继续，这促进了人们对女性的了解和尊重。在杰出女性所取得成就的引领下，道德观念、知识和角色融合之间的正反馈循环推动了平等性道德进步。

当然，在许多私人和公共场合，性别等级仍然存在。一个主要原因是，迄今为止，支持角色隔离的社会和制度障碍过于强大。例如，家庭和经济制度中根深蒂固的文化观念会鼓励女性承担好她们"本该"履行的职责（如扮演家庭中的照顾者），同时也会惩罚她们偏离性别偏见的行为。正如哲学家凯特·曼恩所描述的那样，厌女症是父权制的"执法部门"。[2]世代传承的文化观念使女性在家庭、宗教、经济和政治机构中处于从属地位。[3]性别歧视的规范和意识形态不仅得到了男性的认可，也为许多女性所内化和接受。

男性是制度性障碍的维护者。政界和商界的"老男孩俱乐部"有意将女性拒之门外，同时它们所滋生出的敌对文化使女性在这些领域

---

[1] Rose (2018).
[2] Manne (2018).
[3] Young (1990).

同他人竞争时，难以获得足够的社会资本。这正是进步循环在开启或维持过程中所遭遇的重要阻碍。

总之，性别歧视持续存在的一个主要原因是角色隔离。本章稍后将阐述一个更具体的原因，即与决策相关的体制角色隔离。不过，在此之前，让我们先阐述一下我们理性渐进道德进步一般模型中的三个核心思想。在这里，与前一章一样，我们并没有网罗道德进步的所有成因，更广泛的文化、政治和法律力量促进（或者制约）了性别平等的发展，我们只关注那些与理性道德变革相关的力量。

首先，道德知识的最佳来源是遭遇不公正排斥或不平等对待的受害者。在上一章中，我们认为黑人最了解他们所遭受的不公正待遇。同样，女性往往更清楚性别从属的特征和普遍性，也更清楚构成性别从属理由的两性"天然差异"其实根本不存在。[1]

其次，这些认识可以从女性传递给男性，从而削弱性别歧视意识形态。一些性别平等性进步表明，男性并非不能了解性别歧视和厌女症。理性信念的变化取决于直接经验、来源可靠的证词以及道德推理。

最后，道德知识的传播会推动社会制度的改革，而制度改革也会促进社会融合。对于女性和其他从属群体来说，角色融合才是最重要的。我们假设，物理空间的融合是包容性道德进步的关键，而角色融合则是平等性道德进步的关键。然而，在这两种情况下，推动可靠而持久的道德进步的是道德、知识和社会结构之间的自催化循环，它通过理性的心理变化而发挥作用。

此刻，我们需要指出对我们的模型的一个重要反对意见，它主要

---

[1] 那些亲身遭受压迫的人会对压迫有最客观的看法，有人认为这种说法似乎有些矛盾，具体讨论可参见 Harding (1986); Antony (2002); Campbell (1998: chs. 2–3, 2001)。

涉及交叉不平等问题。一般来说，在道德进步事件中，最初的和主要的受益者都是在受排斥或受支配群体中享有相对特权的人。例如，通过女权运动，富有的白人女性比贫穷女性或有色人种女性赢得了更多的自由。[1]

其他渐进式变革也体现出了类似动态。与社会经济地位较低的黑人相比，中上层黑人从种族包容中获益更多。因此反对者认为，按照我们的模型的建议行事，似乎有可能强化现有的交叉不平等模式，也就是说，具有多重弱势群体身份的个体会处于更为不利的地位。

正如我们在第九章中所论证的，我们的模型遵循的是非理想伦理学，它并不完美。但我们在更早之前的第八章就已论证过，非理想方法是唯一可行的方案。简而言之，非理想理论的问题在于，进步往往是从那些最接近道德界限或受支配程度最轻的人开始的。即使这是过去取得进步的方式，我们也可以而且应该在未来做得更好。

尽管如此，鉴于尝试整体道德变革的危险性，过去仍然是我们最好的指南。我们的目标必须是从历史中吸取教训，同时考虑到交叉不平等问题，而不是寻找一种没有先例的替代方案。这并不意味着要放弃为那些最受压迫的人争取权益，正如我们在第九章中所论述的，享有相对特权的群体必须学会如何更好地与受压迫群体结盟。在本章稍后讨论交叉性社会不公时，我们将牢记这一点。不过，我们现在还是要继续讨论另一个道德不平等问题——富人对穷人的支配，它可以说是最严重、最根深蒂固的问题，其根源在于现代经济和政治制度。

---

[1] Hooks (1984); Breines (2002); Staples (2019).

三 阶层不平等

在第八章的开头，我们论证了社会和技术革命促进晚期现代社会人均福利的增长，其中一个重要中介因素是财富积累。平均而言，每一代富人都比上一代富人更富有。而且至少在某些社会中，如今的穷人也会比几百年前的底层农民拥有更多经济资源。

尽管财富总体上在积累，但各阶层之间的道德不平等问题却变得更加严重。社会变得越来越复杂，富人对社会的组织方式拥有过多的控制权（当然，他们是为了自己的利益而操纵社会）。鉴于总体财富的积累如此之多，对于最低收入阶层的人来说，他们的生活状况应远好于现在的实际情况。也就是说，虽然穷人变得越来越富有，但他们的相对财富增长率仍远远落后于社会和技术革命所带来的总财富增长率。简而言之，贫困是一场道德悲剧，因为它造成了不平等，也因为当代社会其实有能力防止这场悲剧继续上演。[1]

贫穷意味着你被剥夺了现代社会财富所带来的许多福利。你更有可能健康状况不佳，包括患上身体疾病和产生心理障碍[2]，同时获得住房和医疗保障的机会有限[3]。你更有可能酗酒或滥用其他形式的成瘾药物。[4] 家庭暴力[5]、性侵犯和其他形式的犯罪发生在你身上的概

---

[1] Singer (2015).

[2] Gupta et al. (2007).

[3] Umeh and Feeley (2017).

[4] Smyth and Kost (1998).

[5] Slabbert (2017).

率更高[1]。你更有可能被监禁[2]，成为警察暴力的受害者[3]，也更有可能在政治上被剥夺公民权[4]。你也很难获得高质量的教育[5]和有价值的工作[6]。

与其他长期存在的道德问题一样，阶层平等的一个主要障碍是根深蒂固的意识形态。[7]阶级主义意识形态既将穷人非人化，又贬低他们。这种意识形态的核心原则是，贫穷是穷人自己造成的，根源在于他们生性懒惰或缺乏能力与智慧。因此，摆脱贫困是穷人自己的使命。阶级主义意识形态认为，一方面，将减少贫困的负担强加给富人是不公平的，因为他们不对贫困负责；另一方面，旨在减少贫困的慈善社会项目只会强化导致贫困的负面特质。

和其他地方一样，美国社会缺乏阶层流动性。[8]尽管如此，阶级主义意识形态的拥护者经常举出一些杰出人士的例子，他们通过自己的聪明才智和辛勤工作摆脱了贫困。[9]然而，我们并不能仅仅依据极少数的阶层流动个案就得出结论，认为大多数贫困人口都能掌控自身的经济状况。首先，出类拔萃的杰出人士往往享有非凡的好运气，一些偶然或侥幸事件在他们的成就中扮演了重要角色。其次，当我们聚焦于交叉身份视角时，我们就可以轻易揭穿阶级主义意识形态的谎言。

---

[1] Harrell et al. (2014).

[2] Bjerk (2007); Duncan et al. (2010).

[3] Feldman et al. (2019).

[4] Cohen (2012); Colgan (2019).

[5] Ladd (2012); Duncan et al. (2017); Baugh et al. (2019).

[6] Butcher and Schanzenbach (2018).

[7] Durante and Fiske (2017).

[8] 美国的情况，参见Hertz (2006); Isaacs (2007); Sawhill and Morton (2007); DeParle (2012); 世界其他地方的情况，参见Corak (2006); Hertz (2006)。

[9] Krause and Tan (2015).

平均而言，黑人和原住民比白人更贫穷。[1]因此，他们会遭遇更多的健康问题[2]，更容易成为刑事司法系统的目标[3]，更缺乏获得良好教育[4]和有意义工作[5]的机会。然而，很明显，人们不能自主选择成为何种种族的人。因此，他们不能为因种族身份而遭遇的更严重贫困负责。在面对交叉弱势问题时，阶级主义意识形态无法再自圆其说。

阶级主义意识形态直接影响着人们的行为，导致社会上层人士蔑视底层人士，认为后者并不值得同情。然而，阶级歧视态度所造成的更严重后果是，它催生了使穷人处于不利地位的制度，法律和政治体制会系统性地对穷人实施压迫。

一些例子可以说明这一点。首先，住房立法优先考虑的是富人和房东的利益，因此穷人会处于不利地位。当面对纠纷时，穷人要想获得公正的法律判决，就必须负担高额的律师费。贫困会导致绝望，而绝望又会滋生犯罪。在许多社会中，贫穷的犯罪者常常会遭受过重的量刑。另外，他们即使有名义上的投票权，也会由于受到其他限制，在事实上被剥夺政治权利。

再看一个例子。许多社会非但不帮助那些遭受极端贫困（有时是由于精神疾病）的人，反而将拾荒流浪者定为罪犯。[6]因此，法律可以以隐晦的形式对穷人进行歧视。正如阿纳托尔·弗朗斯（Anatole France）在一百多年前所讽刺的："法律何其庄严！何其平等！它对富人和穷人一视同仁，禁止他们睡在桥下、乞讨和偷窃面包。"[7]一般

---

[1] Macartney et al. (2013).

[2] Baciu et al. (2017).

[3] Crutchfield et al. (2009); Sampson and Lauritsen (1997).

[4] Morgan (2005).

[5] Pinard (2010); Royster (2003).

[6] National Law Center on Homelessness and Poverty (2019).

[7] France (1924).

来说，法律是由富人设计的，他们不关心也不承认其他人生活在与自己完全不同的环境中，正在遭受贫困的折磨。

总之，阶层不平等的主要原因不是个人行为，而是制度结构，而且制度原因并不局限于法律和政治体制。现代经济体制使处于阶层结构顶端的人获得丰厚回报，而处于底层的人却只能得到仅够维持基本生活的微薄收入。教育体制只向有条件负担教育经费的人提供机会，这些人要么直接缴纳高昂的学费，要么生活在拥有良好中小学教育资源的富人区，这会进一步限制阶层流动。[1]

人们可能会认为，虽然种种社会体制都助长了阶层不平等，但宗教是个例外。例如，许多基督教会向教徒宣扬慈善的意义。然而，教会也会宣扬有关个人责任的教义，这再次与阶级主义意识形态站在了一边。一般来说，宗教机构较少致力于消除贫困，它们更多是帮助穷人接受自己的不幸。另外，教会也往往会将不同的阶层相区隔，这一做法使它们对富裕教友掩盖了贫困问题的真相。[2]

我们一直在开发一个模型，以确定道德进步历史事件背后的理性力量。我们还试图将我们的模型投射到未来，为今后的进步提出策略建议。然而，阶层不平等的演变是一个明显的道德倒退案例，而非道德进步案例。因此，我们现在的目标是提出道德倒退事件的一般模型，并在此基础上提出如何抵制日益加剧的不平等。

不公正的阶层结构随着阶级主义意识形态而演变。要理解其中的原因，我们要看到穷人和富人之间既存在物质空间上的隔离，也存在社会角色上的隔离。此外，贫穷问题与种族问题在两个重要方面较为相似。首先，同富有一样，贫穷往往是世代纵向继承的特征。其次，

---

[1] Greenstone et al. (2013).
[2] Rogers and Konieczny (2018).

贫穷通常非常明显，它可以被人轻易识别出来。这两个特征导致阶层的空间隔离和角色隔离更容易得以维持。[1]因此，富人与穷人长久彼此隔离，前者无法发展出对后者适当的道德关怀或获得关于后者的道德知识。

我们认为，在现代性晚期，阶级制度的演变导致了更大的不平等，这在很大程度上因为它们是由某些特定群体设计的。各种社会机构中扮演决策角色的人往往在空间和社会角色上都与穷人相隔离，因此，他们倾向于以使穷人处于不利地位的方式修改制度。这反过来巩固了各种形式的隔离，从而加强了阶级主义意识形态，导致了更加不平等的制度。由于无知、不道德态度和隔离性社会制度之间的共同进化，一个"非理性循环"已经展开，它是道德进步理性循环的对立面。因此，道德倒退也会进入自催化循环。

我们已经说过，社会隔离与道德倒退循环的原因之一是，统治群体与从属群体之间的隔离导致人们缺乏对从属群体的正确认识和关怀。但另一个原因是，真正了解社会制度弊端并有动力去改变社会制度的是从属群体，因此，当掌控权力的决策者完全来自占优势的群体时，制度往往会变得越来越不平等。

我们的非平等主义道德倒退模型揭示了道德进化中一个迄今为止一直被忽视的重要因素：民主隔离（democratic segregation）。作为角色隔离的一个子类，民主隔离涉及一种特殊类型的社会角色：各种社会体制中的决策角色。因此，社会可以通过减少民主隔离来抵制不平等。

例如，政治体制由富有的精英主导，因此，我们应该努力让更多人参与政治体制改革。再比如，经济体制结构使富人广泛受益，因为

---

[1] Florida and Mellander (2015).

这些制度往往是由富人设计的。对此,一种常见的抵制途径是,由工人阶级工会来塑造他们所参与的经济体制结构。工会可以加强民主融合,逐步改革经济体制,进而赋予工人更大的权力,如此循环往复。

简而言之,我们抵制不平等的方式意味着,平等性进步可以通过三个因素之间的循环来实现:民主融合,从属群体可以获得的知识,平等性的道德思想和制度。为了更清晰地理解民主融合和我们的模型,接下来我们将讨论一些重要的社会不公案例。更具体地说,我们将考虑阶级与性别或种族的交叉压迫。我们将聚焦于一些精选案例,进而提出解决重大不平等问题的方法。

四 社会不公

美国和英联邦的现代工业社会和技术官僚社会是如何在许多方面变得越来越不平等的?随着社会制度变得越来越复杂,控制这些机构的人完全来自一个占主导地位的群体:上层白人。出于维护自身利益和对弱势者的无知,他们重新设计了体制,为自己和像他们一样的人服务,这导致更多像他们一样的人获得财富和权力,从而使他们在更复杂的体制中掌握了更多的决策权,如此循环往复。

这种不平等文化演变的模型不仅具有思想层面的解释意义,也具有实用价值,因为它提醒我们,可以采用各种策略来消除穷人、女性和有色人种遭遇的制度化不平等。我们的想法是,这些社会类别必须在体制决策角色中享有更广泛的代表性——简而言之,社会必须实现更大的民主融合。

要理解我们的民主融合和平等性道德进步模型的实际意义,最好的办法就是考虑一组案例研究。首先,我们将通过"育儿问题"来分析贫困女性受到的压迫。接着，我们再通过"治安问题"来分析少数种族贫困人口所遭受的压迫。再之后，我们将在本章的最后部分思考全球不平等问题。

在农业革命和城市革命之前，人类部族中可能只存在中等程度的性别不平等。他们比其他类人猿群体（以及其他人类群体）更加平等，但可能比21世纪最进步的社会要更加不平等。[1]随着定居社会的形成以及复杂的政治和经济体制的发展，人类获得了更多的资源和权力。然而，在新发展的社会等级制度中，这些好处都为居于顶层的男性所享有，对于其他人来说，他们的道德状况并没有改善，情况变得更糟了。

在早期部落中，女性可以参与各类劳动和知识传授活动。[2]然而，她们的自由最终还是受到了限制。长期以来，女性主要负责养育自己的孩子、孙子、侄子侄女以及其他亲朋好友的后代（平心而论，男性在养育子女方面也做出了贡献，只是无法和女性相提并论）。[3]然而，在早期的城市和国家，女性被迫成为看护人，她们几乎不被允许做其他事情。[4]

当然，养育子女对社会的健康发展极为重要，它也有可能带来巨大的回报。但是，被限制在家中后，女性的自由仅限于养育子女以及其他形式的家务劳动和情感劳动。[5]养育子女只能为女性赢得较低的社会地位。有些女性简直就像奴隶一样，女性所拥有的少量自由也仅限于家庭生活。她们被剥夺了充分参与宗教、经济和政治体制的

---

[1] 许多原始社会会崇尚以女性为中心的精神/宗教意识形态，这在今天几乎是不可想象的，参见Gimbutas (1999)。

[2] Adovasio et al. (2007); Sørensen (2013).

[3] Hrdy (2009).

[4] Hamilton (2000).

[5] Kerber (1988); Vickery (1993); Kranzberg and Hannan (n.d.).

机会。

如今，养育子女的性别问题依然存在。在一定程度上，由于压迫性的文化学习体制，女性仍倾向于承担绝大多数的养育责任。[1]其中，贫困女性最需要帮助，因为她们可能成为单身母亲。[2]为了维持生活开销，她们需要付出更多的工作时间。当然，贫穷女性也更无力负担幼儿保育费用。因此，她们陷入了双重困境：要么放弃收入，要么被剥夺与子女亲密相处的机会。[3]

苏珊·莫勒·奥金（Susan Moller Okin）对家庭中的不公正现象进行了具有里程碑意义的哲学探讨，她从一个侧面诊断了传统异性伴侣关系中的育儿问题。[4]奥金认为，制度构建了选择的结构，使男性和女性能够理性地"遵从"甚至强化性别刻板印象，即使他们具有同样的天赋和才能，并且认为彼此在道德上是平等的。

奥金说，想象一下，有一对夫妻，男女在工作上都有同样的天赋，在养育子女方面也具有同样的天赋，他们认同，双方具有道德平等的关系，没有一个人的等级凌驾于另一个人之上。尽管如此，男方的工作报酬很可能会更高。原因之一是存在工资性别差异。另一个原因是，如果女方因生育而请假，那么在这期间，男方很可能在职业生涯上更上一层楼，获得晋升、加薪或更多的工作保障。因此，奥金清晰地指出，如果夫妻双方都希望最大限度地增加收入，为子女提供足够的支持，那么，符合他们集体利益的做法是，男方外出工作，女方承担大部分家务劳动和情感劳动，总的来说，这是一种合理方案。[5]

---

[1] Jolly et al. (2014); Buchanan et al. (2016); Negraia et al. (2018).

[2] Weinraub et al. (2002).

[3] Nieuwenhuis and Maldonado (2018).

[4] Okin (1998).

[5] Miller (2018).

所以，尽管他们认同彼此在道德和才能上都对等，但他们还是理性地选择了那些强化性别不平等的角色安排。

大多数社会都没有为低收入女性提供托儿服务补贴，雇主也不会将育儿假纳入激励机制，因此贫困女性在养育子女方面处于严重的不利地位。根据我们的不平等性道德倒退模型，造成这一切的原因是，政治和商业领袖往往是富有男性。因此，法律和政策倾向于为富有男性提供特权，同时限制贫穷女性获得资源的机会。因此，政治和经济制度通过系统地使贫穷女性处于从属地位，加剧了不平等问题。

政府或企业可以提供解决方案，但二者都选择不作为（加拿大、法国和一些北欧高福利国家可能例外）。在此，我们的目的并不是探讨解决育儿交叉问题的具体政策方案。相反，我们想说明的是，我们的平等性道德进步模型如何对问题的根源进行诊断，并提出解决问题的途径。

养育子女的问题源于政治和经济体制内部的民主隔离。因此，解决问题需要不同群体的共同努力。朝着这个方向迈出的第一步就是民主融合：让更多受影响最严重的人，即贫穷女性，在政治和经济体制中扮演决策角色。她们既有寻求解决办法的强大动机，也对养育子女过程中遭遇的困难有更多了解。如果解决方案有效，就会使更多女性获得权力，从而使她们能够发挥更多的决策作用。一个理性循环可能就此启动，它可以减少制度化的不平等，产生平等性道德进步。这种进步是渐进的，但也可能突然加速。

现在让我们来看另一个例子，它也说明了同样的思路。我们将注意力从养育子女转移到警务和贫困的交叉压迫问题上，接下来先简要介绍一下长期存在且根深蒂固的复杂警务"歧视"。虽然它在世界各地都广泛存在，但我们的论述重点是黑人和原住民在美国与英联邦受到的压迫。

在美国，黑人被当作奴隶的时间不少于250年，内战结束以来，奴隶制被废除了，黑人（名义上）获得了自由身，但这只有仅仅150年的历史。植根于奴隶制的种族主义意识形态从未消除，因为它让人们"有理由"排斥黑人并使其处于从属地位。[1]值得注意的是，这种意识形态并不具有内在统一性。有时，白人认为黑人不是人；有时，他们认为黑人是下等人，只适合为上等人提供服务。表面上，奴隶制被废除了，但实际上，其他以道德排斥和等级关系为基础的社会控制制度接替了它。例如，美国黑人比其他任何群体都更容易遭受大规模监禁。美国宪法第13条修正案禁止非自愿奴役，但对象不包括已定罪的罪犯。[2]

北美的原住民长期以来也是道德排斥和等级意识形态的受害者。从欧洲人入侵美洲大陆开始，白人殖民者就试图灭绝原住民，目的是剥夺他们的土地和资源。虽然双方一度缔结条约，但它很快又被撕毁。原住民随后在保留地陷入极度贫困，原住民儿童被强行从父母身边带走，送进残酷的寄宿学校。那些试图在"白人城镇"谋生的原住民遭受了严重的暴力和歧视，他们只被允许从事报酬很少的低等职业。

如前所述，黑人和原住民的贫困率高于白人和其他少数种族。这意味着他们遭受犯罪伤害、健康风险、家庭虐待和性侵犯以及酗酒的比例也更高，这些问题都是由各种社会制度的压迫性体制所造成的。[3]然而，我们在此要重点关注的是警务运作模式，尤其是警务运作模式对种族和阶级不平等的强化作用。

警务问题的根源在于刑事司法系统逮捕和监禁了过多的黑人与原

---

[1] Alexander (2010).
[2] The House Joint Resolution proposing the 13th Amendment to the Constitution (1865).
[3] Chartier and Caetano (n.d.).

住民。[1] 有关药物使用、住房和精神健康的法律在设计和实施过程中存在系统性种族偏见。[2] 尽管白人使用非法药物的比例与黑人和原住民大致相同,但有证据表明,后者使用的药物更为廉价,更有可能在公共场所出售。[3] 当警方将打击重点放在贫困街区的廉价毒品交易上时,黑人和原住民的入狱人数自然会大大高于他们在人口中所占的比例。[4] 另一个后果是,黑人和原住民成为警察暴力执法的主要目标。[5] 出狱后的黑人和原住民罪犯只能从事低薪职业,或者干脆找不到工作,因此他们在经济上处于从属地位。再者,由于被剥夺了公民权,或者缺乏政治代理人,他们在政治上也处于从属地位。研究表明,所有这些因素都使得同一个人可能再次犯罪,从而形成一个恶性、令人越发堕落的反馈循环。[6]

美国和英国社会的刑事司法系统主要是由富有的白人设计的。因此,我们认为,更多的贫困黑人和原住民应该在这些刑事司法系统的改革中发挥作用。哲学家奥卢菲米·塔瓦（Olufemi Táíwò）与其他学者和活动家一起,着力推动"社区对警务的控制"项目。[7]

粗略地说,这个理念就是,社区应在警务的民主治理中发挥作用。社区控制并没有告诉我们是应该废除警务,还是应该减少警务开支,抑或是进行警务改革。再说一遍,我们并不是直接提倡任何特定的政策。我们只是概述制定正确政策的第一步,即在监管警务的法律和政治体制中实现民主融合。

---

[1] Anthony (2013); Hinton et al. (2018).
[2] Alexander (2010).
[3] Alexander (2010).
[4] Alexander (2010).
[5] Nelson (2001); Embrick (2015); Ritchie (2017).
[6] 哲学上的讨论,参见 Gordon and Hildebrand (2021)。
[7] Táíwò (2020).

我们认为，通过更好地理解不平等是如何演变的，育儿中的性别歧视问题和警务中的种族歧视问题都将得以解决。压迫源于政治、经济和其他体制的结构，对这些体制进行改革是有必要的。而实现这一目标的最佳途径，就是在民主融合、道德思想和集体知识之间形成一个渐进的循环。

让我们总结一下本章关于性别、阶级和种族的讨论。我们认为，被压迫者最有资格了解自己所受的压迫。如果受压迫群体在重要的社会体制中扮演决策角色，那么这些关于压迫的道德事实就能得到传播并引发后续行动。记住，我们的理念并不是为了取得一次性成果，而是要引发一场不断发展的道德革命，这场革命会自我催化，并遏制交叉不平等的浪潮。本章的下一个任务是探索如何在全球范围内应用我们的平等性道德进步模型。在介绍完一些必要的背景信息之后，我们将把重点聚焦于一个主要的全球不公正问题——气候不公。

五 全球不公

为什么有些国家富裕强大，而另一些国家却贫穷落后？显然，这个问题的答案极其复杂，社会科学家也才刚刚开始寻找和验证可能的答案。但有一点是众所周知的：全球财富和权力的不平衡源于意识形态所导致的支配模式以及历史偶然性。

从历史偶然性的角度来看，贾里德·戴蒙德有说服力地指出，在农业革命之后，生物以及地貌特征在塑造全球差异方面发挥了重要作用（见第七章）。[1]农耕和畜牧起源于几个特定的地区，并在周边传

---

[1] Diamond (1997).

播，这主要依赖于当地野生动植物恰好具有利用率高、迁移性强且容易驯化或培育的特点。农业发展的结果是，被"选中"的地区人口急剧增长，这为大规模社会的发展奠定了基础。

其他环境因素也至关重要，如气候、出海口以及地理位置是否易受入侵威胁。约瑟夫·亨利希提出了另一个重要的大视野历史分析结论，他认为天主教会禁止一夫多妻制以及表兄妹婚姻的决定也至关重要。[1]这一规定打破了狭隘的家族制度，导致个人主义兴起，人们开始愿意更相信陌生人并与他们发展商业关系。

诸如此类的巧合因素构成了全球不平等的"远因"，但它们还为全球不平等的重要近因——殖民化创造了条件。

富裕国家会通过剥削其他社会来谋求更多财富，当然，这往往出于上层社会精英们对自身利益的考虑。非人化和等级从属的意识形态促成了利己主义，这些意识形态将圈外人置于道德圈之外，或者认为劣等圈外人只适合为上等人服务。尽管戴蒙德和亨利希等科学家有着丰富的见解，但他们往往低估了殖民主义意识形态和压迫性社会实践在加剧财富与权力差距中的作用。

欧洲人"发现"了美洲。他们声称自己是首次找到它的"人类"，因为他们认为原住民是次等人类。美洲大陆的殖民化是通过大规模种族屠杀、战争和奴隶制来实现的，原住民几近灭绝。[2]幸存者被迫过着极为贫穷的生活，因此他们在健康[3]、寿命[4]和从事的职业[5]等方面与殖民者有着巨大差异。

---

[1] Henrich (2020).

[2] Dunbar-Ortiz (2014).

[3] Ring and Brown (2003); Lafontaine (2018).

[4] Freemantle et al. (2015).

[5] Allard and Brundage (2019).

美国和英联邦当代社会在种族和语言上具有多样性的特征，这部分源自历史上的强制移民，部分源自过去几十年的自愿移民，许多居民都来自曾被殖民的国家。[1]为维持殖民主义而发展出的意识形态，如今又将来自非洲和亚洲的移民（包括移民后裔）以及原住民置于从属地位。因此，国家之间的殖民史有助于解释现代国家内部的种族不平等现象。

殖民主义也有助于解释现代全球不平等现象。富裕的发达国家最近被迫结束了针对发展中国家人民（尽管不是全部）的战争和种族灭绝。然而，它们继续对发展中国家实施政治和经济控制。许多大型跨国公司会在发展中国家开采自然资源，使其所有者和股东以及当地上层人士更为富有，但当地普通公民却几乎享受不到任何好处，还必须忍受几乎所有的负面影响（如环境污染）。[2]国际政治的统治结构几乎一边倒，这为发达国家对发展中国家进行经济剥削提供了便利。[3]

现在，全球不公正的最大原因是人为的气候变化。[4]在工业革命浪潮中，富裕国家对全球气候造成了无可挽回的影响，但绝大多数后果却要由贫穷国家来承受。从长远来看，全球气候变化可能导致地球上包括人类在内的许多复杂生命走向灭绝。[5]不过，在中短期内，发达国家有更多资源去减轻危害，这些危害主要会殃及无辜的后代。因此，气候变化将导致代际气候不公，而这又基于全球富国和穷国之间的不平等。[6]

根据我们的模型，可以通过民主一体化来解决全球不平等问题，

---

[1] Budiman (2020).
[2] Kolk (2016).
[3] Klein (2007); Hardstaff (2003).
[4] Caney (2012); Jamieson and Paola (2014).
[5] Kolbert (2014).
[6] Caney (2020).

其中也包括气候不公。也就是说，发展中国家的人民必须在维持全球不平等的政治和经济体制中扮演决策角色。在这种情况下，这些体制的决策将更有可能反映出对全球不平等的深入了解，以及抵制不平等的道德动机。然而，前进道路上还存在着几大挑战。

国际政治体制往往由国家政府组成，其道德观和体制都是"以国家为中心"的。也就是说，它们往往把本国公民的利益放在首位。此外，由于国家政府由富裕精英控制，他们倾向于优先考虑本国特权阶层的利益。因此，合作难以实现。全球决策结构不允许穷国通过融入国际政治体制的方式，来消除国家间持续存在的全球不平等现象。[1]

以联合国为例，它可以说是最有能力解决气候不公正问题的国际组织。从表面上看，联合国似乎是民主的，因为其成员包括来自世界各地的国家。然而，这些国家由那些致力于维护其精英公民利益的人所领导。联合国会议中的强大国家可以否决可能惠及贫穷国家普通民众甚至是国内贫民的政策。因此，尽管联合国试图采取一些措施来解决气候变化问题，但其较强大的成员国在很大程度上阻碍了最具效力的政策的推行。[2]

在本章的其余部分，我们将更深入地探讨气候不公正问题。我们会详细分析道德进步模型能否适用于这一问题。我们认为，国际政治体制实现民主一体化是解决方案的必要组成部分。此外，鉴于全球权力失衡问题如此根深蒂固，我们需要研究其他类型的道德和结构改革是否有助于实现民主一体化和全球正义。

---

[1] Hulme (2010).

[2] Security Council—Veto List (n.d.).

六 气候不公

现代气候变化不同于人类遇到的任何其他挑战。它不是"自然"灾害，地球气候逐渐变暖主要是由发达国家造成的，这些国家的工业系统已排放了数十亿吨温室气体。[1]事实上，这也是它们之所以能成为发达国家的原因之一。气候变化最终将影响到地球上的每一个人，但对贫穷国家的子孙后代危害尤甚。[2]因此，这既是全球不公正问题，也是代际不公正问题。

引人注目的是，几乎所有具有相关专业知识的无私科学家都承认人为气候变化的存在。[3]同样引人注目的是，这个问题的解决办法也广为人知。简而言之，气候变化可以通过两项措施得到缓解。首先，各国必须减少温室气体的排放，例如，将能源消耗从煤炭、石油和天然气转向风能、水能和太阳能等可再生能源。随着时间的推移，这些能源的利用效率可能会越来越高。其次，各国必须采用能够降低大气中温室气体浓度和海洋酸化程度的低风险技术。在实现这一目标的过程中，人们应该尽可能使用碳捕集等更安全可靠的技术，避免建设对自然环境进行大规模人为干涉的地球工程。[4]

扭转气候变化的责任在于政府，政府可以规范能源使用机制，发展和推广新技术。我们的星球正在遭受气候危机，这并不是因为人类缺乏预防危机的知识，而是因为富人不愿意为了每个人（包括未来人

---

[1] IEA Energy Atlas (n.d.).
[2] Law (2019); US EPA (n.d.).
[3] Oreskes (2004).
[4] Mann (2018).

类)的长期生存而限制自身的短期经济收益。如果那些在气候变化中损失最大的人拥有更多权力,他们或许能够推动国际社会合作,实施公认的解决方案。

因此,一个紧迫的问题是:如何才能让人们真正了解气候变化?如何才能在联合国等国际组织内部实现真正的民主融合?首先,民主融合需要经济上处于从属地位的国家参与决策,它们必须能够真正行使权力,而不仅仅是拥有形式上的决策权。另外,鉴于各国公民和领导人对气候变化的关注和了解程度不同,而大部分国家又都采用民主管理的体制(起码一定程度上是民主的),我们到底如何能达成合作?一个极权主义的世界政府也许能够解决这个问题,但我们对历史的了解表明,这样一个政府,可能由经济和军事强国控制,它对全球不平等的敏感程度甚至会低于当今各国政府。

我们认为,我们的包容性和平等性道德进步模型有助于解决气候不公正问题。同样,与之前的例子一样,我们的模型并不意味着任何特定政策。但它确实提出了可以用来制定和实施正确政策的战略方向。坦率地说,目前还不清楚在气候变化的沙漏下,我们是否还有足够时间来实施这些策略,尤其是考虑到我们的模型只能确定渐进变化。但在没有任何可行替代方案的情况下,这似乎还值得一试。我们的核心理念是,国际社会体制内的空间和角色融合有可能促成国际政治体制必要的民主融合。

国际社会体制不仅包括商业和政府体制,还包括学习、医疗、娱乐、新闻、体育和艺术体制。由于近年来通信技术的进步以及互联网的普及,来自不同国家、不同背景的人们可以携手合作,共同开展项目,而无需花费高昂的跨国旅行费用。在这些体制内,空间和角色的融合可以通过虚拟方式来实现。因此,它们有可能传播有关全球各个社会道德真相的知识,从而让人们意识到道德排斥或从属观念是错误的。因此，国际体制可以促进更具包容性和平等性的道德观念。

请看几个例子。国际科学机构由来自许多国家的科学家组成。他们可以通过相互信任，在不同领域开展合作，共同研究疾病、贫困或气候问题。或者，考虑一下国际娱乐和艺术体制，它们由不同的艺人和艺术家以及消费其作品的公众组成。我们认为，通过将人们聚集在一起并进行社会融合，这些体制可以培养更具包容性和平等性的道德观。

不过，还有一个问题依然存在。尽管气候变化对人类的生存构成威胁，但全球仍有许多人对气候变化漠不关心。其中最大的阻力来源之一是，市面上一直在传播关于该问题的错误信息（以及关于解决方案的错误信息）。正如我们接下来将看到的，错误信息也依赖于灵活的道德观念和保护特权阶层的社会等级制度。就像本章之前讨论的其他不平等案例一样，这些因素会形成一个反馈循环，导致道德倒退。

正如我们在第四章中所看到的，当不同的道德规范发生冲突时，人类的道德心理会在它们之间设定优先级次序。因此，尽管人们可能期望富人和政治领袖带头应对气候变化，但这些特权阶层可以声称，自主权高于避免伤害和平等的道德要求。他们还可以声称，所谓危害威胁只是某些人别有用心的骗局，目的是为自己谋取权力。

既然科学界对气候变化已达成共识，为什么这一阴谋论的信众人数远远超过了它应有的信众人数？为什么如此多的错误信息会通过美国、英联邦和全球的保守社会运动传播开？为什么人们不仅相信关于气候变化的阴谋论，还相信关于疫苗、选举和神秘组织的阴谋论？

正如我们在第五章中所知，复杂知识需要制度支持。从早期现代社会开始，一直到今天，知识的产生和传播必须依赖维持适当道德情感和规范的社会制度。个人获得复杂的知识主要不是通过自己，而是通过信任和尊重周围的人，包括专家。除非你碰巧是一名气候科学家，否则你不会拥有人为气候变化存在的证据。你必须依赖科学家的知识，以及传播这些知识的政治家和记者。

错误信息利用的正是为支持知识而进化的社会制度。相信气候变化是骗局的人和相信气候变化严重威胁人类生存的人一样，都在依赖他人。他们信任社群内被视为专家的人，也相信传播专家说法的政治家和记者。因此，问题不在于他们个人缺乏理性，而在于他们信任错了对象。道德心理支撑了他们的错误信念，也阻碍了他们纠正错误信念。许多人不信任科学专家及其在政治和新闻界的代表。在部落式道德心理的影响下，许多人宁愿信任不可靠的消息来源，而不信任合法的专家，他们陷入了哲学家阮氏（Thi Nguyen）所说的"回音室"中。[1]

这种不信任的根源到底是什么？在美国，保守派媒体会利用恐惧和怨恨获取经济利益。然而，很多人之所以不信任专家的观点，某种程度上，是由于科学界、政府和新闻界的社会经济精英并不关心那些社会经济地位低下的人。精英们认为下等人可鄙而可悲，常常对他们表现出轻蔑和漠视。换位思考一下，如果一群人不关心你和你所在的社群，那么对你来说，不信任他们的观点其实也很合理。

因此，错误信息问题至少在一定程度上取决于社会经济不平等问题。要消除错误信息和阴谋论，光靠理性言论是不够的，还必须建立正确的道德框架，使人们能够信任专家。要想解决这一问题，精英群体成员必须赢得他人的信任。因此，我们有一个更紧迫的理由去实现各个群体的经济、权力、地位和政治平等——平等可以限制错误信息的传播。

解决不平等问题的可靠而持久的方法是建立积极的反馈回路，促

---

[1] Nguyen (2020).

进社会经济更加平等,并打击支持不平等的阶级主义意识形态。科学知识可以推动道德进步,例如,当它产生了能够创造财富和减少冲突的技术创新时。然而,反过来,道德进步也能促使人们去充分信任和传播科学知识。社会经济平等可以推翻错误信息散播的道德根基。

根据前两节的论述,我们对气候变化问题的总体解决方案包括两个部分。首先,国际体制内的空间和角色融合可以改变各国公民的心态,如此一来,他们或许在未来会更为关心气候变化对穷国的影响,也更有可能选出同样关心气候不公正问题的民主代表。这些民主代表可以认识到气候问题的紧迫性,并愿意推动国际政治经济体制改革,以改善富国与穷国之间的权力失衡。

其次,如果错误信息继续传播,让人们相信气候变化是假的,是精英们为了剥削工薪阶层而制造的骗局,那么仅靠第一步(促进跨国合作,以及选举关心气候变化的政治家)是不够的。使社会经济精英享有特权的不平等社会结构加剧了错误信息问题。为了建立民众对科学、政府和新闻业的信任,我们需要一个更加平等的社会。

如果这两种解决方案都能得到实施,那么我们有希望在未来制定出真正能扭转气候变化的政策。它们是否能奏效?我们还有足够的时间来减缓气候变化吗?一些强制性措施是否不可避免?我们只能通过在生活中进行实验和分析才能知道答案。

七 总结

本书的最后一部分是对道德进步理论的实践探索,它是作为传统伦理理论的替代方案而发展起来的。对于认知有限的人类来说,确定普遍规则或建立理想的公正社会并不是一项可行的计划。我们认为,正确合理的努力目标应该是：首先，确定道德进步和道德倒退的历史事件；其次，建立文化进化中理性道德变革的模型；最后，将这一模型应用于人类在社会生活中所面临的最紧迫问题。

在上一章中，我们讨论了道德排他性与包容性道德进步的问题。在本章中，我们将讨论转向不平等问题和平等性道德进步。我们重点讨论了一系列关于女性、黑人、原住民以及贫困人口从属地位的案例。我们认为，之前建立的包容性道德进步模型可以用来解释过去的平等性道德进步（和道德倒退），并指导今后的道德行动。未来，我们不一定能取得更高的平等性道德进步成就，但进化的道德心理使我们具备了促成道德进步的基本条件。

与包容性道德进步一样，文化进化可以通过制度道德、集体知识和融合性社会结构之间的正反馈循环来促进平等性道德进步。本章指出的一个关键因素是民主融合。受压迫社会群体的成员必须在社会体制中扮演更重要的决策角色。他们所拥有的道德知识可以丰富社会道德思想，从而引发道德革命，继续推动社会体制改革。不平等问题尤其棘手，但是，如果要让后代有机会从我们的错误中吸取教训，我们就必须努力解决这些问题。

结语：生存

几十万年来，道德对人类的生存至关重要。我们与黑猩猩的共同祖先发展出适合在更大群体中与其他成员开展合作的大脑和身体，进化成了人类。为了维持复杂的群体关系，人类进化出了道德情感、道德规范和道德推理。之后，制度扩大了道德心理的适用范围，使其能够成为庞大部族和社会的基础。人类收获了回报，但也要付出相应的代价。

在本书的第一部分中，我们首先展示了数百万年前猿类是如何通过自然选择产生生物和心理利他主义的。通过个体选择、亲属选择和互惠利他主义，道德得以进化，因为它能提高人类的生存能力。因此，为了保护彼此免受外部和内部威胁、共同抚养后代、分享食物和劳动，人类进化出了道德情感，包括同情和忠诚、信任和尊重、怨恨和内疚。人类与黑猩猩、倭黑猩猩和其他早已灭绝的类人猿共享其中的一些道德能力，但人类道德情感的适用范围更广也更灵活可塑。

道德情感依赖于深度同理心——感受到与他人相同的情感的能力。深度同理心是同情和忠诚等联结情感的基础。为了促成更复杂的合作，人类又进化出了信任和尊重等协作道德情感以及怨恨和内疚等反应性情感。在环境多变、群体竞争激烈的背景下，道德情感对于小型人类群体的生存至关重要。

在第二部分，我们转向了道德规范的基因-文化共同进化。文化传播的规范同学习和内化这些规范的心理能力经历了共同进化。规范心理通过对违规者进行责罚来加强合作。五组核心道德规范与情感相嵌套，它们是伤害、忠诚、互惠、自主和公平规范。这些规范具有普遍性，但它们在不同文化中会获得不同的解释和优先次序，因此形成了巨大的文化差异。道德规范与道德情感共同构成了开放性和多元性人类道德的基础。

道德多元主义产生了道德推理。道德规范可能是不确定的，或者，它可能与其他核心规范相冲突。解决不确定性和冲突的方法是对类似案例进行一致性推理。通过这种方式，道德观念演变成了一种灵活的机制，用于激励救助、解决争端和协调共同生活问题。其中，一个最重要的生活问题就是获得生存所需的复杂知识，因此，在智人进化过程中出现的道德心理不仅是合作的基本保障，也是获取与传播复杂知识的基本保障。

在本书的第三部分中，我们探讨了大约10万年前智人开始从独立的狩猎采集者群体转变为大型部族时，人类行为的现代性转向。从大约1.2万年前开始，大部族又演变成农业社会、城市化的城邦和庞大帝国。人类进化的这一阶段主要体现在文化层面，因为从解剖学特征看，30万年前的智人已经是"现代人"了。经历了大约20万年的发展停滞之后，是什么导致人类又产生了革命性的转变？

我们的假设是，统一的宗教信仰、社会制度和新道德规范的出现为道德心理增添了新要素。宗教扩大了道德圈，将有共同信仰的陌生人都纳入其中。新的权威规范和纯洁规范不仅渗透到家庭和宗教机构中，还渗透到政治、军事和经济制度中。等级权力结构可以协调精细的劳动分工，从而为社会制度的发展奠定基础。在过去，这些结构增强了我们的集体生存能力。不幸的是，掌权者也利用权力等级为自己谋利，制造了不公正的社会分裂。该趋势持续至今，且愈演愈烈，它已经对我们的集体生存构成了威胁。

在第四部分，我们转向了过去几百年的道德进化——无论是好是坏。在这个世界上，没有一个可以用来判断道德变化是进步还是倒退的通用道德公式。但我们可以看到一些明确的道德进步或倒退案例，比如废除奴隶制或贫富差距增大。通过研究理性道德变革在社会和制度背景下的演变，哲学家和科学家可以发展一种道德进步理论，它避免了不切实际的理想化。

道德进步和道德倒退在很大程度上取决于人类在应对排斥和不平等问题时的表现的好坏。成败反映了人类进化过程中三个长期存在的关键因素的相互作用：道德心理、复杂的社会结构以及我们对周围世界和自身的了解。因此，正是这一系列因素造就了我们的种属、物种和现代生活，它们使我们的生活变得更好或更糟糕。

这些因素之间的进化反馈循环可能导致道德倒退。在不民主体制的滋养下，统治和从属关系为少数人服务，这加剧了不公正。但反馈回路也可能是积极的，因为在社会融合的背景下，关于道德真相的知识可以扩展道德情感和规范的范围。道德进步和道德倒退总是发生在某些具体的道德领域，不存在整体的进步或倒退。

以殖民主义、种族灭绝和对穷人的剥削为例，道德倒退以牺牲其他人的利益为代价使一些人受益。然而，直到最近，道德倒退才对我们整个物种构成生存威胁。全球气候变化就是这样一种威胁。解决这个问题需要最富裕的国家为了共同利益做出牺牲。要实现这一目标，国际组织必须以民主方式进行融合。采取行动应对气候变化，将是我们朝着包容性道德进步和平等性道德进步迈出的历史性一步。

自从我们人属与其他猿类分离以来，我们已经走过了漫长的进化之路。我们现在了解了生命的进化奥秘、人类对彼此和地球本身造成的伤害以及道德在解决人类生存面临的紧迫威胁时必须发挥的关键作用。简而言之，人类的生存取决于道德进步。

我们会成为更好的猿类吗？

我们很快就知道了。

参考文献

Abbot, P., Abe, J., Alcock, J., Alizon, S., Alpedrinha, J. A. C., Andersson, M., Andre, J.-B., van Baalen, M., Balloux, F., Balshine, S., Barton, N., Beukeboom, L. W., Biernaskie, J. M., Bilde, T., Borgia, G., Breed, M., Brown, S., Bshary, R., Buckling, A., . . . Zink, A. (2011). "Inclusive fitness theory and eusociality". *Nature*, 471(7339), E1–E4.

Adler, P. S. (2001). "Market, hierarchy, and trust: The knowledge economy and the future of capitalism". *Organization Science*, 12(2), 215–234.

Adovasio, J. M., Soffer, O., and Page, J. (2007). *The invisible sex: Uncovering the true roles of women in prehistory*. Smithsonian Books.

Alexander, M. (2010). *The New Jim Crow: Mass incarceration in the age of colorblindness*. The New Press.

Allard, M. D., and Brundage, V. (2019). "American Indians and Alaska Natives in the U.S. labor force". *Monthly Labor Review*. https://www.bls.gov/opub/mlr/2019/article/american-indians-and-alaska-natives-in-the-u-s-labor-force.htm.

Anderson, E. (2010). *The imperative of integration*. Princeton University Press.

Anderson, J., Gillies, A., and Lock, L. (2010). "Pan thanatology". *Current Biology*, 20(8), R349–R351.

Andersson, J. O. (2005). "Lateral gene transfer in eukaryotes". *Cellular and Molecular Life Sciences* CMLS, 62(11), 1182–1197.

Andrews, K. (2016). "Animal cognition". In E. N. Zalta (Ed.), *The Stanford Encyclopedia of Philosophy* (Summer 2016). Metaphysics Research Lab, Stanford University. https://plato.stanford.edu/archives/sum2016/entries/cognition-animal/.

Andrews, K. (2020). "Naïve normativity: The social foundation of moral cognition". *Journal of the American Philosophical Association*, 6(1), 36–56.

Andrews, K. (2020). *The animal mind: An introduction to the philosophy of animal cognition* (Second edition). Routledge.

Andrews, K., and Gruen, L. (2014). "Empathy in other apes". In H. Maibom (Ed.), *Empathy and morality* (pp. 193–209). Oxford University Press.

Andrews, K., and Huss, B. (2014). "Anthropomorphism, anthropectomy, and the null hypothesis". *Biology & Philosophy*, 29(5), 711–729.

Andrews, P. (1992). "Evolution and environment in the Hominoidea". *Nature*, 360(6405), 641–646.

Angel, J. L. (1969). "The bases of paleodemography". *American Journal of Physical Anthropology*, 30(3), 427–437.

Angelides, S. (2009). "The Homosexualization of pedophilia: The case of Alison Thorne and the Australian pedophile support group". In D. A. B. Murray (Ed.), *Homophobias: Lust and loathing across time and space* (pp. 64–81). Duke University Press.

Anscombe, G. E. M. (1957). *Intention*. Harvard University Press.

Anthony, D. W. (2010). *The horse, the wheel, and language: How Bronze-Age riders from the*

Eurasian Steppes shaped the modern world. Princeton University Press.
Anthony, T. (2013). *Indigenous people, crime and punishment*. Routledge.
Antón, S. C., Taboada, H. G., Middleton, E. R., Rainwater, C. W., Taylor, A. B., Turner, T. R., Turnquist, J. E., Weinstein, K. J., and Williams, S. A. (2016). "Morphological variation in Homo erectus and the origins of developmental plasticity". *Philosophical Transactions of the Royal Society B: Biological Sciences*, 371(1698).
Antony, L. M. (2002). "Quine as feminist: The radical import of naturalized epistemology". In L. Antony and C. Witt (Eds.), *A mind of one's own* (pp. 110–153). Routledge.
Apesteguia, J., Huck, S., and Oechssler, J. (2007). "Imitation—Theory and experimental evidence". *Journal of Economic Theory*, 136(1), 217–235.
Appiah, K. A. (2010). *The honor code: How moral revolutions happen*. W.W. Norton.
Appiah, K. A. (2018). *The lies that bind: Rethinking Identity*. Liveright Publishing.
Aramendi, J., Maté-González, M. A., Yravedra, J., Ortega, M. C., Arriaza, M. C., González-Aguilera, D., Baquedano, E., and Domínguez-Rodrigo, M. (2017). "Discerning carnivore agency through the three-dimensional study of tooth pits: Revisiting crocodile feeding behaviour at FLK- Zinj and FLK NN3 (Olduvai Gorge, Tanzania)". *Palaeogeography, Palaeoclimatology, Palaeoecology*, 488, 93–102.
Armelagos, G. J., Goodman, A. H., and Jacobs, K. H. (1991). "The origins of agriculture: Population growth during a period of declining health". *Population and Environment*, 13(1), 9–22.
Atkinson, Q. D., and Bourrat, P. (2011). "Beliefs about god, the afterlife and morality support the role of supernatural policing in human cooperation". *Evolution and Human Behavior*, 32(1), 41–49.
Atkisson, C., O'Brien, M. J., and Mesoudi, A. (2012). "Adult learners in a novel environment use prestige-biased social learning". *Evolutionary Psychology*, 10(3), 519–537.
Atran, S. (2001). "The trouble with memes: Inference versus imitation in cultural creation". *Human Nature* (Hawthorne, N.Y.), 12(4), 351–381.
Atran, S., and Henrich, J. (2010). "The evolution of religion: How cognitive by-products, adaptive learning heuristics, ritual displays, and group competition generate deep commitments to prosocial religions". *Biological Theory*, 5(1), 18–30.
Atran, S., and Medin, D. L. (2008). *The native mind and the cultural construction of nature*. MIT Press.
Axelrod, R. M. (1984). *The evolution of cooperation*. Basic Books.
Axelrod, R., and Hamilton, W. D. (1981). "The evolution of cooperation". *Science*, 211(4489), 1390–1396.
Baciu, A., Negussie, Y., Geller, A., and Weinstein, J. N. (2017). *The state of health disparities in the United States*. National Academies Press (U.S.).
Bailey, J. M. (1999). "Homosexuality and mental illness". *Archives of General Psychiatry*, 56(10), 883–884.
Banks, W. E., d'Errico, F., Peterson, A. T., Kageyama, M., Sima, A., and Sánchez-Goñi, M.-F. (2008). "Neanderthal extinction by competitive exclusion". *PLOS ONE*, 3(12), e3972.
Barker, G. (2009). *The agricultural revolution in prehistory: Why did foragers become farmers?* Oxford University Press.
Batson, C. D., and Shaw, L. L. (1991). "Evidence for altruism: Toward a pluralism of

prosocial motives". *Psychological Inquiry*, 2(2), 107–122.
Bauch, C. T., and McElreath, R. (2016). "Disease dynamics and costly punishment can foster socially imposed monogamy". *Nature Communications*, 7(1), 11219.
Baugh, A. D., Vanderbilt, A. A., and Baugh, R. F. (2019). "The dynamics of poverty, educational attainment, and the children of the disadvantaged entering medical school". *Advances in Medical Education and Practice*, 10, 667–676.
Baumard, N. (2016). *The origins of fairness: How evolution explains our moral nature*. Oxford University Press.
Bayer, R. (1987). *Homosexuality and American psychiatry: The politics of diagnosis*. Princeton University Press.
Becker, M. (1999). *Patriarchy and inequality: Towards a substantive feminism*. University of Chicago Legal Forum.
Beers, D. L. (2006). *For the prevention of cruelty: The history and legacy of animal rights activism in the United States*. Swallow Press/Ohio University Press.
Bekoff, M. (2007). *Animals matter: A biologist explains why we should treat animals with compassion and respect*. Shambhala; Distributed in the United States by Random House.
Bell, A. V., Richerson, P. J., and McElreath, R. (2009). "Culture rather than genes provides greater scope for the evolution of large-scale human prosociality". *Proceedings of the National Academy of Sciences*, 106(42), 17671–17674.
Bentham, J. (1789). *The principles of morals and legislation*. Prometheus.
Berger, L. R. (2006). "Brief communication: Predatory bird damage to the Taung type-skull of Australopithecus africanus Dart 1925". *American Journal of Physical Anthropology*, 131(2), 166–168.
Berna, F., Goldberg, P., Horwitz, L. K., Brink, J., Holt, S., Bamford, M., and Chazan, M. (2012). "Microstratigraphic evidence of in situ fire in the Acheulean strata of Wonderwerk Cave, Northern Cape Province, South Africa". *Proceedings of the National Academy of Sciences*, 109(20), E1215–E1220.
Bethmann, D., and Kvasnicka, M. (2011). "The institution of marriage". *Journal of Population Economics*, 24(3), 1005–1032.
Beyers, J. (2015). "Religion as political instrument: The case of Japan and South Africa". *Journal for the Study of Religion*, 28(1), 142–164.
Bhavnani, R., Mirza, H. S., and Meetoo, V. (2005). *Tackling the roots of racism: Lessons for success*. Policy Press.
Bhui, R., Chudek, M., and Henrich, J. (2019). "Work time and market integration in the original affluent society". *Proceedings of the National Academy of Sciences*, 116(44), 22100–22105.
Birch-Chapman, S., Jenkins, E., Coward, F., and Maltby, M. (2017). "Estimating population size, density and dynamics of Pre-Pottery Neolithic villages in the central and southern Levant: An analysis of Beidha, southern Jordan". *Levant*, 49(1), 1–23.
Bird, R. (1999). "Cooperation and conflict: The behavioral ecology of the sexual division of labor". *Evolutionary Anthropology: Issues, News, and Reviews*, 8(2), 65–75.
Biro, D., Humle, T., Koops, K., Sousa, C., Hayashi, M., and Matsuzawa, T. (2010). "Chimpanzee mothers at Bossou, Guinea carry the mummified remains of their dead infants". *Current Biology*, 20(8), R351–R352.

Bichierri, C. (2005). *The grammar of society: The nature and dynamics of social norms*. Cambridge University Press.

Bichierri, C. (2016). *Norms in the wild: How to diagnose, measure, and change social norms*. Oxford University Press.

Bittman, M. (2011, April 26). "Who protects the animals?". Opinionator. https://opinionator.blogs.nytimes.com/2011/04/26/who-protects-the-animals/.

Bjerk, D. (2007). "Measuring the relationship between youth criminal participation and household economic resources". *Journal of Quantitative Criminology*, 23(1), 23–39.

Blackmore, S. (1999). *The meme machine*. OUP Oxford.

Blackmore, S. (2001). "Evolution and memes: The human brain as a selective imitation device". *Cybernetics and Systems*, 32, 225–255.

Blackstone, N. W. (2013). "Why did eukaryotes evolve only once? Genetic and energetic aspects of conflict and conflict mediation". *Philosophical Transactions of the Royal Society B: Biological Sciences*, 368(1622), 1–7.

Blair, J. (1996). "Brief report: Morality in the autistic child". *Journal of Autism and Developmental Disorders*, 26(5), 571–579.

Bliege Bird, R., Bird, D. W., Codding, B. F., Parker, C. H., and Jones, J. H. (2008). "The 'fire stick farming' hypothesis: Australian Aboriginal foraging strategies, biodiversity, and anthropogenic fire mosaics". *Proceedings of the National Academy of Sciences*, 105(39), 14796–14801.

Bloom, P. (2013). *Just babies: The origins of good and evil* (First edition). Crown Publishers.

Blum, L. (2002). *"I'm Not a Racist, But...": The moral quandary of race*. Cornell University Press.

Boas, F. (1943). "Individual, family, population, and race". *Proceedings of the American Philosophical Society*, 87(2), 161–164.

Bocquet-Appel, J. (2002). "Paleoanthropological traces of a Neolithic demographic transition". *Current Anthropology*, 43(4), 637–650.

Bocquet-Appel, J.-P. (2011). "When the world's population took off: The springboard of the Neolithic demographic transition". *Science*, 333(6042), 560–561.

Boehm, C. (1999). *Hierarchy in the forest: The evolution of egalitarian behavior*. Harvard University Press.

Boehm, C. (2008). "A biocultural evolutionary exploration of supernatural sanctioning". In J. Bulbulia, R. Sosis, E. Harris, R. Genet, C. Genet, and K. Wyman (Eds.), *The evolution of religion: Studies, theories, and critiques*. The Collins Foundation Press.

Boehm, C. (2012). *Moral origins: The evolution of virtue, altruism, and shame*. Basic Books.

Boehm, C. (2016). "Bullies: Redefining the human free-rider problem". In Joseph Carroll, Dan P. McAdams, Edward O. Wilson (Eds), *Darwin's Bridge: Uniting the humanities and sciences* (pp. 11–28). Oxford University Press.

Boehm, C., Barclay, H. B., Dentan, R. K., Dupre, M.-C., Hill, J. D., Kent, S., Knauft, B. M., Otterbein, K. F., and Rayner, S. (1993). "Egalitarian behavior and reverse dominance hierarchy [and comments and reply]". *Current Anthropology*, 34(3), 227–254.

Boesch, C. (1994). "Cooperative hunting in wild chimpanzees". *Animal Behaviour*, 48(3), 653–667.

Boesch, C. (2002). "Cooperative hunting roles among taï chimpanzees". *Human Nature*,

13(1), 27–46.
Bonnefon, J.-F. (2017). "What is special about human reasoning?". In J.-F. Bonnefon (Ed.), *Reasoning unbound: Thinking about morality, delusion and democracy* (pp. 45–75). Palgrave Macmillan U.K.
Bonnie, K. E., and de Waal, F. B. M. (2004). "Primate social reciprocity and the origin of gratitude". In R. Emmons and M. McCullough (Eds.), *The psychology of gratitude* (pp. 213–229). Oxford University Press.
Bornschier, V. (2002). "Changing income inequality in the second half of the 20th century: Preliminary findings and propositions for explanations". *Journal of World-systems Research*, 8(1), 100–127.
Bowler, P. J. (1983). *Evolution: The history of an idea* (25th anniversary edition). University of California Press.
Bowles, S., and Gintis, H. (2011). *A cooperative species: Human reciprocity and its evolution*. Princeton University Press.
Boyd, R., and Richerson, P. J. (1985). *Culture and the evolutionary process*. University of Chicago Press.
Boyd, R., and Richerson, P. J. (1992). "Punishment allows the evolution of cooperation (or anything else) in sizable groups". *Ethology and Sociobiology*, 13(3), 171–195.
Boyd, R., and Richerson, P. J. (1994). "The evolution of norms: An anthropological view". *Journal of Institutional and Theoretical Economics (JITE) / Zeitschrift Für Die Gesamte Staatswissenschaft*, 150(1), 72–87.
Boyd, R., and Richerson, P. J. (2008). "Gene-culture coevolution and the evolution of social institutions". In C. Engel and W. Singer (Eds.), *Better than consciousness? Decision making, the human mind, and implications for institutions* (p. 20). MIT Press.
Boyd, R., and Richerson, P. J. (2009). "Culture and the evolution of human cooperation". *Philosophical Transactions of the Royal Society B: Biological Sciences*, 364(1533), 3281–3288.
Boyd, R., Richerson, P. J., and Henrich, J. (2011). "The cultural niche: Why social learning is essential for human adaptation". *Proceedings of the National Academy of Sciences*, 108(Supplement 2), 10918–10925.
Brandon, R. N. (1990). *Adaptation and environment*. Princeton University Press.
Bratman, M. E. (1992). "Shared cooperative activity". *The Philosophical Review*, 101(2), 327–341.
Breines, W. (2002). "What's love got to do with it? White women, black women, and feminism in the movement years". *Signs*, 27(4), 1095–1133.
Brewer, P. R. (2003). "The shifting foundations of public opinion about gay rights". *The Journal of Politics*, 65(4), 1208–1220.
Briscoe, T. (2003). "Grammatical assimilation". In M. H. Christiansen and S. Kirby (Eds.), *Language evolution* (pp. 295–316). Oxford University Press.
Brodie, R. (1996). *Virus of the mind: The new science of the meme*. Hay House, Inc.
Brody, G. H., and Stoneman, Z. (1981). "Selective imitation of same-age, older, and younger peer models". *Child Development*, 52(2), 717.
Brody, G. H., and Stoneman, Z. (1985). "Peer imitation: An examination of status and competence hypotheses". *The Journal of Genetic Psychology*, 146(2), 161–170.

Brooks, A. S., Yellen, J. E., Potts, R., Behrensmeyer, A. K., Deino, A. L., Leslie, D. E., Ambrose, S. H., Ferguson, J. R., d'Errico, F., Zipkin, A. M., Whittaker, S., Post, J., Veatch, E. G., Foecke, K., and Clark, J. B. (2018). "Long-distance stone transport and pigment use in the earliest Middle Stone Age". *Science*, 360(6384), 90–94.

Brown, J. L. (1974). "Alternate routes to sociality in jays—With a theory for the evolution of altruism and communal breeding". *Integrative and Comparative Biology*, 14(1), 63–80.

Brown, K. S., Marean, C. W., Herries, A. I. R., Jacobs, Z., Tribolo, C., Braun, D., Roberts, D. L., Meyer, M. C., and Bernatchez, J. (2009). "Fire as an engineering tool of early modern humans". *Science* (New York, N.Y.), 325(5942), 859–862.

Brown, S. G., Ikeuchi, R. K. M., and Lucas, D. R. (2014). "Collectivism/individualism and its relationship to behavioral and physiological immunity". *Health Psychology and Behavioral Medicine*, 2(1), 653–664.

Buchanan, A. E. (2020). *Our moral fate: Evolution and the escape from tribalism.* MIT Press.

Buchanan, A. E., and Powell, R. (2018). *The evolution of moral progress: A biocultural theory.* Oxford University Press.

Buchanan, T., McFarlane, A., and Das, A. (2016). "A counterfactual analysis of the gender gap in parenting time: Explained and unexplained variances at different stages of parenting". *Journal of Comparative Family Studies*, 47(2), 193–219.

Budiman, A. (2020). "Key findings about U.S. immigrants". Pew Research Center. https://www.pewresearch.org/fact-tank/2020/08/20/key-findings-about-u-s-immigrants/.

Burkart, J. M., and van Schaik, C. P. (2010). "Cognitive consequences of cooperative breeding in primates?". *Animal Cognition*, 13(1), 1–19.

Burkart, J. M., Hrdy, S. B., and van Schaik, C. P. (2009). "Cooperative breeding and human cognitive evolution". *Evolutionary Anthropology: Issues, News, and Reviews*, 18(5),175–186.

Buss, D. (2008). *Evolutionary psychology: The new science of the mind.* Psychology Press.

Busse, C. D. (1977). "Chimpanzee predation as a possible factor in the evolution of red colobus monkey social organization". *Evolution*, 31(4), 907–911.

Bussey, K., and Perry, D. G. (1982). "Same-sex imitation: The avoidance of cross-sex models or the acceptance of same-sex models?". *Sex Roles*, 8(7), 773–784.

Butcher, K., and Schanzenbach, D. W. (2018, July 20). "Most workers in low-wage labor market work substantial hours, in volatile jobs". Center on Budget and Policy Priorities. https://www.cbpp.org/research/poverty-and-inequality/most-workers-in-low-wagelabor-market-work-substantial-hours-in.

Buttelmann, D., Carpenter, M., Call, J., and Tomasello, M. (2007). "Enculturated chimpanzees imitate rationally". *Developmental Science*, 10(4), F31–F38.

Buttelmann, D., Zmyj, N., Daum, M., and Carpenter, M. (2012). "Selective imitation of ingroup over out-group members in 14-month-old infants". *Child Development*, 84(2), 422–428.

Byrd-Chichester, J. (2000). "The federal courts and claims of racial discrimination in higher education". *The Journal of Negro Education*, 69(1/2), 12–26.

Byrne, R. W. (1996). "Machiavellian intelligence". *Evolutionary Anthropology: Issues, News, and Reviews*, 5(5), 172–180.

Byrne, R. W., and Whiten, A. (1988). *Machiavellian intelligence: Social expertise and the*

evolution of intellect in monkeys, apes, and humans. Clarendon Press.
Byrne, R. W. (2003). "Imitation as behaviour parsing". *Philosophical Transactions of the Royal Society of London. Series B: Biological Sciences*, 358(1431), 529–536.
Caldwell, M. C., and Caldwell, D. K. (1966). "Epimeletic (Care-giving) Behavior in Cetacea". Chapter 33 in K. S. Norris (Ed.), *Whales, dolphins and porpoises* (pp. 755–788). University of California Press.
Call, J., and Tomasello, M. (1999). "A nonverbal false belief task: The performance of children and great apes". *Child Development*, 70(2), 381–395.
Call, J., Hare, B., Carpenter, M., and Tomasello, M. (2004). "'Unwilling' versus 'unable': Chimpanzees' understanding of human intentional action". *Developmental Science*, 7(4), 488–498.
Calmettes, G., and Weiss, J. N. (2017). "The emergence of egalitarianism in a model of early human societies". *Heliyon*, 3(11), 1–28.
Camarós, E., Münzel, S. C., Cueto, M., Rivals, F., and Conard, N. J. (2016). "The evolution of Paleolithic hominin-carnivore interaction written in teeth: Stories from the Swabian Jura (Germany)". *Journal of Archaeological Science: Reports*, 6, 798–809.
Cameron, C. (2014). *To plead our own cause: African Americans in Massachusetts and the making of the antislavery movement*. Kent State University Press.
Campbell, R. (1998). *Illusions of paradox: A feminist epistemology naturalized*. Rowman & Littlefield.
Campbell, R. (2001). "The bias paradox in feminist epistemology". In N. Tuana and S. Morgen (Eds.), *Engendering rationalities* (pp. 195–217). State University of New York Press.
Campbell, R. (2007). "What is moral judgment?". *Journal of Philosophy*, 104(7), 321–349.
Campbell, R. (2009). "The origin of moral reasons". In L.-G. Johansson, J. Österberg, and R. Sliwinski (Eds.), *Logic, ethics, and all that jazz: Essays in honour of Jordan Howard Sobel* (pp. 67–97). Philosophy Department, Uppsala University.
Campbell, R. (2014). "Reflective equilibrium and moral consistency reasoning". *Australasian Journal of Philosophy*, 92(3), 1–19.
Campbell, R. (2017). "Learning from moral inconsistency". *Cognition*, 167, 46–57.
Campbell, R., and Kumar, V. (2012). "Moral reasoning on the ground". *Ethics*, 122(2), 273–312.
Campbell, R., and Kumar, V. (2013). "Pragmatic naturalism and moral objectivity". *Analysis*, 73(3), 446–455.
Campbell, R, and Robert, J. S. (2005). "The structure of evolution by natural selection". *Biology and Philosophy*, 20(4), 673–696.
Campbell, R., and Sowden, L. (1985). *Paradoxes of rationality and cooperation: Prisoner's dilemma and Newcomb's problem*. University of British Columbia Press.
Campbell, R., and Woodrow, J. (2003). "Why Moore's open question is open: The evolution of moral supervenience". *The Journal of Value Inquiry*, 37(3), 353–372.
Caney, S. (2012). "Global justice, climate change, and human rights". In D. A. Hicks and T. Williamson (Eds.), *Leadership and global justice* (pp. 91–111). Palgrave Macmillan U.S.
Caney, S. (2020). "Climate justice". In E. N. Zalta (Ed.), *The Stanford Encyclopedia of Philosophy* (Summer 2020). Metaphysics Research Lab, Stanford University. https:// plato.

stanford.edu/archives/sum2020/entries/justice-climate/.
Carey, B. (2014). "Voices in the campaign for abolition". The British Library. https://www.bl.uk/romantics-and-victorians/articles/british-slave-narratives.
Carmichael, S., and Hamilton, C. V. (1967). *Black power: The politics of liberation in America* (Vintage ed). Vintage Books.
Carneiro, R. L. (2012). "The studied avoidance of war as an instrument of political evolution". In R. J. Chacon and R. G. Mendoza (Eds.), *The ethics of anthropology and Amerindian research: Reporting on environmental degradation and warfare* (pp. 361–366). Springer.
Carter, G. G., and Wilkinson, G. S. (2013). "Food sharing in vampire bats: Reciprocal help predicts donations more than relatedness or harassment". *Proceedings of the Royal Society B: Biological Sciences*, 280(1753).
Cashdan, E. A. (1980). "Egalitarianism among hunters and gatherers". *American Anthropologist*, 82(1), 116–120.
Cauvin, J. (2000). *The birth of the gods and the origins of agriculture*. Cambridge University Press.
CDC. (2020, May 1). "Sexual assault awareness". Centers for Disease Control and Prevention. http://www.cdc.gov/injury/features/sexualviolence/.
Cerling, T. E., Wynn, J. G., Andanje, S. A., Bird, M. I., Korir, D. K., Levin, N. E., Mace, W., Macharia, A. N., Quade, J., and Remien, C. H. (2011). "Woody cover and hominin environments in the past 6 million years". *Nature*, 476(7358), 51–56.
Chadwick, W., and Little, T. J. (2005). "A parasite-mediated life-history shift in Daphnia magna". *Proceedings of the Royal Society B: Biological Sciences*, 272(1562), 505–509.
Chan, T., Michalak, N. M., and Ybarra, O. (2019). "When God is your only friend: Religious beliefs compensate for purpose in life in the socially disconnected". *Journal of Personality*, 87(3), 455–471.
"Changing Attitudes on Same-Sex Marriage". (2019). Pew Research Center's Religion & Public Life Project. https://www.pewforum.org/fact-sheet/changing-attitudes-on-gaymarriage/.
Chapais, B. (2009). *Primeval kinship: How pair-bonding gave birth to human society*. Harvard University Press.
Chapais, B. (2013). "Monogamy, strongly bonded groups, and the evolution of human social structure". *Evolutionary Anthropology*, 22(2), 52–65.
Chapman, H. A., Kim, D. A., Susskind, J. M., and Anderson, A. K. (2009). "In bad taste: Evidence for the oral origins of moral disgust". *Science*, 323(5918), 1222–1226.
Charlesworth, T. E. S., and Banaji, M. R. (2019). "Patterns of implicit and explicit attitudes: I. Long-term change and stability from 2007 to 2016". *Psychological Science*, 30(2), 174–192.
Chartier, K., and Caetano, R. (2010). "Ethnicity and health disparities in alcohol research". National Institute on Alcohol Abuse and Alcoholism, 33(1–2), 152–160. Retrieved October 25, 2020, from https://pubs.niaaa.nih.gov/publications/arh40/152-160.htm.
Chekroud, A. M., Everett, J. A., Bridge, H., and Hewstone, M. (2014). "A review of neuroimaging studies of race-related prejudice: Does amygdala response reflect threat?". *Frontiers in Human Neuroscience*, 8, 1–11.

Cheney, D. L., and Seyfarth, R. M. (1982). "Recognition of individuals within and between groups of free-ranging vervet monkeys". *American Zoologist*, 22(3), 519–529.

Cheney, D. L., and Seyfarth, R. M. (1985). "Social and non-social knowledge in vervet monkeys". *Philosophical Transactions of the Royal Society of London. Series B, Biological Sciences*, 308(1135), 187–201.

Cheney, D. L., and Seyfarth, R. M. (1986). "The recognition of social alliances by vervet monkeys". *Animal Behaviour*, 34(6), 1722–1731.

Cheney, D. L., and Seyfarth, R. M. (1990). *How monkeys see the world*. University of Chicago Press.

Chessa, B., Pereira, F., Arnaud, F., Amorim, A., Goyache, F., Mainland, I., Kao, R. R., Pemberton, J. M., Beraldi, D., Stear, M. J., Alberti, A., Pittau, M., Iannuzzi, L., Banabazi, M. H., Kazwala, R. R., Zhang, Y., Arranz, J. J., Ali, B. A., Wang, Z., . . . Palmarini, M. (2009). "Revealing the history of sheep domestication using retrovirus integrations". *Science*, 324(5926), 532–536.

Chiao, J. Y., and Blizinsky, K. D. (2010). "Culture-gene coevolution of individualism-collectivism and the serotonin transporter gene". *Proceedings of the Royal Society B: Biological Sciences*, 277(1681), 529–537.

Childe, V. G. (1950). "The urban revolution". *The Town Planning Review*, 21(1), 3–17.

Chism, J. (2000). "Allocare patterns among cercopithecines". *Folia Primatologica; International Journal of Primatology*, 71(1–2), 55–66.

Christiansen, M. H., and Chater, N. (2008). "Language as shaped by the brain". *Behavioral and Brain Sciences*, 31(5), 489–509.

Chudek, M., Heller, S., Birch, S., and Henrich, J. (2012). "Prestige-biased cultural learning: Bystander's differential attention to potential models influences children's learning". *Evolution and Human Behavior*, 33(1), 46–56.

Churchland, P. (2019). *Conscience: The origins of moral intuition*. W. W. Norton & Company.

Clarkson, C., Jacobs, Z., Marwick, B., Fullagar, R., Wallis, L., Smith, M., Roberts, R. G., Hayes, E., Lowe, K., Carah, X., Florin, S. A., McNeil, J., Cox, D., Arnold, L. J., Hua, Q., Huntley, J., Brand, H. E. A., Manne, T., Fairbairn, A., . . . Pardoe, C. (2017). "Human occupation of northern Australia by 65,000 years ago". *Nature*, 547(7663), 306–310.

Clauset, A. (2018). "Trends and fluctuations in the severity of interstate wars". *Science Advances*, 4(2), eaao3580.

Cohen, A. (2012, March 16). "How voter ID laws are being used to disenfranchise minorities and the poor". *The Atlantic*. https://www.theatlantic.com/politics/archive/2012/03/how-voter-id-laws-are-being-used-to-disenfranchise-minorities-and-the-poor/254572/.

Colgan, B. A. (2019). "Wealth-based penal disenfranchisement". *Vanderbilt Law Review*, 72(1), 135.

Collier, J. F. (1988). *Marriage and inequality in classless societies*. Stanford University Press.

Collier, J., and Stingl, M. (2020). *Evolutionary moral realism*. Routledge.

Connor, R. C., and Norris, K. S. (1982). "Are dolphins reciprocal altruists?". *The American Naturalist*, 119(3), 358–374.

Conrad, J. (2006). "An overview of the patterns of behavioural change in Africa and Eurasia during the Middle and Late Pleistocene". In F. D'errico, L. Backwell and B. Malauzat (Eds.), *From tools to symbols from early hominids to humans* (pp. 294–332). Wits University

Press.

Cook, R., Bird, G., Lünser, G., Huck, S., and Heyes, C. (2012). "Automatic imitation in a strategic context: Players of rock-paper-scissors imitate opponents' gestures". *Proceedings. Biological Sciences*, 279(1729), 780–786.

Coontz, S. (2004). "The world historical transformation of marriage". *Journal of Marriage and Family*, 66(4), 974–979.

Cooper, G. A., and West, S. A. (2018). "Division of labour and the evolution of extreme specialization". *Nature Ecology & Evolution*, 2(7), 1161–1167.

Coqueugniot, H., Hublin, J.-J., Veillon, F., Houët, F., and Jacob, T. (2004). "Early brain growth in Homo erectus and implications for cognitive ability". *Nature*, 431(7006), 299–302.

Corak, M. (2006). "Do poor children become poor adults? Lessons from a cross-country comparison of generational earnings mobility". In J. Creedy and G. Kalb (Eds.), *Dynamics of inequality and poverty* (pp. 143–188). Emerald Group Publishing.

Corning, P. (2017). "The evolution of politics: A biological approach". Institute for the Study of Complex Systems.

Corning, P. A., Hines, S. M., Chilcote, R. H., Packenham, R. A., and Riggs, F. W. (1988). "Political development and political evolution [with commentaries]". *Politics and the Life Sciences*, 6(2), 141–172.

Cowlishaw, G., and Dunbar, R. I. M. (1991). "Dominance rank and mating success in male primates". *Animal Behaviour*, 41(6), 1045–1056.

Creanza, N., Kolodny, O., and Feldman, M. W. (2017). "Cultural evolutionary theory: How culture evolves and why it matters". *Proceedings of the National Academy of Sciences*, 114(30), 7782–7789.

Crenshaw, K. (1989). "Demarginalizing the intersection of race and sex: A black feminist critique of antidiscrimination doctrine, feminist theory, and antiracist politics". The University of Chicago Legal Forum.

Crofoot, M. C., and Wrangham, R. W. (2010). "Intergroup aggression in primates and humans: The case for a unified theory". In P. M. Kappeler and J. Silk (Eds.), *Mind the gap: Tracing the origins of human universals* (pp. 171–195). Springer.

Crouch, B. A. (1985). "'Booty capitalism' and capitalism's booty: Slaves and slavery in ancient Rome and the American South". *Slavery & Abolition*, 6(1), 3–24.

Crutchfield, R. D., Skinner, M. L., Haggerty, K. P., McGlynn, A., and Catalano, R. F. (2009). "Racial disparities in early criminal justice involvement". *Race and Social Problems*, 1(4), 218.

Csibra, G., and Gergely, G. (2006). "Social learning and social cognition: The case for pedagogy". In Y. Munakata and M. H. Johnston (Eds.), *Processes of change in brain and cognitive development* (pp. 249–274). Oxford University Press.

Csibra, G., and Gergely, G. (2011). "Natural pedagogy as evolutionary adaptation". *Philosophical Transactions of the Royal Society B: Biological Sciences*, 366(1567), 1149–1157.

Cullen, B. S. (2000). *Contagious ideas: On evolution, culture, archaeology, and cultural virus theory*. Oxbow Books.

Cummins, D. D. (2004). "The evolution of reasoning". In J. P. Leighton and R. J. Sternberg

(Eds.), *The nature of reasoning* (pp. 339–374). Cambridge University Press.

Darwall, S. L. (1977). "Two kinds of respect". *Ethics*, 88(1), 36–49.

Darwall, S. L. (2009). *The second-person standpoint: Morality, respect, and accountability (1. Harvard Univ. Press paperback ed)*. Harvard University Press.

Darwin, C. (1859). *The origin of species: By means of natural selection, or, The preservation of favored races in the struggle for life*. Signet.

Darwin, C. (1871). *The descent of man, and selection in relation to sex*. D Appleton and Company.

Daston, L., and Mitman, G. (Eds.). (2005). *Thinking with animals: New perspectives on anthropomorphism*. Columbia University Press.

Dawkins, R. (1976). *The selfish gene*. Oxford University Press.

Dawkins, R. (1987). *The blind watchmaker: Why the evidence of evolution reveals a universe without design*. Norton.

Dawkins, R. (1993). "Viruses of the mind". In B. Dahlbom (Ed.), *Dennett and his critics: Demystifying mind*. Wiley.

Dawkins, R. (1994). "Burying the vehicle". *Behavioral and Brain Sciences*, 17(4), 616–617.

de Quervain, D. J.-F., Fischbacher, U., Treyer, V., Schellhammer, M., Schnyder, U., Buck, A., and Fehr, E. (2004). "The neural basis of altruistic punishment". *Science* (New York, N.Y.), 305(5688), 1254–1258.

de Waal, F. B. M. (1982). *Chimpanzee politics: Power and sex among apes*. JHU Press.

de Waal, F. B. M. (1984). "Sex differences in the formation of coalitions among chimpanzees". *Ethology and Sociobiology*, 5(4), 239–255.

de Waal, F. B. M. (1997). *Good natured: The origins of right and wrong in humans and other animals*. Harvard University Press.

de Waal, F. B. M. (2006). *Primates and philosophers: How morality evolved*. Princeton University Press.

de Waal, F. B. M. (2007). "Putting the altruism back into altruism: The evolution of empathy". *Annual Review of Psychology*, 59(1), 279–300.

de Waal, F. B. M. (2009). *The age of empathy: Nature's lessons for a kinder society*. Three Rivers Press.

de Waal, F. B. M. (2016). *Are we smart enough to know how smart animals are?* W. W. Norton & Company.

de Waal, F. B. M., and Luttrell, L. M. (1988). "Mechanisms of social reciprocity in three primate species: Symmetrical relationship characteristics or cognition?". *Ethology and Sociobiology*, 9(2), 101–118.

de Waal, F. B. M., and van Roosmalen, A. (1979). "Reconciliation and consolation among chimpanzees". *Behavioral Ecology and Sociobiology*, 5(1), 55–66.

Deacon, T. W. (1998). *The symbolic species: The co-evolution of language and the brain*. W. W. Norton & Company.

Degioanni, A., Bonenfant, C., Cabut, S., and Condemi, S. (2019). "Living on the edge: Was demographic weakness the cause of Neanderthal demise?". *PLOS ONE*, 14(5), e0216742.

Dembo, M., Matzke, N. J., Mooers, A. Ø., and Collard, M. (2015). "Bayesian analysis of a morphological supermatrix sheds light on controversial fossil hominin relationships". *Proceedings of the Royal Society B: Biological Sciences*, 282(1812), 20150943.

Dennett, D. C. (1994). "E pluribus unum?". *Behavioral and Brain Sciences*, 14(4), 617–618.
Dennett, D. C. (1995). *Darwin's dangerous idea: Evolution and the meaning of life*. Simon and Schuster.
Dennett, D. C. (2007). *Breaking the spell: Religion as a natural phenomenon*. Penguin.
DeParle, J. (2012, January 4). "Harder for Americans to rise from lower rungs". *The New York Times*. https://www.nytimes.com/2012/01/05/us/harder-for-americans-torise-from-lower-rungs.html.
DeSantis, C. E., Ma, J., Goding Sauer, A., Newman, L. A., and Jemal, A. (2017). "Breast cancer statistics, 2017, racial disparity in mortality by state". *CA: A Cancer Journal for Clinicians*, 67(6), 439–448.
Deutscher, G. (2005). *The unfolding of language: An evolutionary tour of mankind's greatest invention*. Henry Holt and Company.
Diamond, J. M. (1997). *Guns, germs, and steel: The fates of human societies*. W. W. Norton & Company.
Distin, K. (2005). *The selfish meme: A critical reassessment*. Cambridge University Press.
Dobzhansky, T. (1973). "Nothing in biology makes sense except in the light of evolution". *The American Biology Teacher*, 35(3), 125–129.
Dodd, M. S., Papineau, D., Grenne, T., Slack, J. F., Rittner, M., Pirajno, F., O'Neil, J., and Little, C. T. S. (2017). "Evidence for early life in Earth's oldest hydrothermal vent precipitates". *Nature*, 543(7643), 60–64.
Douka, K., Slon, V., Jacobs, Z., Ramsey, C. B., Shunkov, M. V., Derevianko, A. P., Mafessoni, F., Kozlikin, M. B., Li, B., Grün, R., Comeskey, D., Devièse, T., Brown, S., Viola, B., Kinsley, L., Buckley, M., Meyer, M., Roberts, R. G., Pääbo, S., . . . Higham, T. (2019). "Age estimates for hominin fossils and the onset of the Upper Paleolithic at Denisova Cave". *Nature*, 565(7741), 640–644.
Drescher, S. (2009). *Abolition: A history of slavery and antislavery*. Cambridge University Press.
Du, H., Li, X., and Lin, D. (2015). "Individualism and sociocultural adaptation: Discrimination and social capital as moderators among rural-to-urban migrants in China". *Asian Journal of Social Psychology*, 18(2), 176–181.
Dunbar, R. I. M. (1993). "Coevolution of neocortical size, group size and language in humans". *Behavioral and Brain Sciences*, 16(4), 681–694.
Dunbar, R. I. M. (1996). *Grooming, gossip, and the evolution of language*. Harvard University Press.
Dunbar, R. I. M. (2003). "The social brain: Mind, language, and society in evolutionary perspective". *Annual Review of Anthropology*, 32(1), 163–181.
Dunbar, R. I. M. (2016). *Human evolution: Our brains and behavior*. Oxford University Press.
Dunbar-Ortiz, R. (2014). *An indigenous peoples' history of the United States*. Beacon Press.
Duncan, G. J., Magnuson, K., and Votruba-Drzal, E. (2017). "Moving beyond correlations in assessing the consequences of poverty". *Annual Review of Psychology*, 68(1), 413–434.
Duncan, G. J., Ziol-Guest, K. M., and Kalil, A. (2010). "Early-childhood poverty and adult attainment, behavior, and health". *Child Development*, 81(1), 306–325.
Durante, F., and Fiske, S. T. (2017). "How social-class stereotypes maintain inequality".

Current Opinion in Psychology, 18, 43–48.

Dyble, M., Salali, G. D., Chaudhary, N., Page, A., Smith, D., Thompson, J., Vinicius, L., Mace, R., and Migliano, A. B. (2015). "Sex equality can explain the unique social structure of hunter-gatherer bands". *Science*, 348(6236), 796–798.

Eagly, A. H., and Wood, W. (1999). "The origins of sex differences in human behavior: Evolved dispositions versus social roles". *American Psychologist*, 54(6), 408–423.

Eagly, A. H., Wood, W., and Diekman, A. B. (2012). "Social role theory of sex differences and similarities: A current appraisal". In T. Eckes and H. M. Trautner (Eds.), *The developmental social psychology of gender* (pp. 123–174). Psychology Press.

Eibl-Eibesfeldt, I. (1974). *Love and hate: The natural history of behavior patterns*. Routledge.

Eldredge, N., and Gould, S. J. (1972). "Punctuated equilibria: An alternative to phyletic gradualism". In F. J. Ayala and J. C. Avise (Eds.), *Essential readings in evolutionary biology* (pp. 82–115). John Hopkins University Press.

Embrick, D. G. (2015). "Two nations, revisited: The lynching of black and brown bodies, police brutality, and racial control in 'post-racial' Amerikkka". *Critical Sociology*, 41(6), 835–843.

Engelmann, J. M., and Herrmann, E. (2016). "Chimpanzees trust their friends". *Current Biology*, 26(2), 252–256.

Ensminger, J., and Henrich, J. (2014). *Experimenting with social norms: Fairness and punishment in cross-cultural perspective*. Russell Sage Foundation.

Ensor, B. E. (2017). "Matrilineal and patrilineal descent". In B. S. Turner (Ed.), *The Wiley-Blackwell encyclopedia of social theory* (pp. 1–3). American Cancer Society.

Erdal, D., Whiten, A., Boehm, C., and Knauft, B. (1994). "On human egalitarianism: An evolutionary product of Machiavellian status escalation?". *Current Anthropology*, 35(2), 175–183.

Everett, B. G., Rogers, R. G., Hummer, R. A., and Krueger, P. M. (2011). "Trends in educational attainment by race/ethnicity, nativity, and sex in the United States, 1989–2005". *Ethnic and Racial Studies*, 34(9), 1543–1566.

Everett, D. L. (2019). *How language began: The story of humanity's greatest invention*. Norton.

Faderman, L. (2015). *The gay revolution: The story of the struggle*. Simon and Schuster.

Farmer, M. M., and Ferraro, K. F. (2005). "Are racial disparities in health conditional on socioeconomic status?". *Social Science & Medicine*, 60(1), 191–204.

Fausto-Sterling, A. (1992). *Myths of gender*. Basic books.

Fazio, R. H. (2014). "Attitudes as object-evaluation associations: Determinants, consequences, and correlates of attitude accessibility". In R. E. Petty and J. A. Krosnick (Eds.), *Attitude strength: Antecedents and consequences* (pp. 247–282). Psychology Press.

Feagin, J. R., and Barnett, B. M. (2004). "Success and failure: How systemic racism trumped the Brown v. Board of Education decision". *University of Illinois Law Review*, 5, 1099–1130.

Fehr, E., and Camerer, C. F. (2007). "Social neuroeconomics: The neural circuitry of social preferences". *Trends in Cognitive Sciences*, 11(10), 419–427.

Fehr, E., and Fischbacher, U. (2004). "Third-party punishment and social norms". *Evolution and Human Behavior*, 25(2), 63–87.

Feinman, G. M. (1995). "The emergence of inequality". In T. D. Price and G. M. Feinman (Eds.), *Foundations of social inequality* (pp. 255–279). Springer US.

Feistner, A., and McGrew, W. (1989). "Food-sharing in primates: A critical review". In P. K. Seth and S. Seth (Eds.), *Perspectives in primate biology* (Vol 3) (pp. 21–26). Today and Tomorrow's Printers and Publishers.

Feldman, J. M., Gruskin, S., Coull, B. A., and Krieger, N. (2019). "Police-related deaths and neighborhood economic and racial/ethnic polarization, United States, 2015–2016". *American Journal of Public Health*, 109(3), 458–464.

Fine, C. (2017). *Testosterone rex: Unmaking the myths of our gendered minds*. Icon Books.

Finlayson, C. (2005). "Biogeography and evolution of the genus Homo". *Trends in Ecology & Evolution*, 20(8), 457–463.

Finlayson, C., and Carrión, J. S. (2007). "Rapid ecological turnover and its impact on Neanderthal and other human populations". *Trends in Ecology & Evolution*, 22(4), 213–222.

Fischer, B., and Mitteroecker, P. (2015). "Covariation between human pelvis shape, stature, and head size alleviates the obstetric dilemma". *Proceedings of the National Academy of Sciences*, 112(18), 5655–5660.

Fiske, A. P., and Rai, T. S. (2014). *Virtuous violence: Hurting and killing to create, sustain, end, and honor social relationships*. Cambridge University Press.

Fitzgerald, D. K. (2008). *Every farm a factory: The industrial ideal in American agriculture*. Yale University Press.

Fleagle, J. G., Shea, J. J., Grine, F. E., Baden, A. L., and Leakey, R. E. (2010). *Out of Africa I: The first hominin colonization of Eurasia*. Springer Science.

Flores, A. R., Herman, J. L., Gates, G. J., and Brown, T. N. T. (2016). "How many adults identify as transgender in the United States?". UCLA School of Law Williams Institute.

Florida, R., and Mellander, C. (2015). "Segregated city: The geography of economic segregation in America's metros". Martin Prosperity Institute.

Foley, R., and Lahr, M. M. (1997). "Mode 3 technologies and the evolution of modern humans". *Cambridge Archaeological Journal*, 7(1), 3–36.

Fone, B. (2000). *Homophobia: A history*. Macmillan.

Food & Water Watch. (2015). "Factory Farm Nation". https://www.foodandwatwatch.org/sites/default/files/factory-farm-nation-report-may-2015.pdf.

Foot, P. (1967). "The problem of abortion and the doctrine of double effect". *Oxford Review*, 5, 5–15.

Forth, G. (2017). "Purity, pollution, and systems of classification". In H. Callan (Ed.), *The International Encyclopedia of Anthropology* (pp. 1–13). American Cancer Society.

Fortunato, L. (2011). "Reconstructing the history of marriage strategies in Indo-European–speaking societies: Monogamy and polygyny". *Human Biology*, 83(1), 87–105.

Fortunato, L., and Archetti, M. (2010). "Evolution of monogamous marriage by maximization of inclusive fitness". *Journal of Evolutionary Biology*, 23(1), 149–156.

France, A. (1924). *The red lily*. G. Wells.

Frank, B., Enkawa, T., and Schvaneveldt, S. J. (2015). "The role of individualism vs. collectivism in the formation of repurchase intent: A cross-industry comparison of the effects of cultural and personal values". *Journal of Economic Psychology*, 51, 261–278.

Frank, R. H. (1998). *Passions within reason: The strategic role of the emotions*. Norton.
Frantz, L. A. F., Bradley, D. G., Larson, G., and Orlando, L. (2020). "Animal domestication in the era of ancient genomics". *Nature Reviews Genetics*, 21(8), 449–460.
Fraser, O. N., and Aureli, F. (2008). "Reconciliation, consolation and postconflict behavioral specificity in chimpanzees". *American Journal of Primatology*, 70(12), 1114–1123.
Fraser, O. N., Stahl, D., and Aureli, F. (2008). "Stress reduction through consolation in chimpanzees". *Proceedings of the National Academy of Sciences*, 105(25), 8557–8562.
Freedman, E. (2007). *No turning back: The history of feminism and the future of women*. Random House Publishing Group.
Freemantle, J., Ring, I., Arambula Solomon, T. G., Gachupin, F. C., Smylie, J., Cutler, T. L., and Waldon, J. A. (2015). "Indigenous mortality (revealed): The invisible illuminated". *American Journal of Public Health*, 105(4), 644–652.
Fry, C. H. (1972). "The social organisation of bee-eaters (Meropidae) and co-operative breeding in hot-climate birds". *Ibis*, 114(1), 1–14.
Fry, C. H. (1977). "The evolutionary significance of co-operative breeding in birds". In B. Stonehouse and C. Perrins (Eds.), *Evolutionary ecology* (pp. 127–135). Macmillan Education UK.
Frye, M. (1983). *Politics of reality: Essays in feminist theory*. Crossing Press.
Gaertner, S. L., and Dovidio, J. F. (1986). "The aversive form of racism". In J. F. Dovidio and S. L. Gaertner (Eds.), *Prejudice, discrimination, and racism* (pp. 61–89). Academic Press.
Gallup Inc. (2018, May 23). "Two in three Americans support same-sex marriage". Gallup. Com. https://news.gallup.com/poll/234866/two-three-americans-support-sex-marri age. aspx.
Galván, B., Hernández, C. M., Mallol, C., Mercier, N., Sistiaga, A., and Soler, V. (2014). "New evidence of early Neanderthal disappearance in the Iberian Peninsula". *Journal of Human Evolution*, 75, 16–27.
Gambetta, D. (2005). "Deceptive Mimicry in Humans". In S. Hurley and N. Chater (Eds.), *Perspectives on imitation: From neuroscience to social science: Vol. 2: Imitation, human development, and culture* (pp. 221–241). MIT Press.
Garcia, J. L. A. (1996). "The heart of racism". *Journal of Social Philosophy*, 27(1), 5–46.
Garcia, J. L. A. (1997). "Current conceptions of racism: A critical examination of some recent social philosophy". *Journal of Social Philosophy*, 28(2), 5–42.
Garcia, J. L. A. (1999). "Philosophical analysis and the moral concept of racism". *Philosophy and Social Criticism*, 25(5), 1–32.
Gawronski, B. (2019). "Six lessons for a cogent science of implicit bias and its criticism". *Perspectives on Psychological Science*, 14(4), 574–595.
Geary, D. C. (2010). *Male, female: The evolution of human sex differences* (Second edition). American Psychological Association.
Gelman, S. A., and Roberts, S. O. (2017). "How language shapes the cultural inheritance of categories". *Proceedings of the National Academy of Sciences*, 114(30), 7900–7907.
Ghiselin, M. T. (1974). *The economy of nature and the evolution of sex*. University of California Press.
Gilbert, M. (2014). *Joint commitment: How we make the social world*. Oxford University Press.

Gilligan, C. (1982). *In a different voice: Psychological theory and women's development*. Harvard University Press.

Gilligan, I. (2007). "Neanderthal extinction and modern human behaviour: The role of climate change and clothing". *World Archaeology*, 39(4), 499–514.

Gilligan, I. (2010). "The prehistoric development of clothing: Archaeological implications of a thermal model". *Journal of Archaeological Method and Theory*, 17(1), 15–80.

Gimbutas, M. (1999). *The living goddesses*. University of California Press.

Glover, J. (2000). *Humanity: A moral history of the twentieth century*. Yale University Press.

Godfrey-Smith, P. (1998). *Complexity and the function of mind in nature*. Cambridge University Press.

Godfrey-Smith, P. (2009). *Darwinian populations and natural selection*. OUP Oxford.

Godfrey-Smith, P. (2016). *Other minds: The octopus, the sea, and the deep origins of consciousness*. Farrar, Straus and Giroux.

Godfrey-Smith, P. (2017). "Complexity revisited". *Biology and Philosophy*, 32(3), 467–479.

Goldsborough, Z., van Leeuwen, E. J. C., Kolff, K. W. T., de Waal, F. B. M., and Webb, C. E. (2020). "Do chimpanzees (Pan troglodytes) console a bereaved mother?". *Primates*, 61(1), 93–102.

Goldsby, H. J., Knoester, D. B., Clune, J., McKinley, P. K., and Ofria, C. (2011). "The evolution of division of labor". In G. Kampis, I. Karsai, and E. Szathmáry (Eds.), *Advances in artificial life. Darwin meets von Neumann* (pp. 10–18). Springer.

Gómez-Robles, A. (2019). "Dental evolutionary rates and its implications for the Neanderthal–modern human divergence". *Science Advances*, 5(5), eaaw1268.

González-José, R., Escapa, I., Neves, W. A., Cúneo, R., and Pucciarelli, H. M. (2008). "Cladistic analysis of continuous modularized traits provides phylogenetic signals in Homo evolution". *Nature*, 453(7196), 775–778.

Goodall, J. (1977). "Infant killing and cannibalism in free-living chimpanzees". *Folia Primatologica*, 28(4), 259–282.

Goodall, J. (1990). *Through a window: My thirty years with the chimpanzees of Gombe*. Houghton Mifflin Harcourt.

Goodman, A. H., and Armelagos, G. J. (1989). "Infant and childhood morbidity and mortality risks in archaeological populations". *World Archaeology*, 21(2), 225–243.

Goodwin, G. P., and Darley, J. M. (2008). "The psychology of meta-ethics: Exploring objectivism". *Cognition*, 106(3), 1339–1366.

Gordon, T., and Hildebrand, T. (2021). "The irrationality of racial profiling". Under review.

Gould, S. J., and Vrba, E. S. (1982). "Exaptation—A missing term in the science of form". *Paleobiology*, 8(1), 4–15.

Gowdy, J. (1999). "Hunter-gatherers and the mythology of the market". In R. B. Lee, R. H. Daly, and R. Daly (Eds.), *The Cambridge Encyclopedia of Hunters and Gatherers* (pp. 391–398). Cambridge University Press.

Graham, J., and Haidt, J. (2010). "Beyond beliefs: Religions bind individuals into moral communities". *Personality and Social Psychology Review*, 14(1), 140–150.

Graham, J., and Haidt, J. (2012). "Sacred values and evil adversaries: A moral foundations approach". In M. Mikulincer and P. R. Shaver (Eds.), *The social psychology of morality: Exploring the causes of good and evil* (pp. 11–31). American Psychological Association.

Graham, J., Haidt, J., and Nosek, B. A. (2009). "Liberals and conservatives rely on different sets of moral foundations". *Journal of Personality and Social Psychology*, 96(5), 1029–1046.

Graham, J., Haidt, J., Koleva, S., Motyl, M., Iyer, R., Wojcik, S. P., and Ditto, P. H. (2013). "Moral foundations theory: The pragmatic validity of moral pluralism". In P. Devine and A. Plant (Eds.), *Advances in experimental social psychology* (Vol. 47, pp. 55–130). Academic Press.

Graham, J., Nosek, B. A., Haidt, J., Iyer, R., Koleva, S., and Ditto, P. H. (2011). "Mapping the moral domain". *Journal of Personality and Social Psychology*, 101(2), 366–385.

Greene, J. D. (2008). "The secret joke of Kant's soul". In W. Sinnott-Armstrong(Ed.), *Moral psychology, Vol 3: The neuroscience of morality: Emotion, brain disorders, and development* (pp. 35–80). MIT Press.

Greene, J. D. (2013). *Moral tribes: Emotion, reason, and the gap between us and them.* Penguin.

Greene, J. D. (2014). "Beyond point-and-shoot morality: Why cognitive (neuro)science matters for ethics". *Ethics*, 124(4), 695–726.

Greene, J. D., Morelli, S. A., Lowenberg, K., Nystrom, L. E., and Cohen, J. D. (2008). "Cognitive load selectively interferes with utilitarian moral judgment". *Cognition*, 107(3), 1144–1154.

Greene, J., and Haidt, J. (2002). "How (and where) does moral judgment work?". *Trends in Cognitive Sciences*, 6(12), 517–523.

Greenstone, M., Looney, A., Patashnik, J., and Yu, M. (2013, June 26). "Thirteen economic facts about social mobility and the role of education". Brookings. https://www.brookings.edu/research/thirteen-economic-facts-about-social-mobility-and-the-role-ofeducation/.

Greenwald, A. G., and Banaji, M. R. (1995). "Implicit social cognition: Attitudes, self-esteem, and stereotypes". *Psychological Review*, 102(1), 4–27.

Griffith, D. M., Mason, M., Yonas, M., Eng, E., Jeffries, V., Plihcik, S., and Parks, B. (2007). "Dismantling institutional racism: Theory and action". *American Journal of Community Psychology*, 39(3–4), 381–392.

Griffiths, P. E. (2002). "What is innateness?". *The Monist*, 85(1), 70–85.

Groeneveld, E. (2016). "Stone age tools". *Ancient History Encyclopedia*. https://www.ancient.eu/article/998/stone-age-tools/.

Grove, M. (2017). "Environmental complexity, life history, and encephalisation in human evolution". *Biology & Philosophy*, 32(3), 395–420.

"Growing support for gay marriage: Changed minds and changing demographics(2013, March 20)". Pew Research Center—U.S. Politics & Policy. https://www.pewresearch.org/politics/2013/03/20/growing-support-for-gay-marriage-changed-minds-andchanging-demographics/.

Guarnieri, M. (2018). "An historical survey on light technologies". *IEEE Access*, 6, 25881–25897.

Gupta, R. P.-S., de Wit, M. L., and McKeown, D. (2007). "The impact of poverty on the current and future health status of children". *Paediatrics & Child Health*, 12(8), 667–672.

Gurven, M. (2004). "To give and to give not: The behavioral ecology of human food transfers". *Behavioral and Brain Sciences*, 27(4), 543–559.

Haber, M., Jones, A. L., Connell, B. A., Asan, Arciero, E., Yang, H., Thomas, M. G., Xue, Y., and Tyler-Smith, C. (2019). "A rare deep-rooting d0 African y-chromosomal haplogroup and its implications for the expansion of modern humans out of Africa". *Genetics*, 212(4), 1421–1428.

Haidt, J. (2001). "The emotional dog and its rational tail: A social intuitionist approach to moral judgment". *Psychological Review*, 108(4), 814–834.

Haidt, J. (2012). *The righteous mind: Why good people are divided by politics and religion*. Vintage Books.

Haidt, J., and Graham, J. (2007). "When morality opposes justice: Conservatives have moral intuitions that liberals may not recognize". *Social Justice Research*, 20(1), 98–116.

Haidt, J., and Graham, J. (2009). "Planet of the Durkheimians, Where community, authority, and sacredness are foundations of morality". In J. T. Jost, A. C. Kay, and H. Thorisdottir (Eds.), *Social and psychological bases of ideology and system justification* (pp. 371–401). Oxford University Press.

Haidt, J., and Joseph, C. (2004). "Intuitive ethics: How innately prepared intuitions generate culturally variable virtues". *Daedalus*, 133(4), 55–66.

Haidt, J., and Joseph, C. (2008). "The moral mind: How five sets of innate intuitions guide the development of many culture-specific virtues, and perhaps even modules". In P. Carruthers, S. Laurence, and S. Stich (Eds.), *The innate mind: Foundations and future* (Vol. 3) (pp. 367–391). Oxford University Press.

Hamai, M., Nishida, T., Takasaki, H., and Turner, L. A. (1992). "New records of withingroup infanticide and cannibalism in wild chimpanzees". *Primates*, 33(2), 151–162.

Hamilton, W. A. (1975). "Innate social aptitudes of man: An approach from evolutionary genetics". *Biosocial Anthropology*, 53, 133–155.

Hamilton, W. D. (1964). "The genetical evolution of social behaviour. I". *Journal of Theoretical Biology*, 7(1), 1–16.

Hamlin, J. K., Wynn, K., and Bloom, P. (2007). "Social evaluation by preverbal infants". *Nature*, 450(7169), 557–559.

Hanel, H. C. (2018). "What is a sexist ideology? Or: why Grace didn't leave". *Ergo*, 5: 10–21.

Hanhardt, C. B. (2013). *Safe space: Gay neighborhood history and the politics of violence*. Duke University Press.

Hanisch, C. (1970). "The personal is political". In S. Firestone and A. Koedt (Eds.), *Notes from the second year: Women's liberation* (pp. 76–77). Sulamith Firestone and Anne Koedt [self-published].

Hansen, C. W., Jensen, P. S., and Skovsgaard, C. V. (2015). "Modern gender roles and agricultural history: The Neolithic inheritance". *Journal of Economic Growth*, 20(4), 365–404.

Hanson, J. W., Ortman, S. G., and Lobo, J. (2017). "Urbanism and the division of labour in the Roman Empire". *Journal of The Royal Society Interface*, 14(136), 20170367.

Harari, Y. N. (2015). *Sapiens: A brief history of humankind*. Harper Collins.

Harbaugh, W. T., Mayr, U., and Burghart, D. R. (2007). "Neural responses to taxation and voluntary giving reveal motives for charitable donations". *Science*, 316(5831), 1622–1625.

Harcourt, A. H. (1992). *Coalitions and alliances in humans and other animals*. Oxford

University Press.
Hardin, G. (1968). "The tragedy of the commons". *Science*, 162(3859), 1243–1248.
Harding, S. G. (1986). *The science question in feminism*. Cornell University Press.
Hardstaff, P. (2003). "Treacherous conditions: How IMF and World Bank policies tied to debt are undermining development" (p. 27). World Development Movement.
Hare, R. D. (1998). "Psychopathy, affect and behavior". In D. J. Cooke, A. E. Forth, and R. D. Hare (Eds.), *Psychopathy: Theory, research and implications for society* (pp. 105–137). Springer Netherlands.
Hare, R. D. (1999). *Without conscience: The disturbing world of the Psychopaths among us*. Guilford Press.
Harrell, E., Smiley-McDonald, H., Langton, L., Berzofsky, M., and Couzens, L. (2014). "Household poverty and nonfatal violent victimization, 2008–2012" (p. 18). U.S. Department of Justice Bureau of Justice Statistics.
Hart-Brinson, P. (2018). *The gay marriage generation: How the LGBTQ movement transformed American culture*. New York University Press.
Hartwick, J. M. (2010). "Encephalization and division of labor by early humans". *Journal of Bioeconomics*, 12(2), 77–100.
Harvati, K. (2007). "100 years of Homo heidelbergensis—Life and times of a controversial taxon". *Mitteilungen Der Gesellschaft Für Urgeschichte*, 16, 85–94.
Harvey, M. (2014). "Early humans' egalitarian politics". *Human Nature*, 25(3), 299–327.
Haslanger, S. (1995). "Ontology and social construction". *Philosophical Topics*, 23(2), 95–125.
Haslanger, S. (2017). "Racism, ideology, and social movements". *Res Philosophica*, 94(1), 1–22.
Hatchwell, B. J. (2009). "The evolution of cooperative breeding in birds: Kinship, dispersal and life history". *Philosophical Transactions of the Royal Society B: Biological Sciences*, 364(1533), 3217–3227.
Havelková, P., Villotte, S., Veleminsky, P., Poláček, L., and Dobisíková, M. (2011). "Enthesopathies and activity patterns in the early medieval great Moravian population: Evidence of division of Labour". *International Journal of Osteoarchaeology*, 21, 487–504.
Hawkes, K. (2003). "Grandmothers and the evolution of human longevity". *American Journal of Human Biology*, 15(3), 380–400.
Hawkes, K. (2004). "The grandmother effect". *Nature*, 428(6979), 128–129.
Hawkes, K., O'Connell, J. F., and Jones, N. B. (1989). "Hardworking Hadza grandmothers". In V. Standen (Ed.), *Comparative socioecology: The behavioral ecology of humans and other mammals* (Vol. 8, pp. 341–366). Blackwell Scientific Publ.
Hawkes, K., O'Connell, and Blurton Jones, N. G. (1997). "Hadza women's time allocation, offspring provisioning, and the evolution of long postmenopausal life spans". *Current Anthropology*, 38(4), 551–577.
Hawkes, K., O'Connell, J. F., Jones, N. G. B., Alvarez, H., and Charnov, E. L. (1998). "Grandmothering, menopause, and the evolution of human life histories". *Proceedings of the National Academy of Sciences*, 95(3), 1336–1339.
Hawkes, K., O'Connell, J., and Jones, N. B. (2018). "Hunter-gatherer studies and human evolution: A very selective review". *American Journal of Physical Anthropology*, 165(4),

777–800.
Heath, J. (2014). *Enlightenment 2.0*. Harper Collins.
Hedges, C. (2003, July 6). "What every person should know about war". *The New York Times*. https://www.nytimes.com/2003/07/06/books/chapters/what-every-person-should-know-about-war.html.
Heimlich, R. (2007). "See AIDs as God's punishment for immorality". Pew Research Center. https://www.pewresearch.org/fact-tank/2007/05/07/see-aids-as-gods-punishmentfor-immorality/.
Held, V. (2006). *The ethics of care: Personal, political, and global*. Oxford University Press, USA.
Henrich, J. (2000). "Does culture matter in economic behavior? Ultimatum game bargaining among the Machiguenga of the Peruvian Amazon". *American Economic Review*, 90(4), 973–979.
Henrich, J. (2004). "Cultural group selection, coevolutionary processes and large-scale cooperation". *Journal of Economic Behavior & Organization*, 53(1), 3–35.
Henrich, J. (2004). "Demography and Cultural Evolution: How Adaptive Cultural Processes Can Produce Maladaptive Losses—The Tasmanian Case". *American Antiquity*, 69(2), 197–214.
Henrich, J. (2006). "Understanding cultural evolutionary models: A reply to Read's critique". *American Antiquity*, 71(4), 771–782.
Henrich, J. (2014). "Rice, psychology, and innovation". *Science*, 344(6184), 593–594.
Henrich, J. (2015). *The secret of our success: How culture is driving human evolution, domesticating our species, and making us smarter*. Princeton University Press.
Henrich, J. (2020). *The weirdest people in the world: How the West became psychologically peculiar and particularly prosperous*. Penguin Books Limited.
Henrich, J., and Broesch, J. (2011). "On the nature of cultural transmission networks: Evidence from Fijian villages for adaptive learning biases". *Philosophical Transactions of the Royal Society B: Biological Sciences*, 366(1567), 1139–1148.
Henrich, J., and Gil-White, F. J. (2001). "The evolution of prestige: Freely conferred deference as a mechanism for enhancing the benefits of cultural transmission". *Evolution and Human Behavior*, 22(3), 165–196.
Henrich, J., Boyd, R., Bowles, S., Camerer, C., Fehr, E., and Gintis, H. (2004). *Foundations of human sociality*. Oxford University Press.
Henrich, J., Boyd, R., Bowles, S., Camerer, C., Fehr, E., Gintis, H., and McElreath, R. (2001). "In search of Homo economicus: Behavioral experiments in 15 small-scale societies". *The American Economic Review*, 91(2), 73–78.
Henrich, J., Ensminger, J., McElreath, R., Barr, A., Barrett, C., Bolyanatz, A., Cardenas, J. C., Gurven, M., Gwako, E., Henrich, N., Lesorogol, C., Marlowe, F., Tracer, D., and Ziker, J. (2010). "Markets, religion, community size, and the evolution of fairness and punishment". *Science* (New York, N.Y.), 327(5972), 1480–1484.
Henshilwood, C. S., and Marean, C. W. (2003). "The origin of modern human behavior: Critique of the models and their test implications". *Current Anthropology*, 44(5), 627–651.
Henshilwood, C. S., D'errico, F., Marean, C. W., Milo, R. G., and Yates, R. (2001). "An early bone tool industry from the Middle Stone Age at Blombos Cave, South Africa: Implications

for the origins of modern human behaviour, symbolism and language". *Journal of Human Evolution*, 41(6), 631–678.

Herries, A. I. R., Martin, J. M., Leece, A. B., Adams, J. W., Boschian, G., Joannes-Boyau, R., Edwards, T. R., Mallett, T., Massey, J., Murszewski, A., Neubauer, S., Pickering, R., Strait, D. S., Armstrong, B. J., Baker, S., Caruana, M. V., Denham, T., Hellstrom, J., Moggi-Cecchi, J., . . . Menter, C. (2020). "Contemporaneity of Australopithecus, Paranthropus, and early Homo erectus in South Africa". *Science*, 368(6486), eaaw7293.

Herrmann, E., Hernández-Lloreda, M. V., Call, J., Hare, B., and Tomasello, M. (2010). "The structure of individual differences in the cognitive abilities of children and chimpanzees". *Psychological Science*, 21(1), 102–110.

Herrmann, P. A., Legare, C. H., Harris, P. L., and Whitehouse, H. (2013). "Stick to the script: The effect of witnessing multiple actors on children's imitation". *Cognition*, 129(3), 536–543.

Hershkovitz, I., and Gopher, A. (2008). "Demographic, biological and cultural aspects of the Neolithic revolution: A view from the southern levant". In J.-P. Bocquet-Appel and O. Bar-Yosef (Eds.), *The Neolithic Demographic Transition and its Consequences* (pp. 441–479). Springer Netherlands.

Hertz, T. (2006). "Understanding Mobility in America" (p. 44). Center for American Progress.

Heyes, C. (2011). "Automatic imitation". *Psychological Bulletin*, 137(3), 463–483.

Heyes, C. (2012). "New thinking: The evolution of human cognition". *Philosophical Transactions of the Royal Society B: Biological Sciences*, 367(1599), 2091–2096.

Heyes, C. (2016a). "Who knows? Metacognitive social learning strategies". *Trends in Cognitive Sciences*, 20(3), 204–213.

Heyes, C. (2016b). "Blackboxing: Social learning strategies and cultural evolution". *Philosophical Transactions of the Royal Society B: Biological Sciences*, 371(1693), 20150369.

Heyes, C. (2018). *Cognitive gadgets: The cultural evolution of thinking*. The Belknap Press of Harvard University Press.

Higham, T., Douka, K., Wood, R., Ramsey, C. B., Brock, F., Basell, L., Camps, M., Arrizabalaga, A., Baena, J., Barroso-Ruíz, C., Bergman, C., Boitard, C., Boscato, P., Caparrós, M., Conard, N. J., Daily, C., Froment, A., Galván, B., Gambassini, P., . . . Jacobi, R. (2014). "The timing and spatiotemporal patterning of Neanderthal disappearance". *Nature*, 512(7514), 306–309.

Hill, K., and Kaplan, H. (1999). "Life history traits in humans: Theory and empirical studies". *Annual Review of Anthropology*, 28(1), 397–430.

Hill, K., Barton, M., and Hurtado, A. M. (2009). "The emergence of human uniqueness: Characters underlying behavioral modernity". *Evolutionary Anthropology: Issues, News, and Reviews*, 18(5), 187–200.

Hilpert, J., Wendt, K., and Zimmermann, A. (2007). "Estimation of prehistoric population densities with GIS supported methods". Paper presented at the conference on Cultural Heritage and New Technologies 11, Vienna, Austria.

Hinchliffe, E. (2020). "The number of women running Fortune 500 companies hits an all-time record. Fortune". https://fortune.com/2020/05/18/women-ceos-fortune-500-2020/.

Hinton, E., Reed, C., and Henderson, L. (2018). "An unjust burden: The disparate treatment of Black Americans in the criminal justice system" (p. 20). Vera Institute of Justice.

Hochberg, Z., and Konner, M. (2019). "Emerging adulthood, a pre-adult life-history stage". *Frontiers in Endocrinology*, 10, 918.

Hochschild, A., and Machung, A. (2012). *The second shift: Working families and the revolution at home*. Penguin.

Hodson, G., and Busseri, M. A. (2012). "Bright minds and dark attitudes: Lower cognitive ability predicts greater prejudice through right-wing ideology and low intergroup contact". *Psychological Science*, 23(2), 187–195.

Hoffmann, D. L., Standish, C. D., García-Diez, M., Pettitt, P. B., Milton, J. A., Zilhão, J., Alcolea-González, J. J., Cantalejo-Duarte, P., Collado, H., Balbín, R. de, Lorblanchet, M., Ramos-Muñoz, J., Weniger, G.-C., and Pike, A. W. G. (2018). "U-Th dating of carbonate crusts reveals Neandertal origin of Iberian cave art". *Science*, 359(6378), 912–915.

Hofman, M. A. (2014). "Evolution of the human brain: When bigger is better". *Frontiers in Neuroanatomy*, 8, 15.

Hollos, M., Leis, P. E., and Turiel, E. (1986). "Social reasoning in IJO children and adolescents in Nigerian communities". *Journal of Cross-Cultural Psychology*, 17(3), 352–374.

Holroyd, J. (2015). "Implicit racial bias and the anatomy of institutional racism". *Criminal Justice Matters*, 101(1), 30–32.

Hooks, b. (1984). *Feminist theory: From margin to center*. Pluto Press.

Hooks, b. (2004). *The will to change: Men, masculinity, and love*. Simon and Schuster.

Hoppa, R. D., and Vaupel, J. W. (2008). *Paleodemography: Age distributions from skeletal samples*. Cambridge University Press.

Horner, V., and Whiten, A. (2005). "Causal knowledge and imitation/emulation switching in chimpanzees (Pan troglodytes) and children (Homo sapiens)". *Animal Cognition*, 8(3), 164–181.

Horner, V., Carter, J. D., Suchak, M., and de Waal, F. B. M. (2011). "Spontaneous prosocial choice by chimpanzees". *Proceedings of the National Academy of Sciences*, 108(33), 13847–13851.

Hornikx, J., and de Groot, E. (2017). "Cultural values adapted to individualism– collectivism in advertising in Western Europe: An experimental and meta-analytical approach". *International Communication Gazette*, 79(3), 298–316.

Hotopp, J. C. D., Clark, M. E., Oliveira, D. C. S. G., Foster, J. M., Fischer, P., Torres, M. C. M., Giebel, J. D., Kumar, N., Ishmael, N., Wang, S., Ingram, J., Nene, R. V., Shepard, J., Tomkins, J., Richards, S., Spiro, D. J., Ghedin, E., Slatko, B. E., Tettelin, H., and Werren, J. H. (2007). "Widespread Lateral Gene Transfer from Intracellular Bacteria to Multicellular Eukaryotes". *Science*, 317(5845), 1753–1756.

Hrdy, S. B. (1976). "Care and exploitation of nonhuman primate infants by conspecifics other than the mother". *Advances in the Study of Behavior*, 6, 101–158.

Hrdy, S. B. (1999). *The woman that never evolved: With a new preface and bibliographical updates* (Rev. ed). Harvard University Press.

Hrdy, S. B. (2007). "Evolutionary context of human development: The cooperative breeding model". In C. Salmon and T. Shackelford (Eds.), *Family relationships: An evolutionary perspective* (pp. 39–68). Oxford University Press.

Hrdy, S. B. (2009). *Mothers and others: The evolutionary origins of mutual understanding*. Harvard University Press.

Hrdy, S. B. (2016). "Variable postpartum responsiveness among humans and other primates with 'cooperative breeding': A comparative and evolutionary perspective". *Hormones and Behavior*, 77, 272–283.

Hu, S., and Yuan, Z. (2015). "Commentary: 'Large-scale psychological differences within China explained by rice vs. wheat agriculture'". *Frontiers in Psychology*, 6, 489.

Hu, Y., Shang, H., Tong, H., Nehlich, O., Liu, W., Zhao, C., Yu, J., Wang, C., Trinkaus, E., and Richards, M. P. (2009). "Stable isotope dietary analysis of the Tianyuan 1 early modern human". *Proceedings of the National Academy of Sciences*, 106(27), 10971–10974.

Hublin, J.-J., Ben-Ncer, A., Bailey, S. E., Freidline, S. E., Neubauer, S., Skinner, M. M., Bergmann, I., Le Cabec, A., Benazzi, S., Harvati, K., and Gunz, P. (2017). "New fossils from Jebel Irhoud, Morocco and the pan-African origin of Homo sapiens". *Nature*, 546(7657), 289–292.

Hulme, D. (2010). *Global poverty: How global governance is failing the poor*. Routledge.

Hume, D. (1739). *A treatise of human nature: Being an attempt to introduce the experimental method of reasoning into moral subjects; and, dialogues concerning natural religion*. Longmans, Green, and Company.

Huxley, T. H. (1897). *Evolution and ethics, and other essays*. Scholarly Press.

Hyde, J. S. (2005). "The gender similarities hypothesis". *American Psychologist*, 60(6), 581–592.

IEA Energy Atlas. (n.d.). IEA. Retrieved October 25, 2020, from http://energyatlas.iea.org/#!/tellmap/1378539487.

Ihlanfeldt, K. R., and Sjoquist, D. L. (1998). "The spatial mismatch hypothesis: A review of recent studies and their implications for welfare reform". *Housing Policy Debate*, 9(4), 849–892.

Irving-Pease, E. K., Ryan, H., Jamieson, A., Dimopoulos, E. A., Larson, G., and Frantz, L. A. F. (2019). "Paleogenomics of animal domestication". In C. Lindqvist and O. P. Rajora (Eds.), *Paleogenomics: Genome-scale analysis of ancient DNA* (pp. 225–272). Springer International Publishing.

Isaacs, J. B. (2007). *Economic mobility of families across generations*. Brookings.

Isbell, L. A. (1994). "Predation on primates: Ecological patterns and evolutionary consequences". *Evolutionary Anthropology: Issues, News, and Reviews*, 3(2), 61–71.

Isbell, L. A., and Young, T. P. (2002). "Ecological models of female social relationships in primates: Similarities, disparities, and some directions for future clarity". *Behaviour*, 139(2/3), 177–202.

Isler, K., and van Schaik, C. P. (2012). "Allomaternal care, life history and brain size evolution in mammals". *Journal of Human Evolution*, 63(1), 52–63.

Jaeggi, A. V., De Groot, E., Stevens, J. M. G., and Van Schaik, C. P. (2013). "Mechanisms of reciprocity in primates: Testing for short-term contingency of grooming and food sharing in bonobos and chimpanzees". *Evolution and Human Behavior*, 34(2), 69–77.

Jameson, M. H. (1977). "Agriculture and slavery in classical Athens". *The Classical Journal*, 73(2), 122–145.

Jamieson, D. W., and Paola, M. D. (2014). "Climate change and global justice: New problem,

old paradigm?". *Global Policy*, 5(1), 105–111.
Jasper, J. M., and Poulsen, J. D. (1995). "Recruiting strangers and friends: Moral shocks and social networks in animal rights and anti-nuclear protests". *Social Problems*, 42(4), 493–512.
Jefferson, T. (1813). "Thomas Jefferson to Isaac McPherson". In A. A. Lipscomb and A. E. Bergh (Eds.), *The writings of Thomas Jefferson* (Vol. 1–20, p. 13:333–335). Thomas Jefferson Memorial Association.
Jensen, K., and Silk, J. (2013). "Searching for the evolutionary roots of human morality". In Melanie Killen and Judith G. Smetana (Eds.), *Handbook of moral development* (2nd ed., pp. 475–494). Psychology Press.
Jeske, D. (2019). "Special obligations". In E. N. Zalta (Ed.), *The Stanford Encyclopedia of Philosophy* (Fall 2019). Metaphysics Research Lab, Stanford University. https://plato.stanford.edu/archives/fall2019/entries/special-obligations/.
Jiménez, Á. V., and Mesoudi, A. (2019). "Prestige-biased social learning: Current evidence and outstanding questions". *Palgrave Communications*, 5(1), 1–12.
Johnson, A. W., and Earle, T. K. (2000). *The evolution of human societies: From foraging group to agrarian state*. Stanford University Press.
Jolly, S., Griffith, K. A., DeCastro, R., Stewart, A., Ubel, P., and Jagsi, R. (2014). "Gender differences in time spent on parenting and domestic responsibilities by high-achieving young physician-researchers". *Annals of Internal Medicine*, 160(5), 344–353.
Jones, J. M. (1997). *Prejudice and racism* (Second edition). McGraw-Hill Companies.
Joy, M. (2011). *Why we love dogs, eat pigs and wear cows: An introduction to carnism; the belief system that enables us to eat some animals and not others*. Conari Press.
Joyce, R. (2007). *The evolution of morality*. MIT Press.
Joyce, R. (2013)."Irrealism and the genealogy of morals". *Ratio*, 26(4), 351–372.
Joyce, R. (2016). *Essays in moral skepticism*. Oxford University Press.
Kaas, J. H. (2006). "Evolution of the neocortex". *Current Biology*, 16(21), R910–R914.
Kahng, S. K. (2010). "Can racial disparity in health between black and white Americans be attributed to racial disparities in body weight and socioeconomic status?". *Health & Social Work*, 35(4), 257–266.
Kain, J. F. (1968). "Housing segregation, Negro employment, and metropolitan decentralization". *The Quarterly Journal of Economics*, 82(2), 175–197.
Kano, F., Krupenye, C., Hirata, S., Tomonaga, M., and Call, J. (2019). "Great apes use self-experience to anticipate an agent's action in a false-belief test". *Proceedings of the National Academy of Sciences*, 116(42), 20904–20909.
Kant, I. (1785). *Groundwork for the metaphysics of morals* (A. W. Wood, Ed.). Yale University Press.
Kantner, J., McKinney, D., Pierson, M., and Wester, S. (2019). "Reconstructing sexual divisions of labor from fingerprints on Ancestral Puebloan pottery". *Proceedings of the National Academy of Sciences*, 116(25), 12220–12225.
Kaplan, D. (2000). "The darker side of the 'original affluent society'". *Journal of Anthropological Research*, 56(3), 301–324.
Kaplan, H., and Gurven, M. (2005). "The natural history of human food sharing and cooperation: A review and a new multi-individual approach to the negotiation of norms". In

H. Gintis, S. Bowles, R. Boyd, and E. Fehr (Eds.), *Moral sentiments and material interests: The foundations of cooperation in economic life* (pp. 75–114). MIT Press.

Kaplan, H., Hill, K., Lancaster, J., and Hurtado, A. M. (2000). "A theory of human life history evolution: Diet, intelligence, and longevity". *Evolutionary Anthropology: Issues, News, and Reviews*, 9(4), 156–185.

Kappelman, J., Alçiçek, M. C., Kazancı, N., Schultz, M., Özkul, M., and Şen, Ş. (2008). "First Homo erectus from Turkey and implications for migrations into temperate Eurasia". *American Journal of Physical Anthropology*, 135(1), 110–116.

Karg, K., Schmelz, M., Call, J., and Tomasello, M. (2015). "The goggles experiment: Can chimpanzees use self-experience to infer what a competitor can see?". *Animal Behaviour*, 105, 211–221.

Katz, S. H., Hediger, M. L., and Valleroy, L. A. (1974). "Traditional maize processing techniques in the new world". *Science*, 184(4138), 765–773.

Kaufmann, A., and Cahen, A. (2019). "Temporal representation and reasoning in nonhuman animals". *Behavioral and Brain Sciences*, 42, e257.

Kaye, K., and Marcus, J. (1981). "Infant imitation: The sensory-motor agenda". *Developmental Psychology*, 17(3), 258–265.

Kelly, D. (2011). *Yuck!: The nature and moral significance of disgust*. MIT Press.

Kelly, D., and Stich, S. (2008). "Two Theories About the Cognitive Architecture Underlying Morality". In P. Carruthers, S. Stich, and S. Laurence (Eds.), *The innate mind, Vol. III, Foundations and the future* (pp. 248–366). Oxford University Press.

Kelly, D., Stich, S., Haley, K. J., Eng, S. J., and Fessler, D. M. T. (2007). "Harm, affect, and themoral/conventional distinction". *Mind and Language*, 22(2), 117–131.

Kelly, R. C. (2005). "The evolution of lethal intergroup violence". *Proceedings of the National Academy of Sciences of the United States of America*, 102(43), 15294–15298.

Kerber, L. K. (1988). "Separate spheres, female worlds, woman's place: The rhetoric of women's history". *The Journal of American History*, 75(1), 9–39.

Key, F. M., Posth, C., Esquivel-Gomez, L. R., Hübler, R., Spyrou, M. A., Neumann, G. U., Furtwängler, A., Sabin, S., Burri, M., Wissgott, A., Lankapalli, A. K., Vågene, Å. J., Meyer, M., Nagel, S., Tukhbatova, R., Khokhlov, A., Chizhevsky, A., Hansen, S., Belinsky, A. B., ... Krause, J. (2020). "Emergence of human-adapted Salmonella enterica is linked to the Neolithization process". *Nature Ecology & Evolution*, 4(3), 324–333.

Kiernan, B. (2007). *Blood and soil: A world history of genocide and extermination from Sparta to Darfur*. Yale University Press.

Kingma, S. A., Hall, M. L., and Peters, A. (2011). "Multiple benefits drive helping behavior in a cooperatively breeding bird: An integrated analysis". *The American Naturalist*, 177(4), 486–495.

Kirby, S., Dowman, M., and Griffiths, T. L. (2007). "Innateness and culture in the evolution of language". *Proceedings of the National Academy of Sciences*, 104(12), 5241–5245.

Kissel, M., and Kim, N. C. (2019). "The emergence of human warfare: Current perspectives". *American Journal of Physical Anthropology*, 168(S67), 141–163.

Kitcher, P. (2011). *The ethical project*. Harvard University Press.

Kitcher, P. (2021). *Moral progress*. Oxford University Press.

Klein, A. R. (2009). "Practical implications of current domestic violence research" (p. 106).

U.S. Department of Justice National Institute of Justice.

Klein, N. (2007, April 26). "Naomi Klein: The World Bank has the perfect standard bearer". *The Guardian.* https://www.theguardian.com/commentisfree/2007/apr/27/comment. business.

Klein, R. G. (1995). "Anatomy, behavior, and modern human origins". *Journal of World Prehistory*, 9(2), 167–198.

Klein, R. G. (2000). "Archeology and the evolution of human behavior". *Evolutionary anthropology: Issues, News, and Reviews*, 9(1), 17–36.

Klein, R. G. (2003). "Whither the Neanderthals?". *Science*, 299(5612), 1525–1527.

Knafo, A., Schwartz, S. H., and Levine, R. V. (2009). "Helping strangers is lower in embedded cultures". *Journal of Cross-Cultural Psychology*, 40(5), 875–879.

Ko, K. H. (2016). "Hominin interbreeding and the evolution of human variation". *Journal of Biological Research-Thessaloniki*, 23(1), 17.

Kohler, T. A., and Smith, M. E. (Eds.). (2018). *Ten thousand years of inequality: The archaeology of wealth differences*. The University of Arizona Press.

Kolbert, E. (2014). *The sixth extinction: An unnatural history*. Henry Holt and Company.

Kolk, A. (2016). "The social responsibility of international business: From ethics and the environment to CSR and sustainable development". *Journal of World Business*, 51(1), 23–34.

Kotlaja, M. M. (2018). "Cultural contexts of individualism vs. collectivism: Exploring the relationships between family bonding, supervision and deviance". *European Journal of Criminology*, 17(3), 288–305.

Kourany, R. F. C. (1987). "Suicide among homosexual adolescents". *Journal of Homosexuality*, 13(4), 111–117.

Kowalewski, M. R. (1990). "Religious constructions of the AIDS crisis". *Sociological Analysis*, 51(1), 91–96.

Kranzberg, M., and Hannon, M. (2021). "History of the organization of work—Women in the workforce". *Encyclopedia Britannica*. https://www.britannica.com/topic/history-of-work-organization-648000.

Kraus, M. W., and Tan, J. J. X. (2015). "Americans overestimate social class mobility". *Journal of Experimental Social Psychology*, 58, 101–111.

Krause, J., Fu, Q., Good, J. M., Viola, B., Shunkov, M. V., Derevianko, A. P., and Pääbo, S. (2010). "The complete mitochondrial DNA genome of an unknown hominin from southern Siberia". *Nature*, 464(7290), 894–897.

Krause, N. (2003). "Religious meaning and subjective well-being in late life". *The journals of gerontology: Series B*, 58(3), S160–S170.

Krupenye, C., Kano, F., Hirata, S., Call, J., and Tomasello, M. (2016). "Great apes anticipate that other individuals will act according to false beliefs". *Science*, 354(6308), 110–114.

Kugler, T., Kausel, E. E., and Kocher, M. G. (2012). "Are groups more rational than individuals? A review of interactive decision making in groups". *WIREs Cognitive Science*, 3(4), 471–482.

Kuijt, I. (2000). *Life in Neolithic farming communities: Social organization, identity, and differentiation*. Springer Science & Business Media.

Kulczycki, A., and Windle, S. (2011). "Honor killings in the middle east and north Africa: A

systematic review of the literature". *Violence Against Women*, 17(11), 1442–1464.
Kumar, V. (2015). "Moral judgment as a natural kind". *Philosophical Studies*, 172(11), 2887–2910.
Kumar, V. (2016). "Psychopathy and internalism". *Canadian Journal of Philosophy*, 46(3), 318–345.
Kumar, V. (2017a). "Foul behavior". *Philosophers' Imprint*, 17: 1–17.
Kumar, V. (2017b). "Moral vindications". *Cognition*, 176: 124–134.
Kumar, V. (2019). "Empirical vindication of moral luck". *Nous*, 53: 987–1007.
Kumar, V. (2020). "The ethical significance of cognitive science". In A. Lerner, S. Cullen and S.-J. Leslie (Eds.), *Current controversies in cognitive science* (pp. 155–173). Routledge.
Kumar, V., and Campbell, R. (2012). "On the normative significance of experimental moral psychology". *Philosophical Psychology*, 25(3), 311–330.
Kumar, V., and Campbell, R. (2016). "Honor and moral revolution". *Ethical Theory and Moral Practice*, 19(1), 147–159.
Kumar, V., Kodipady, A., and Young, L. (2021). "A psychological explanation for the unique decline in anti-gay attitudes". Under review.
Kutsukake, N., and Castles, D. L. (2004). "Reconciliation and post-conflict third-party affiliation among wild chimpanzees in the Mahale Mountains, Tanzania". *Primates*, 45(3), 157–165.
Ladd, H. F. (2012). "Education and poverty: Confronting the evidence". *Journal of Policy Analysis and Management*, 31(2), 203–227.
Lafontaine, A. (2018). "Indigenous health disparities: A challenge and an opportunity". *Canadian Journal of Surgery*, 61(5), 300–301.
Lahr, M. M., Rivera, F., Power, R. K., Mounier, A., Copsey, B., Crivellaro, F., Edung, J. E., Fernandez, J. M. M., Kiarie, C., Lawrence, J., Leakey, A., Mbua, E., Miller, H., Muigai, A., Mukhongo, D. M., Van Baelen, A., Wood, R., Schwenninger, J.-L., Grün, R., . . . Foley, R. A. (2016). "Inter-group violence among early Holocene hunter-gatherers of West Turkana, Kenya". *Nature*, 529(7586), 394–398.
Laland, K. N. (2001). "Imitation, social learning, and preparedness as mechanisms of bounded rationality". In G. Gigerenzer and R. Selten (Eds.), *Bounded rationality: The adaptive toolbox* (pp. 233–247). MIT Press.
Laland, K. N., and Galef, B. G. (Eds.). (2009). *The question of animal culture*. Harvard University Press.
Lambert, B., Kontonatsios, G., Mauch, M., Kokkoris, T., Jockers, M., Ananiadou, S., and Leroi, A. M. (2020). "The pace of modern culture". *Nature Human Behaviour*, 4(4), 352–360.
Larbey, C., Mentzer, S. M., Ligouis, B., Wurz, S., and Jones, M. K. (2019). "Cooked starchy food in hearths ca. 120 kya and 65 kya (MIS 5e and MIS 4) from Klasies River Cave, South Africa". *Journal of Human Evolution*, 131, 210–227.
Larsen, C. S. (2006). "The agricultural revolution as environmental catastrophe: Implications for health and lifestyle in the Holocene". *Quaternary International*, 150(1), 12–20.
Laughlin, P. R. (2011). *Group problem solving*. Princeton University Press.
Law, T. (2019). "Climate change will impact the entire world. But these six places will face extreme threats". *Time*. https://time.com/5687470/cities-countries-most-affected-by-

climate-change/.
Lawrence v. Texas, 539 u. S. 558. (2003). Justia Law.
Lawrence, D., Philip, G., Hunt, H., Snape-Kennedy, L., and Wilkinson, T. J. (2016). "Long term population, city size and climate trends in the fertile crescent: A first approximation". *PLOS ONE*, 11(3), e0152563.
Le Blanc, S. (2004). *Constant battles: Why we fight*. St. Martin's Griffin.
Leakey, M. G., Feibel, C. S., McDougall, I., and Walker, A. (1995). "New four-million-year-old hominid species from Kanapoi and Allia Bay, Kenya". *Nature*, 376(6541), 565–571.
Lee, C., Oliffe, J. L., Kelly, M. T., and Ferlatte, O. (2017). "Depression and suicidality in gay men: Implications for health care providers". *American Journal of Men's Health*, 11(4), 910–919.
Lee, H. H., Molla, M. N., Cantor, C. R., and Collins, J. J. (2010). "Bacterial charity work leads to population-wide resistance". *Nature*, 467(7311), 82–85.
Lee, W. E. (2016). *Waging war: Conflict, culture, and innovation in world history*. Oxford University Press.
Lee-Thorp, J., Thackeray, J. F., and van der Merwe, N. (2000). "The hunters and the hunted revisited". *Journal of Human Evolution*, 39(6), 565–576.
Legare, C. H., Wen, N. J., Herrmann, P. A., and Whitehouse, H. (2015). "Imitative flexibility and the development of cultural learning". *Cognition*, 142, 351–361.
Leonetti, D. L., and Chabot-Hanowell, B. (2011). "The foundation of kinship: Households". *Human Nature* (Hawthorne, N.Y.), 22(1–2), 16–40.
Levine, D. H. (1986). "Religion and politics in comparative and historical perspective". *Comparative Politics*, 19(1), 95–122.
Levy, J. S. (1982). "Historical trends in great power war, 1495–1975". *International Studies Quarterly*, 26(2), 278–300.
Lewens, T. (2012). "Cultural evolution". In H. Kincaid (Ed.), *The Oxford Handbook of Philosophy of Social Science*, Oxford University Press.
Lewontin, R. C. (1985). "Population genetics". *Annual Review of Genetics*, 19, 81–102.
Lieberman, D. (2013). *The story of the human body: Evolution, health, and disease*. Vintage Books.
Liu, L., Bestel, S., Shi, J., Song, Y., and Chen, X. (2013). "Paleolithic human exploitation of plant foods during the last glacial maximum in North China". *Proceedings of the National Academy of Sciences of the United States of America*, 110(14), 5380–5385.
Liu, L., Ge, W., Bestel, S., Jones, D., Shi, J., Song, Y., and Chen, X. (2011). "Plant exploitation of the last foragers at Shizitan in the Middle Yellow River Valley China: Evidence from grinding stones". *Journal of Archaeological Science*, 38(12), 3524–3532.
Livingstone Smith, D. (2011). *Less than human: Why we demean, enslave, and exterminate others*. St. Martin's Press.
Lourandos, H. (1997). *Continent of hunter-gatherers: New perspectives in Australian rehistory*. Cambridge University Press.
Luhur, W., Brown, T. N. T., and Flores, A. R. (2019). "Public opinion of transgender rights in the United States" (p. 28). UCLA School of Law Williams Institute.
Macartney, S., Bishaw, A., and Fontenot, K. (2013). "Poverty rates for selected detailed race and Hispanic groups by state and place: 2007–2011" (p. 20). United States Census Bureau.

Mallick, S., Li, H., Lipson, M., Mathieson, I., Gymrek, M., Racimo, F., Zhao, M., Chennagiri, N., Nordenfelt, S., Tandon, A., Skoglund, P., Lazaridis, I., Sankararaman, S., Fu, Q., Rohland, N., Renaud, G., Erlich, Y., Willems, T., Gallo, C., . . . Reich, D. (2016). "The Simons Genome Diversity Project: 300 genomes from 142 diverse populations". *Nature*, 538(7624), 201–206.

Mann, C. C. (2018). *The wizard and the prophet: Two remarkable scientists and their dueling visions to shape tomorrow's world* (First edition). Alfred A. Knopf.

Manne, K. (2018). *Down girl: The logic of misogyny*. Oxford University Press.

Margulis, L., and Sagan, D. (2008). *Acquiring genomes: A theory of the origin of species*. Basic Books.

Marlowe, F. W., Berbesque, J. C., Barr, A., Barrett, C., Bolyanatz, A., Cardenas, J. C., Ensminger, J., Gurven, M., Gwako, E., Henrich, J., Henrich, N., Lesorogol, C., McElreath, R., and Tracer, D. (2008). "More 'altruistic' punishment in larger societies". *Proceedings of the Royal Society B: Biological Sciences*, 275(1634), 587–592.

Martínez, I., Rosa, M., Arsuaga, J.-L., Jarabo, P., Quam, R., Lorenzo, C., Gracia, A., Carretero, J.-M., Castro, J.-M. B. de, and Carbonell, E. (2004). "Auditory capacities in Middle Pleistocene humans from the Sierra de Atapuerca in Spain". *Proceedings of the National Academy of Sciences*, 101(27), 9976–9981.

Masserman, J. H., Wechkin, S., and Terris, W. (1964). "'Altruistic' behavior in rhesus monkeys". *The American Journal of Psychiatry*, 121(6), 584–585.

Mauer, M., and King, R. S. (2007). "Uneven justice: State rates of incarceration by race and ethnicity" (p. 23). The Sentencing Project. https://www.issuelab.org/resources/695/695.pdf.

May, J., and Kumar, V. (2021). "Harnessing moral psychology to reduce meat consumption". Under review.

Maynard Smith, J. (1964). "Group selection and kin selection". *Nature*, 201(4924), 1145–1147.

Maynard Smith, J. (1975). "Survival through suicide". *New Scientist*, 28, 496.

Maynard Smith, J. (1976). "Group selection". *The Quarterly Review of Biology*, 51(2), 277–283.

Maynard Smith, J., and Szathmary, E. (1997). *The major transitions in evolution*. Oxford University Press.

McBrearty, S., and Brooks, A. S. (2000). "The revolution that wasn't: A new interpretation of the origin of modern human behavior". *Journal of Human Evolution*, 39(5), 453–563.

McDonald, M. M., Navarrete, C. D., and Van Vugt, M. (2012). "Evolution and the psychology of intergroup conflict: The male warrior hypothesis". *Philosophical Transactions of the Royal Society B: Biological Sciences*, 367(1589), 670–679.

McElreath, R., Bell, A. V., Efferson, C., Lubell, M., Richerson, P. J., and Waring, T. (2008). "Beyond existence and aiming outside the laboratory: Estimating frequency-dependent and pay-off-biased social learning strategies". *Philosophical Transactions of the Royal Society B: Biological Sciences*, 363(1509), 3515–3528.

McGuigan, N., Whiten, A., Flynn, E., and Horner, V. (2007). "Imitation of causally opaque versus causally transparent tool use by 3- and 5-year-old children". *Cognitive Development*, 22(3), 353–364.

McKernan, S.-M., Ratcliffe, C., Steverle, E., and Zhang, S. (2013). "Less than equal: Racial

disparities in wealth accumulation" (p. 6). Urban Institute.
McMahon, A. (2020). "Early urbanism in northern Mesopotamia". *Journal of Archaeological Research*, 28(3), 289–337.
McNulty, K. P. (2016). "Hominin taxonomy and phylogeny: What's in a name?". *Nature Education Knowledge*, 7(1), 2.
McTavish, E. J., Decker, J. E., Schnabel, R. D., Taylor, J. F., and Hillis, D. M. (2013). "New World cattle show ancestry from multiple independent domestication events". *Proceedings of the National Academy of Sciences*, 110(15), E1398–E1406.
Melis, A. P., Hare, B., and Tomasello, M. (2006). "Engineering cooperation in chimpanzees: Tolerance constraints on cooperation". *Animal Behaviour*, 72(2), 275–286.
Melis, A. P., Hare, B., and Tomasello, M. (2009). "Chimpanzees coordinate in a negotiation game". *Evolution and Human Behavior*, 30(6), 381–392.
Mercier, H., and Sperber, D. (2017). *The enigma of reason*. Harvard University Press.
Merry, M. (2016). *Equality, citizenship, and segregation: A defense of separation*. Springer.
Mesoudi, A. (2011). "Variable cultural acquisition costs constrain cumulative cultural evolution". *PLOS ONE*, 6(3), e18239.
Mikhalevich, I., and Powell, R. (2020). "Minds without spines: Evolutionarily inclusive animal ethics". *Animal Sentience*, 5(29).
Mill, J. S. (1861). *Utilitarianism* (R. Crisp, Ed.). Oxford University Press.
Miller, C. C. (2018, February 5). "Children hurt women's earnings, but not men's (evenin Scandinavia)". *The New York Times*. https://www.nytimes.com/2018/02/05/upshot/even-in-family-friendly-scandinavia-mothers-are-paid-less.html.
Miller, N. E., and Dollad, J. (1941). *Social learning and imitation*. Yale University Press.
Miller, S. (2019). "Social institutions". In E. N. Zalta (Ed.), *The Stanford Encyclopedia of Philosophy* (Summer 2019). Metaphysics Research Lab, Stanford University. https://plato.stanford.edu/archives/sum2019/entries/social-institutions/.
Mills, C. (2007). "White ignorance". In S. Sullivan and N. Tuana (Eds.), *Race and epistemologies of ignorance* (pp. 11–38). State University of New York Press.
Mills, C. W. (1997). *The racial contract*. Cornell University Press.
Mills, C. W. (2005). "'Ideal theory' as ideology". *Hypatia*, 20(3): 165–184.
Miralles, A., Raymond, M., and Lecointre, G. (2019). "Empathy and compassion toward other species decrease with evolutionary divergence time". *Scientific Reports*, 9(1), 1–8.
Mitani, J. C., Sanders, W. J., Lwanga, J. S., and Windfelder, T. L. (2001). "Predatory behavior of crowned hawk-eagles (Stephanoaetus coronatus) in Kibale National Park, Uganda". *Behavioral Ecology and Sociobiology*, 49(2), 187–195.
Mizock, L., and Mueser, K. T. (2014). "Employment, mental health, internalized stigma, and coping with transphobia among transgender individuals". *Psychology of Sexual Orientation and Gender Diversity*, 1(2), 146–158.
Molina, J., Sikora, M., Garud, N., Flowers, J. M., Rubinstein, S., Reynolds, A., Huang, P., Jackson, S., Schaal, B. A., Bustamante, C. D., Boyko, A. R., and Purugganan, M. D. (2011). "Molecular evidence for a single evolutionary origin of domesticated rice". *Proceedings of the National Academy of Sciences*, 108(20), 8351–8356.
Monsó, S., and Andrews, K. (forthcoming). "Animal moral psychologies". In J. M. Doris and M. Vargas (Eds.), *The Oxford handbook of moral psychology*. Oxford University Press.

Moore, G. E. (1903). *Principia ethica*. Courier Corporation.
Moore, J., and Ali, R. (1984). "Are dispersal and inbreeding avoidance related?". *Animal Behaviour*, 32(1), 94–112.
Mora-Bermúdez, F., Badsha, F., Kanton, S., Camp, J. G., Vernot, B., Köhler, K., Voigt, B., Okita, K., Maricic, T., He, Z., Lachmann, R., Pääbo, S., Treutlein, B., and Huttner, W. B. (2016). "Differences and similarities between human and chimpanzee neural progenitors during cerebral cortex development". *ELife*, 5: e18683.
Morgan, C. L. (1894). *An introduction to comparative psychology*. London, W. Scott, limited.
Morgan, H. (2005). *Historical perspectives on the education of black children*. Praeger.
Moshman, D., and Geil, M. (1998). "Collaborative reasoning: Evidence for collective rationality". *Thinking & Reasoning*, 4(3), 231–248.
Moss, C. (1988). *Elephant memories: Thirteen years in the life of an elephant family*. University of Chicago Press.
Mounier, A., and Mirazón Lahr, M. (2019). "Deciphering African late middle Pleistocene hominin diversity and the origin of our species". *Nature Communications*, 10(1), 1–13.
Muir, W. M. (1996). "Group selection for adaptation to multiple-hen cages: Selection program and direct responses". *Poultry Science*, 75(4), 447–458.
Murphy, T. F. (1988). "Is AIDS a just punishment?". *Journal of Medical Ethics*, 14(3), 154–160.
Naber, M., Vaziri Pashkam, M., and Nakayama, K. (2013). "Unintended imitation affects success in a competitive game". *Proceedings of the National Academy of Sciences*, 110(50), 20046–20050.
Nado, J. E., Kelly, D., and Stich, S. (2009). "Moral judgment". In J. Symons and P. Calvo (Eds.), *The Routledge companion to philosophy of psychology* (pp. 621–633). Routledge.
Nakahashi, W., and Feldman, M. W. (2014). "Evolution of division of labor: Emergence of different activities among group members". *Journal of Theoretical Biology*, 348, 65–79.
National Law Center on Homelessness and Poverty(2019). "Housing not handcuffs: Ending the criminalization of homelessness in U.S.". http://nlchp.org/wp-content/uploads/2019/12/HOUSING-NOT-HANDCUFFS-2019-FINAL.pdf.
Negraia, D. V., Augustine, J. M., and Prickett, K. C. (2018). "Gender disparities in parenting time across activities, child ages, and educational groups". *Journal of Family Issues*, 39(11), 3006–3028.
Nelson, J. (2001). *Police brutality: An anthology*. W. W. Norton & Company.
Neurath, O. (1921). "Anti-spengler". In O. Neurath, M. Neurath, and R. S. Cohen (Eds.), *Empiricism and sociology* (pp. 158–213). Springer Netherlands.
Newport, F. (2018, May 22). "In U.S., estimate of LGBT population rises to 4.5%". Gallup. https://news.gallup.com/poll/234863/estimate-lgbt-population-rises.aspx.
Newton-Fisher, N. E. (2006). "Female coalitions against male aggression in wild chimpanzees of the Budongo forest". *International Journal of Primatology*, 27(6), 1589–1599.
Nguyen, Thi. (2020). "Echo chambers and epistemic bubbles". *Episteme*, 17 (2): 141–161.
Nichols, S. (2002). "On the genealogy of norms: A case for the role of emotion in cultural evolution". *Philosophy of Science*, 69(2), 234–255.
Nichols, S. (2004). *Sentimental rules: On the natural foundations of moral judgment*. Oxford University Press.

Nichols, S., and Folds-Bennett, T. (2003). "Are children moral objectivists? Children's judgments about moral and response-dependent properties". *Cognition*, 90(2), 23–32.

Nichols, S., Kumar, S., Lopez, T., Ayars, A., and Chan, H.-Y. (2016). "Rational learners and moral rules". *Mind & Language*, 31(5), 530–554.

Nielsen, M. (2012). "Imitation, pretend play, and childhood: Essential elements in the evolution of human culture?". *Journal of Comparative Psychology*, 126(2), 170–181.

Nierenberg, D. (2005). *Happier meals: Rethinking the global meat industry*. Worldwatch Inst.

Nieuwenhuis, R., and Maldonado, L. C. (Eds.). (2018). *The triple bind of single-parent families*. Policy Press.

Nisbett, R. E., and Cohen, D. (1996). *Culture of honor: The psychology of violence in the South*. Westview Press.

Nishida, T. (1983). "Alpha status and agonistic alliance in wild chimpanzees (Pan troglodytes schweinfurthii)". *Primates*, 24(3), 318–336.

Nishida, T., Hiraiwa-Hasegawa, M., Hasegawa, T., and Takahata, Y. (1985). "Group extinction and female transfer in wild chimpanzees in the Mahale national park, Tanzania". *Zeitschrift Für Tierpsychologie*, 67(1–4), 284–301.

Nishida, T., Hosaka, K., and Marchant, L. (1996). "Coalition strategies among adult male chimpanzees of the Mahale Mountains, Tanzania". In W. McGrew (Ed.), *Great ape societies* (pp. 114–134). Cambridge University Press.

Njau, J. K., and Blumenschine, R. J. (2012). "Crocodylian and mammalian carnivore feeding traces on hominid fossils from FLK 22 and FLK NN 3, Plio-Pleistocene, Olduvai Gorge, Tanzania". *Journal of Human Evolution*, 63(2), 408–417.

Nkrumah, K. (1984). *Neo-colonialism: The last stage of imperialism*. International Publishers.

Noden, R. (2007). "Is AIDS God's judgment against homosexuality? An argument from natural law". *Cedar Ethics*, 6(2), 9–12. https://digitalcommons.cedarville.edu/cedarethics/vol6/iss2/3.

Noë, R., and Hammerstein, P. (1994). "Biological markets: Supply and demand determine the effect of partner choice in cooperation, mutualism and mating". *Behavioral Ecology and Sociobiology*, 35(1), 1–11.

Noë, R., and Hammerstein, P. (1995). "Biological markets". *Trends in Ecology & Evolution*, 10(8), 336–339.

Noell, J. W., and Ochs, L. M. (2001). "Relationship of sexual orientation to substance use, suicidal ideation, suicide attempts, and other factors in a population of homeless adolescents". *Journal of Adolescent Health*, 29(1), 31–36.

NoHomophobes.com. (n.d.). Retrieved May 28, 2021, from http://www.nohomophobes.com.

Norton, J. (1997). "'Brain says you're a girl, but I think you're a sissy boy': Cultural origins of transphobia". *International Journal of Sexuality and Gender Studies*, 2(2), 139–164.

Nowak, M. A., Page, K. M., and Sigmund, K. (2000). "Fairness versus reason in the ultimatum game". *Science*, 289(5485), 1773–1775.

Nowak, M. A., Tarnita, C. E., and Wilson, E. O. (2010). "The evolution of eusociality". *Nature*, 466(7310), 1057–1062.

Nowell, A. (2010). "Defining behavioral modernity in the context of Neandertal and anatomically modern human populations". *Annual Review of Anthropology*, 39(1), 437–452.

Nucci, L. P. (1985). "Children's conceptions of morality, societal convention, and religious prescription". In C. G. Harding (Ed.), *Moral dilemmas: Philosophical and psychological issues in the development of moral reasoning* (pp. 137–174). Precedent Publishing Inc.
Nucci, L. P. (2001). *Education in the moral domain.* Cambridge University Press.
Nucci, L. P., and Turiel, E. (1978). "Social interactions and the development of social concepts in preschool children". *Child Development*, 49(2), 400–407.
Nucci, L., Turiel, E., and Encarnacion-Gawrych, G. (1983). "Children's social interactions and social concepts: Analyses of morality and convention in the Virgin Islands". *Journal of Cross-Cultural Psychology*, 14, 469–487.
Nugent, S. J. (2006). "Applying use-wear and residue analyses to digging sticks". *Memoirs of the Queensland Museum, Culture*, 4(1), 89.
O'Connell, J. F., and Allen, J. (2015). "The process, biotic impact, and global implications of the human colonization of Sahul about 47,000 years ago". *Journal of Archaeological Science*, 56, 73–84.
O'Connell, J. F., Hawkes, K., and Blurton Jones, N. G. (1999). "Grandmothering and the evolution of homo erectus". *Journal of Human Evolution*, 36(5), 461–485.
O'Connor, C. (2019). *The origins of unfairness: Social categories and cultural evolution.* Oxford University Press.
Ochman, H., Lawrence, J. G., and Groisman, E. A. (2000). "Lateral gene transfer and the nature of bacterial innovation". *Nature*, 405(6784), 299–304.
Offerman, T., Potters, J., and Sonnemans, J. (2002). "Imitation and belief learning in an oligopoly experiment". *Review of Economic Studies*, 69(4), 973–997.
Ofosu, E. K., Chambers, M. K., Chen, J. M., and Hehman, E. (2019). "Same-sex marriage legalization associated with reduced implicit and explicit antigay bias". *Proceedings of the National Academy of Sciences*, 116(18), 8846–8851.
Okasha, S. (2020). "Biological altruism". In E. N. Zalta (Ed.), *The Stanford Encyclopedia of Philosophy* (Summer 2020). https://plato.stanford.edu/archives/sum2020/entries/altruism-biological/.
Okin, S. M. (1998). *Justice, gender, and the family.* Basic Books.
Olaore, I. B., and Olaore, A. Y. (2014). "Is HIV/AIDS a consequence or divine judgment? Implications for faith-based social services. A Nigerian faith-based university's study". *Sahara-J*, 11(1), 20–25.
Olson, M. (1965). *The logic of collective action: Public goods and the theory of groups.* Harvard University Press.
Oota, H., Settheetham-Ishida, W., Tiwawech, D., Ishida, T., and Stoneking, M. (2001). "Human mtDNA and Y-chromosome variation is correlated with matrilocal versus patrilocal residence". *Nature Genetics*, 29(1), 20–21.
Oreskes, N. (2004). "The scientific consensus on climate change". *Science*, 306(5702), 1686–1686.
Orfield, G., and Lee, C. (2004). "Brown at 50: King's dream or Plessy's nightmare? The Civil Rights Project at Harvard University". https://civilrightsproject.ucla.edu/research/k-12-education/integration-and-diversity/brown-at-50-king2019s-dream-or-plessy2019s-nightmare/orfield-brown-50-2004.pdf.
Over, H., and Carpenter, M. (2013). "The social side of imitation". *Child Development*

Perspectives, 7(1), 6–11.
Oyama, S., Griffiths, P., and Gray, R. D. (Eds.). (2001). *Cycles of contingency: Developmental systems and evolution*. MIT Press.
Ozono, H., Kamijo, Y., and Shimizu, K. (2017). "Punishing second-order free riders before first-order free riders: The effect of pool punishment priority on cooperation". *Scientific Reports*, 7(1), 1–9.
Packard, J. (2003). "Wolf behavior: Reproductive, social and intelligent". In L. D. Mech and L. Boitani (Eds.), *Wolves: Behavior, ecology and conservation* (pp. 35–65). University of Chicago Press.
Pager, D., and Shepherd, H. (2008). "The sociology of discrimination: Racial discrimination in employment, housing, credit, and consumer markets". *Annual Review of Sociology*, 34(1), 181–209.
Paley, W. (1803). *Natural theology, or, evidences of the existence and attributes of the deity: Collected from the appearances of nature*. R. Faulder.
Paul, J. P., Catania, J., Pollack, L., Moskowitz, J., Canchola, J., Mills, T., Binson, D., and Stall, R. (2002). "Suicide attempts among gay and bisexual men: Lifetime prevalence and antecedents". *American Journal of Public Health*, 92(8), 1338–1345.
Payne, K. (1998). *Silent thunder: In the presence of elephants*. Simon and Schuster.
Pennisi, E. (2007). "Nonhuman primates demonstrate humanlike reasoning". *Science*, 317(5843), 1308–1308.
Peoples, H. C., and Marlowe, F. W. (2012). "Subsistence and the evolution of religion". *Human Nature*, 23(3), 253–269.
Perreault, C. (2012). "The pace of cultural evolution". *PLOS ONE*, 7(9), e45150.
Perry, D. G., and Bussey, K. (1979). "The social learning theory of sex differences: Imitation is alive and well". *Journal of Personality and Social Psychology*, 37(10), 1699–1712.
Petrinovich, L., and O'Neill, P. (1996). "Influence of wording and framing effects on moral intuitions". *Ethology & Sociobiology*, 17(3), 145–171.
Petro, A. M. (2015). *After the wrath of God: AIDS, sexuality, and American religion*. Oxford University Press.
Pettigrew, T. F., Tropp, L. R., Wagner, U., and Christ, O. (2011). "Recent advances in intergroup contact theory". *International Journal of Intercultural Relations*, 35(3), 271–280.
Pettitt, P. (2013). *The Paleolithic origins of human burial*. Routledge.
Phillips, C. (2011). "Institutional racism and ethnic inequalities: An expanded multilevel framework". *Journal of Social Policy*, 40(1), 173–192.
Piketty, T., and Saez, E. (2003). "Income inequality in the United States, 1913–1998". *Quarterly Journal of Economics*, 118(1), 39.
Pilloud, M. A., and Larsen, C. S. (2011). "'Official' and 'practical' kin: Inferring social and community structure from dental phenotype at Neolithic Çatalhöyük, Turkey". *American Journal of Physical Anthropology*, 145(4), 519–530.
Pinard, M. (2010). "Collateral consequences of criminal convictions: Confronting issues of race and dignity". *New York University Law Review*, 85, 457.
Pingle, M. (1995). "Imitation versus rationality: An experimental perspective on decision making". *The Journal of Socio-Economics*, 24(2), 281–315.

Pinker, S. (2003). *The blank slate: The modern denial of human nature*. Penguin Books.
Pinker, S. (2012). *The better angels of our nature: Why violence has declined*. Penguin Books.
Pinker, S. (2015). "The false allure of group selection". In D. M. Buss (Ed.), *The handbook of evolutionary psychology* (pp. 1–14). John Wiley & Sons, Inc.
Pinker, S. (2019). *Enlightenment now: The case for reason, science, humanism, and progress*. Penguin Books.
Pinker, S., and Bloom, P. (1990). "Natural language and natural selection". *Behavioral and Brain Sciences*, 13(4), 707–727.
Pitman, G. R. (2011). "The evolution of human warfare". *Philosophy of the Social Sciences*, 41(3), 352–379.
Planty, M., Langton, L., Krebs, C., Berzofsky, M., and Smiley-McDonald, H. (2013). "Female victims of sexual violence, 1994–2010 [Data set]". U.S. Department of Justice Bureau of Justice Statistics.
Plato. (399 BCE/2004). *Euthyphro*.
Plato. (360 BCE). *The Republic*.
Pontzer, H. (2012). "Ecological energetics in early Homo". *Current Anthropology*, 53(S6), S346–S358.
Posth, C., Renaud, G., Mittnik, A., Drucker, D. G., Rougier, H., Cupillard, C., Valentin, F., Thevenet, C., Furtwängler, A., Wißing, C., Francken, M., Malina, M., Bolus, M., Lari, M., Gigli, E., Capecchi, G., Crevecoeur, I., Beauval, C., Flas, D., . . . Krause, J. (2016). "Pleistocene mitochondrial genomes suggest a single major dispersal of non-Africans and a late glacial population turnover in Europe". *Current Biology*, 26(6), 827–833.
Postic, R., and Prough, E. (2014). "That's gay! Gay as a slur among college students". *SAGE Open*, 4(4), 2158244014556996.
Potts, R. (2012). "Evolution and environmental change in early human prehistory". *Annual Review of Anthropology*, 41(1), 151–167.
Povinelli, D. J., Eddy, T. J., Hobson, R. P., and Tomasello, M. (1996). "What young chimpanzees know about seeing". *Monographs of the Society for Research in Child Development*, 61(3), 1–189.
Prashad, V. (2007). *The darker nations: A biography of the short-lived third world*. Left Word Books.
Pratto, F., Sidanius, J., and Levin, S. (2006). "Social dominance theory and the dynamics of intergroup relations: Taking stock and looking forward". *European Review of Social Psychology*, 17(1), 271–320.
Presbie, R. J., and Coiteux, P. F. (1971). "Learning to be generous or stingy: Imitation of sharing behavior as a function of model generosity and vicarious reinforcement". *Child Development*, 42(4), 1033.
Price, S. A., Hopkins, S. S. B., Smith, K. K., and Roth, V. L. (2012). "Tempo of trophic evolution and its impact on mammalian diversification". *Proceedings of the National Academy of Sciences*, 109, 7008–7012.
Price, T. D. (1995). "Social inequality at the origins of agriculture". In T. D. Price and G. M. Feinman (Eds.), *Foundations of social inequality* (pp. 129–151). Springer US.
Proctor, D., Williamson, R. A., de Waal, F. B., and Brosnan, S. F. (2013). "Chimpanzees

play the ultimatum game". *Proceedings of the National Academy of Sciences*, 110(6), 2070–2075.

Pryor, A. J. E., Beresford-Jones, D. G., Dudin, A. E., Ikonnikova, E. M., Hoffecker, J. F., and Gamble, C. (2020). "The chronology and function of a new circular mammoth-bone structure at Kostenki 11". *Antiquity*, 94(374), 323–341.

Quammen, D. (2018). *The tangled tree: A radical new history of life*. Simon and Schuster.

Quine, W. V. (1960). *Word and object* (New ed). MIT Press.

Quine, W. V. (1969). *Ontological relativity and other essays* (p. 165). Columbia University Press.

Railton, P. (2014). "The affective dog and its rational tale: Intuition and attunement". *Ethics*, 124 (4): 813–859.

RAINN. (n.d.). "Perpetrators of sexual violence: Statistics". Retrieved November 2, 2020, from https://www.rainn.org/statistics/perpetrators-sexual-violence.

Rakoczy, H., Warneken, F., and Tomasello, M. (2008). "The sources of normativity: Young children's awareness of the normative structure of games". *Developmental Psychology*, 44(3), 875–881.

Rakoczy, H., Warneken, F., and Tomasello, M. (2009). "Young children's selective learning of rule games from reliable and unreliable models". *Cognitive Development*, 24(1), 61–69.

Rand, D. G., Greene, J. D., and Nowak, M. A. (2012). "Spontaneous giving and calculated greed". *Nature*, 489(7416), 427–430.

Rand, D. G., Greene, J. D., and Nowak, M. A. (2013). "Rand et al. Reply". *Nature*, 498(7452), E2–E3.

Rand, D. G., Peysakhovich, A., Kraft-Todd, G. T., Newman, G. E., Wurzbacher, O., Nowak, M. A., and Greene, J. D. (2014). "Social heuristics shape intuitive cooperation". *Nature Communications*, 5(1), 3677.

Rawls, J. F. (1971). *A theory of justice*. Harvard University Press.

Read, D. (2006). "Tasmanian knowledge and skill: Maladaptive imitation or adequate technology?". *American Antiquity*, 71(1), 164–184.

Reger, J., Lind, M. I., Robinson, M. R., and Beckerman, A. P. (2018). "Predation drives local adaptation of phenotypic plasticity". *Nature Ecology & Evolution*, 2(1), 100–107.

Reich, D. (2018). *Who we are and how we got here: Ancient DNA and the new science of the human past*. Knopf Doubleday Publishing Group.

Ren, B., Li, D., Garber, P. A., and Li, M. (2012). "Evidence of allomaternal nursing across one-male units in the Yunnan snub-nosed monkey (Rhinopithecus bieti)". *PLOS ONE*, 7(1), e30041.

Rendu, W., Beauval, C., Crevecoeur, I., Bayle, P., Balzeau, A., Bismuth, T., Bourguignon, L., Delfour, G., Faivre, J.-P., Lacrampe-Cuyaubère, F., Tavormina, C., Todisco, D., Turq, A., and Maureille, B. (2013). "Evidence supporting an intentional Neandertal burial at La Chapelle-aux-Saints". *Proceedings of the National Academy of Sciences*, 111(1), 81–86.

Richards, M. P. (2002). "A brief review of the archaeological evidence for Palaeolithic and Neolithic subsistence". *European Journal of Clinical Nutrition*, 56(12), 1270–1278.

Richerson, P. J., and Boyd, R. (2000). "Climate, culture and the evolution of cognition". In C. Heyes and L. Huber (Eds.), *The Evolution of cognition* (pp. 329–346). MIT Press.

Richerson, P. J., and Boyd, R. (2001). "Built for speed, not for comfort. Darwinian theory and

human culture". *History and Philosophy of the Life Sciences*, 23(3–4), 425–465.
Richerson, P. J., and Boyd, R. (2001). "Institutional evolution in the Holocene: The rise of complex societies". *Proceedings of the British Academy*, 110,197–234..
Richerson, P. J., and Boyd, R. (2005). *Not by genes alone: How culture transformed human evolution*. University of Chicago Press.
Richter, D., Grün, R., Joannes-Boyau, R., Steele, T. E., Amani, F., Rué, M., Fernandes, P., Raynal, J.-P., Geraads, D., Ben-Ncer, A., Hublin, J.-J., and McPherron, S. P. (2017). "The age of the hominin fossils from Jebel Irhoud, Morocco, and the origins of the middle stone age". *Nature*, 546(7657), 293–296.
Rightmire, G. P. (1998). "Human evolution in the middle Pleistocene: The role of homo heidelbergensis". *Evolutionary Anthropology: Issues, News, and Reviews*, 6(6), 218–227.
Rightmire, G. P. (2001). "Patterns of hominid evolution and dispersal in the Middle Pleistocene". *Quaternary International*, 75(1), 77–84.
Rightmire, G. P. (2004). "Brain size and encephalization in early to Mid-Pleistocene Homo". *American Journal of Physical Anthropology*, 124(2), 109–123.
Rilling, J. K., Sanfey, A. G., Aronson, J. A., Nystrom, L. E., and Cohen, J. D. (2004). "The neural correlates of theory of mind within interpersonal interactions". *Neuro Image*, 22(4), 1694–1703.
Ring, I., and Brown, N. (2003). "The health status of indigenous peoples and others". *British Medical Journal*, 327(7412), 404–405.
Riss, D., and Goodall, J. (1977). "The recent rise to the alpha-rank in a population of freeliving chimpanzees". *Folia Primatologica*, 27(2), 134–151.
Ritchie, A. J. (2017). *Invisible no more: Police violence against black women and women of color*. Beacon Press.
Ritchie, H., and Roser, M. (2017). "Meat and dairy production". Our World in Data. https://ourworldindata.org/meat-production.
Rito, T., Vieira, D., Silva, M., Conde-Sousa, E., Pereira, L., Mellars, P., Richards, M. B., and Soares, P. (2019). "A dispersal of Homo sapiens from southern to eastern Africa immediately preceded the out-of-Africa migration". *Scientific Reports*, 9(1), 1–10.
Rivera-López, E. (2017). "Nonideal ethics". Wiley. https://onlinelibrary.wiley.com/doi/10.1002/9781444367072.wbiee638.pub2.
Rizal, Y., Westaway, K. E., Zaim, Y., van den Bergh, G. D., Bettis, E. A., Morwood, M. J., Huffman, O. F., Grün, R., Joannes-Boyau, R., Bailey, R. M., Sidarto, Westaway, M. C., Kurniawan, I., Moore, M. W., Storey, M., Aziz, F., Suminto, Zhao, J., Aswan, . . . Ciochon, R. L. (2020). "Last appearance of Homo erectus at Ngandong, Java, 117,000–108,000 years ago". *Nature*, 577(7790), 381–385.
Roberts, P., and Stewart, B. A. (2018). "Defining the 'generalist specialist' niche for Pleistocene Homo sapiens". *Nature Human Behaviour*, 2(8), 542–550.
Robson, A. J., and Kaplan, H. S. (2003). "The evolution of human life expectancy and intelligence in hunter-gatherer economies". *American Economic Review*, 93(1), 150–169.
Roebroeks, W., and Villa, P. (2011). "On the earliest evidence for habitual use of fire in Europe". *Proceedings of the National Academy of Sciences*, 108(13), 5209–5214.
Rogers, F. D., and Bales, K. L. (2019). "Mothers, fathers, and others: Neural substrates of parental care". *Trends in Neurosciences*, 42(8), 552–562.

Rogers, M., and Konieczny, M. E. (2018). "Does religion always help the poor? Variations in religion and social class in the west and societies in the global south". *Palgrave Communications*, 4(1), 1–11.

Romero, T., and de Waal, F. B. M. (2010). "Chimpanzee (Pan troglodytes) consolation: Third-party identity as a window on possible function". *Journal of Comparative Psychology*, 124(3), 278–286.

Romero, T., Castellanos, M. A., and de Waal, F. B. M. (2010). "Consolation as possible expression of sympathetic concern among chimpanzees". *Proceedings of the National Academy of Sciences*, 107(27), 12110–12115.

Rose, E. K. (2018). "The rise and fall of female labor force participation during World War II in the United States". *The Journal of Economic History*, 78(3), 673–711.

Rosekrans, M. A. (1967). "Imitation in children as a function of perceived similarity to a social model and vicarious reinforcement". *Journal of Personality and Social Psychology*, 7(3, Pt.1), 307–315.

Rosenbaum, M. E., and Tucker, I. F. (1962). "The competence of the model and the learning of imitation and nonimitation". *Journal of Experimental Psychology*, 63, 183–190.

Ross, W. D. (1930). *The right and the good: Some problems in ethics*. Clarendon Press.

Rossano, M. J. (2006). "The religious mind and the evolution of religion". *Review of General Psychology*, 10(4), 346–364.

Royster, D. A. (2003). *Race and the invisible hand: How white networks exclude Black men from blue-collar jobs*. University of California Press.

Rozin, P., Haidt, J., and McCauley, C. R. (2008). "Disgust". In M. Lewis, J. M. Haviland-Jones, and L. F. Barrett (Eds.), *Handbook of emotions* (3rd ed., pp. 757–776). The Guilford Press.

Ruan, J., Xie, Z., and Zhang, X. (2015). "Does rice farming shape individualism and innovation?". *Food Policy*, 56, 51–58.

Rubinstein, D. H. (1983). "Epidemic suicide among Micronesian adolescents". *Social Science & Medicine*, 17(10), 657–665.

Ruggi, S. (1998). "Commodifying honor in female sexuality: Honor killings in Palestine". *Middle East Report*, 206, 12–15.

Ryalls, B., Gul, R., and Ryalls, K. (2000). "Infant imitation of peer and adult models: Evidence for a peer model advantage". *Merrill-Palmer Quarterly*, 46(1), 188–202.

Safina, C. (2015). *Beyond words: What animals think and feel*. Henry Holt and Company.

Sagan, C. (1977). *Dragons of Eden: Speculations on the evolution of human intelligence*. Ballantine Books.

Sampson, R. J., and Lauritsen, J. L. (1997). "Racial and ethnic disparities in crime and criminal justice in the United States". *Crime and Justice*, 21, 311–374.

Sandel, M. J. (1982). *Liberalism and the limits of Justice*. Cambridge University Press.

Sanderson, S. K. (2008). "Adaptation, evolution, and religion". *Religion*, 38(2), 141–156.

Sanfey, A. G., Rilling, J. K., Aronson, J. A., Nystrom, L. E., and Cohen, J. D. (2003). "The neural basis of economic decision-making in the ultimatum game". *Science*, 300(5626), 1755–1758.

Santos-Granero, F. (2009). *Vital enemies: Slavery, predation, and the Amerindian political economy of life* (First edition). University of Texas Press.

Sawhill, I., and Morton, J. E. (2007). *Economic mobility: Is the American dream alive and well?* (p. 12). Brookings.

Scheil, J.-V. (1904). *La loi de Hammourabi* (vers 2000 av. J.-C.). Leopold Classic Library.

Schlingloff, L., Csibra, G., and Tatone, D. (2020). "Do 15-month-old infants prefer helpers? A replication of Hamlin et al. (2007)". *Royal Society Open Science*, 7(4), 191795.

Schmidt, M. F. H., and Tomasello, M. (2012). "Young children enforce social norms". *Current Directions in Psychological Science*, 21(4), 232–236.

Schmidt, M. F. H., Rakoczy, H., and Tomasello, M. (2012). "Young children enforce social norms selectively depending on the violator's group affiliation". *Cognition*, 124(3), 325–333.

Schmidtz, D. (2011). "Nonideal theory: What it is and what it needs to be". *Ethics*, 121(4), 772–796.

Schneider, W., and Shiffrin, R. M. (1977). "Controlled and automatic human information processing: I. Detection, search, and attention". *Psychological Review*, 84(1), 1–66.

Schofield, D. P., McGrew, W. C., Takahashi, A., and Hirata, S. (2018). "Cumulative culture in nonhumans: Overlooked findings from Japanese monkeys?". *Primates*, 59(2), 113–122.

Schopf, J. W. (2006). "Fossil evidence of Archaean life". *Philosophical Transactions of the Royal Society B: Biological Sciences*, 361(1470), 869–885.

Schopf, J. W., Kudryavtsev, A. B., Czaja, A. D., and Tripathi, A. B. (2007). "Evidence of Archean life: Stromatolites and microfossils". *Precambrian Research*, 158(3), 141–155.

Schroeder, T. (2004). *Three faces of desire*. Oxford University Press.

Schwanberg, S. L. (1985). "Changes in labeling homosexuality in health sciences literature: A preliminary investigation". *Journal of Homosexuality*, 12(1), 51–73.

Schwitzgebel, E., and Cushman, F. (2015). "Philosophers' biased judgments persist despite training, expertise and reflection". *Cognition*, 141, 127–137.

Scott, J. C. (2017). *Against the grain: A deep history of the earliest states*. Yale University Press.

Searle, J. R. (1995). *The construction of social reality* (Illustrated edition). Free Press.

Searle, J. R. (2010). *Making the social world: The structure of human civilization*. Oxford University Press.

"Security Council—Veto List. (n.d.)". United Nations. Dag Hammarskjöld Library. Retrieved October 25, 2020, from https://research.un.org/en/docs/sc/quick/veto.

Selten, R., and Apesteguia, J. (2005). "Experimentally observed imitation and cooperation in price competition on the circle". *Games and Economic Behavior*, 51(1), 171–192.

Seltzer, R. (2017). "College presidents diversifying slowly and growing older, study finds". https://www.insidehighered.com/news/2017/06/20/college-presidents-diversifyingslowly-and-growing-older-study-finds.

Sen, A. (2009). *The idea of justice*. Belknap Press of Harvard University Press.

Serano, J. (2016). *Whipping girl: A transsexual woman on sexism and the scapegoating of femininity* (Second edition). Seal Press.

Sev'er, A., and Yurdakul, G. (2001). "Culture of honor, culture of change: A feminist analysis of honor killings in rural turkey". *Violence Against Women*, 7(9), 964–998.

Shelby, T. (2014). "Racism, moralism, and social criticism". *Du Bois Review: Social Science Research on Race*, 11(1), 57–74.

Shelton, D. E., and Michod, R. E. (2020). "Group and individual selection during evolutionary transitions in individuality: Meanings and partitions". *Philosophical Transactions of the Royal Society B: Biological Sciences*, 375(1797), 20190364.

Sherwood, C. C., and Gómez-Robles, A. (2017). "Brain plasticity and human evolution". *Annual Review of Anthropology*, 46(1), 399–419.

Sidanius, J., and Pratto, F. (1999). *Social dominance: An intergroup theory of social hierarchy and oppression*. Cambridge University Press.

Sidgwick, H. (1874). *Methods of ethics*. Kaplan.

Silk, J. B. (1993). "Does participation in coalitions influence dominance relationships among male bonnet macaques?". *Behaviour*, 126(3–4), 171–189.

Silk, J. B. (2007). "The strategic dynamics of cooperation in primate groups". *Advances in the Study of Behavior*, 37, 1–41.

Silk, J. B., Alberts, S. C., and Altmann, J. (2003). "Social bonds of female baboons enhance infant survival". *Science*, 302(5648), 1231–1234.

Simmons, A. J. (2010). "Ideal and nonideal theory". *Philosophy & Public Affairs*, 38(1), 5–36.

Simpson, C. (2012). "The evolutionary history of division of labour". *Proceedings of the Royal Society B: Biological Sciences*, 279(1726), 116–121.

Singer, P. (1972). "Famine, affluence, and morality". *Philosophy and Public Affairs*, 1(3), 229–243.

Singer, P. (2011). *The expanding circle: Ethics, evolution, and moral progress*. Princeton University Press.

Singer, P. (2015). *The most good you can do: How effective altruism is changing ideas about living ethically*. Yale University Press.

Sinha, A. (2005). "Not in their genes: Phenotypic flexibility, behavioural traditions and cultural evolution in wild bonnet macaques". *Journal of Biosciences*, 30(1), 51–64.

Sinnott-Armstrong, W., and Wheatley, T. (2014). "Are moral judgments unified?". *Philosophical Psychology*, 27(4), 451–474.

Skoglund, P., Mallick, S., Bortolini, M. C., Chennagiri, N., Hünemeier, T., Petzl-Erler, M. L., Salzano, F. M., Patterson, N., and Reich, D. (2015). "Genetic evidence for two founding populations of the Americas". *Nature*, 525(7567), 104–108.

Skoyles, J. R. (2011). "Chimpanzees make mean-spirited, not prosocial, choices". *Proceedings of the National Academy of Sciences*, 108(42), E835–E835.

Skutch, A. F. (1935). "Helpers at the nest". *The Auk*, 52(3), 257–273.

Skutch, A. F. (1961). "Helpers among birds". *The Condor*, 63(3), 198–226.

Skyrms, B. (1996). *Evolution of the social contract*. Cambridge University Press.

Skyrms, B. (2004). *The stag hunt and the evolution of social structure*. Cambridge University Press.

Slabbert, I. (2017). "Domestic violence and poverty: Some women's experiences". *Research on Social Work Practice*, 27(2), 223–230.

Slembeck, T. (1999). "Reputations and fairness in bargaining—Experimental evidence from a repeated ultimatum game with fixed opponents [Experimental]". University Library of Munich, Germany. https://econpapers.repec.org/paper/wpawuwpex/9905002.htm.

Slon, V., Mafessoni, F., Vernot, B., de Filippo, C., Grote, S., Viola, B., Hajdinjak, M.,

Peyrégne, S., Nagel, S., Brown, S., Douka, K., Higham, T., Kozlikin, M. B., Shunkov, M. V., Derevianko, A. P., Kelso, J., Meyer, M., Prüfer, K., and Pääbo, S. (2018). "The genome of the offspring of a Neanderthal mother and a Denisovan father". *Nature*, 561(7721), 113–116.

Smetana, J. G. (1981). "Preschool children's conceptions of moral and social rules". *Child Development*, 52(4), 1333–1336.

Smetana, J. G. (1993). "Understanding of social rules". In M. Bennett (Ed.), *The development of social cognition: The child as psychologist* (pp. 111–141). Guilford Press.

Smetana, J. G., and Braeges, J. L. (1990). "The development of toddlers' moral and conventional judgments". *Merrill-Palmer Quarterly*, 36(3), 329–346.

Smetana, J., Kelly, M., and Twentyman, C. (1984). "Abused, neglected, and nonmaltreated children's conceptions of moral and social-conventional transgressions". *Child Development*, 55(1), 277–287.

Smith, J. M. (1964). "Group selection and kin Sslection". *Nature*, 201(4924), 1145–1147.

Smyth, N. J., and Kost, K. A. (1998). "Exploring the nature of the relationship between poverty and substance abuse". *Journal of Human Behavior in the Social Environment*, 1(1), 67–82.

Snarey, J. R. (1985). "Cross-cultural universality of social-moral development: A critical review of Kohlbergian research". *Psychological Bulletin*, 97(2), 202–232.

Snowdon, C., and Ziegler, T. (2007). "Growing up cooperatively: Family processes and infant care in marmosets and tamarins". *Journal of Developmental Processes*, 2, 40–66.

Sober, E. (2006). "Comparative psychology meets evolutionary biology: Morgan's canon and cladistic parsimony". In L. Daston and G. Mitman (Eds.), *Thinking with animals: New perspectives on anthropomorphism* (pp. 85–99). Columbia University Press.

Sober, E., and Wilson, D. S. (1998). *Unto others: The evolution and psychology of unselfish behavior*. Harvard University Press.

Solodenko, N., Zupancich, A., Cesaro, S. N., Marder, O., Lemorini, C., and Barkai, R. (2015). "Fat residue and use-wear found on Acheulian biface and scraper associated with butchered elephant remains at the site of Revadim, Israel". *PLOS ONE*, 10(3), e0118572.

Solomon, A. (2012). *Far from the tree: Parents, children and the search for identity*. Simon and Schuster.

Solomon, B. M. (1985). *In the company of educated women: A history of women and higher education in America*. Yale University Press.

Song, M., Smetana, J. G., and Kim, S. Y. (1987). "Korean children's conceptions of moral and conventional transgressions". *Developmental Psychology*, 23(4), 577–582.

Sørensen, M. L. S. (2013). *Gender archaeology*. John Wiley & Sons.

Sosis, R. (2009). "The adaptationist-byproduct debate on the evolution of religion: Five misunderstandings of the adaptationist program". *Journal of Cognition and Culture*, 9(3–4), 315–332.

Sperber, D. (1996). *Explaining culture: A naturalistic approach*. Basil Blackwell.

Sripada, C. S. (2008). "Nativism and moral psychology: Three models of the innate structure that shapes the contents of moral norms". In W. Sinnott-Armstrong (Ed.), *Moral psychology: The evolution of morality: Adaptations and innateness* (pp. 319–343). MIT Press.

Sripada, C. S., and Stich, S. (2007). "A framework for the psychology of norms". In P. Carruthers, S. Laurence, and S. Stich (Eds.), *The innate mind: Volume 2: Culture and cognition* (pp. 280–301). Oxford University Press.

Stacey, P. B. (1979). "Kinship, promiscuity, and communal breeding in the acorn woodpecker". *Behavioral Ecology and Sociobiology*, 6(1), 53–66.

Staples, B. (2019, February 2). "Opinion: when the suffrage movement sold out to white supremacy". *The New York Times*. https://www.nytimes.com/2019/02/02/opinion/sunday/women-voting-19th-amendment-white-supremacy.html.

"State-sponsored homophobia report: Global legislation overview update" (2019). ILGA. https://ilga.org/downloads/ILGA_World_State_Sponsored_Homophobia_report_global_legislation_overview_update_December_2019.pdf.

Sterelny, K. (2011). "From hominins to humans: How sapiens became behaviourally modern". *Philosophical Transactions of the Royal Society B: Biological Sciences*, 366(1566), 809–822.

Sterelny, K. (2012). *The evolved apprentice: How evolution made humans unique*. MIT Press.

Stiner, M. C., Gopher, A., and Barkai, R. (2011). "Hearth-side socioeconomics, hunting and paleoecology during the late Lower Paleolithic at Qesem Cave, Israel". *Journal of Human Evolution*, 60(2), 213–233.

Stoks, R., Govaert, L., Pauwels, K., Jansen, B., and Meester, L. D. (2016). "Resurrecting complexity: The interplay of plasticity and rapid evolution in the multiple trait response to strong changes in predation pressure in the water flea Daphnia magna". *Ecology Letters*, 19(2), 180–190.

Stout, D. (2011). "Stone toolmaking and the evolution of human culture and cognition". *Philosophical Transactions of the Royal Society B: Biological Sciences*, 366(1567), 1050–1059.

Stowe, H. B. (1852). *Uncle Tom's cabin*. Applewood Books.

Strait, D. S. (2010). "The evolutionary history of the Australopiths". *Evolution: Education and Outreach*, 3(3), 341–352.

Strait, D., Grine, F. E., and Fleagle, J. G. (2015). "Analyzing hominin phylogeny: Cladistic approach". In W. Henke and I. Tattersall (Eds.), *Handbook of paleoanthropology* (pp. 1989–2014). Springer.

Street, S. (2006). "A Darwinian dilemma for realist theories of value". *Philosophical Studies*, 127(1), 109–166.

Street, S. (2008). "Reply to Copp: Naturalism, normativity, and the varieties of realism worth worrying about". *Philosophical Issues*, 18, 207–228.

Stringer, C. (2016). "The origin and evolution of Homo sapiens". *Philosophical Transactions of the Royal Society B: Biological Sciences*, 371(1698), 20150237.

Suchak, M., Eppley, T. M., Campbell, M. W., and Waal, F. B. M. de. (2014). "Ape duos and trios: Spontaneous cooperation with free partner choice in chimpanzees". *Peer J*, 2, e417.

Suchak, M., Eppley, T. M., Campbell, M. W., Feldman, R. A., Quarles, L. F., and de Waal, F. B. M. (2016). "How chimpanzees cooperate in a competitive world". *Proceedings of the National Academy of Sciences*, 113(36), 10215–10220.

Suetsugu-Maki, R., Maki, N., Nakamura, K., Sumanas, S., Zhu, J., Del Rio-Tsonis, K., and Tsonis, P. A. (2012). "Lens regeneration in axolotl: New evidence of developmental

plasticity". *BMC Biology*, 10, 103.
Sullivan, M. K. (2004). "Homophobia, history, and homosexuality". *Journal of Human Behavior in the Social Environment*, 8(2–3), 1–13.
Surovell, T., Waguespack, N., and Brantingham, P. J. (2005). "Global archaeological evidence for proboscidean overkill". *Proceedings of the National Academy of Sciences*, 102(17), 6231–6236.
Tabibnia, G., Satpute, A. B., and Lieberman, M. D. (2008). "The sunny side of fairness: Preference for fairness activates reward circuitry (and disregarding unfairness activates self-control circuitry)". *Psychological Science*, 19(4), 339–347.
Táíwò, O. O. (2020). "Power over the police". *Dissent Magazine*. https://www.dissentmagazine.org/online_articles/power-over-the-police.
Takahata, Y. (1985). "Adult male chimpanzees kill and eat a male newborn infant: Newly observed intragroup infanticide and cannibalism in Mahale National Park, Tanzania". *Folia Primatologica*, 44(3–4), 161–170.
Taleb, N. N. (2010). *The black swan: The impact of the highly improbable*. Random House.
Talhelm, T., Zhang, X., Oishi, S., Shimin, C., Duan, D., Lan, X., and Kitayama, S. (2014). "Large-scale psychological differences within china explained by rice versus wheat agriculture". *Science*, 344(6184), 603–608.
Tangney, J. P., and Dearing, R. L. (2003). *Shame and Guilt*. Guilford Press.
Tardiff, S. (1997). "The bioenergetics of parental behavior and the evolution of alloparental care in marmosets and tamarins". In N. G. Solomon and J. A. French (Eds.), *Cooperative breeding in mammals* (pp. 11–32). Cambridge University Press.
Tattersall, I. (2013). *Masters of the planet: The search for our human origins*. St. Martin's Publishing Group.
Taylor, M. J., and Thoth, C. A. (2011). "Cultural transmission". In S. Goldstein and J. A. Naglieri (Eds.), *Encyclopedia of child behavior and development* (pp. 448–451). Springer US.
Taylor, T. (2001). "Believing the ancients: Quantitative and qualitative dimensions of slavery and the slave trade in later prehistoric Eurasia". *World Archaeology*, 33(1), 27–43.
Tecot, S., and Baden, A. L. (2015). "Primate allomaternal care". In R. A. Scott and S. M. Kosslyn (Eds.), *Emerging trends in the social and behavioral sciences* (pp. 1–16). Wiley.
Tennyson, A., Lord. (1850). *In memoriam*. Broadview Press.
Tetlock, P. E., and Gardner, D. (2015). *Superforecasting: The art and science of prediction*. Crown.
Thalmann, O., and Perri, A. R. (2019). "Paleogenomic inferences of dog domestication". In C. Lindqvist and O. P. Rajora (Eds.), *Paleogenomics: Genome-scale analysis of ancient DNA* (pp. 273–306). Springer International Publishing.
"The House Joint Resolution proposing the 13th amendment to the Constitution" (1865). In Enrolled Acts and Resolutions of Congress, 1789–1999; General Records of the United States Government; Record Group 11; National Archives.
The World Bank. (n.d.). "Life expectancy at birth, total (years)". The World Bank. Retrieved October 25, 2020, from https://data.worldbank.org/indicator/SP.DYN.LE00.IN.
Thomas, L. (1996). *Vessels of evil: American slavery and the holocaust*. Temple University Press.

Thomas, L. (1980). "Sexism and racism: Some conceptual differences". *Ethics*, 90(2), 239–250.
Thomas, R. K. (2012). "Conditional reasoning by nonhuman animals". In N. M. Seel (Ed.), *Encyclopedia of the Ssiences of learning* (pp. 742–745). Springer US.
Thomson, J. J. (1976). "Killing, letting die, and the trolley problem". *The Monist*, 59(2), 204–217.
Thomson, J. J. (1985). "The trolley problem". *The Yale Law Journal*, 94(6), 1395.
Tisak, M. (1995). "Domains of social reasoning and beyond". *Annals of child development*, 11(1), 95–130.
Tisak, M. S., and Turiel, E. (1984). "Children's conceptions of moral and prudential rules". *Child Development*, 55(3), 1030–1039.
Tobias, P. V., and Rightmire, G. P. (2020). "Homo erectus—Fossil evidence". *Encyclopedia Britannica*. Retrieved October 15, 2020, from https://www.britannica.com/topic/Homo-erectus.
Tomasello, M. (2008). *Origins of human communication*. MIT Press.
Tomasello, M. (2010). "Human culture in evolutionary perspective". In M. J. Gelfand, C. Chiu, and Y. Hong (Eds.), *Advances in culture and psychology* (pp. 5–51). Oxford University Press.
Tomasello, M. (2016). *A natural history of human morality*. Harvard University Press.
Tomasello, M., Melis, A. P., Tennie, C., Wyman, E., and Herrmann, E. (2012). "Two key steps in the evolution of human cooperation: The interdependence hypothesis". *Current Anthropology*, 53(6), 673–692.
Triandis, H. (1988). "Collectivism v. individualism: A reconceptualisation of a basic concept in cross-cultural social psychology". In G. K. Verma and C. Bagley (Eds.), *Cross-cultural studies of personality, attitudes and cognition* (pp. 60–95). Palgrave Macmillan UK.
Triandis, H. C., and Gelfand, M. J. (2012). "A theory of individualism and collectivism". In P. V. Lange, A. Kruglanski, and E. Higgins, *Handbook of theories of social psychology* (pp. 498–520). SAGE Publications Ltd.
Trivers, R. L. (1971). "The evolution of reciprocal altruism". *Quarterly Review of Biology*, 46(1), 35–57.
Turiel, E. (1983). *The development of social knowledge: Morality and convention*. Cambridge University Press.
Umeh, C. A., and Feeley, F. G. (2017). "Inequitable access to health care by the poor in community-based health insurance programs: A review of studies from low-and-middle-income countries". *Global Health: Science and Practice*, 5(2), 299–314.
UN Women (2019). "Facts and figures: Leadership and political participation". UN Women. https://www.unwomen.org/en/what-we-do/leadership-and-political-participation/facts-and-figures.
Ungar, P. S., Grine, F. E., and Teaford, M. F. (2006). "Diet in early homo: A review of the evidence and a new model of adaptive versatility". *Annual Review of Anthropology*, 35(1), 209–228.
United Nations (2018). "Realization of the sustainable development goals by, for and with persons with disabilities: UN flagship report on disability and development" (p. 390). United Nations Department of Economic and Social Affairs. https://www.un.org/

development/desa/disabilities/wp-content/uploads/sites/15/2018/12/UN-Flagship-Report-Disability.pdf.
US EPA (n.d.). "International Climate Impacts [Overviews and Factsheets]". Retrieved October 25, 2020, from /climate-impacts/international-climate-impacts.
Valentini, L. (2012). "Ideal vs. non-ideal theory: A conceptual map: ideal vs non-ideal theory". *Philosophy Compass*, 7(9), 654–664.
Van Arsdale, A. P. (2013). "Homo erectus—A bigger, smarter, faster hominin lineage". *Nature Education Knowledge*, 4(1): 2.
van Schaik, C. P. (1983). "Why are diurnal primates living in groups?". *Behaviour*, 87(1/2), 120–144.
van Schaik, C. P., Pandit, S. A., and Vogel, E. R. (2004). "A model for within-group coalitionary aggression among males". *Behavioral Ecology and Sociobiology*, 57(2), 101–109.
Vandello, J. A., and Hettinger, V. E. (2012). "Parasite-stress, cultures of honor, and the emergence of gender bias in purity norms". *The Behavioral and Brain Sciences*, 35(2), 95–96.
Vaught, S. E. (2009). "The color of money: School funding and the commodification of black children". *Urban Education*, 44(5), 545–570.
Vendetti, M. S., and Bunge, S. A. (2014). "Evolutionary and developmental changes in the lateral frontoparietal network: A little goes a long way for higher-level cognition". *Neuron*, 84(5), 906–917.
Vickery, A. (1993). "Golden age to separate spheres? A review of the categories and chronology of English women's history". *The Historical Journal*, 36(2), 383–414.
Vignaud, P., Duringer, P., Mackaye, H. T., Likius, A., Blondel, C., Boisserie, J.-R., de Bonis, L., Eisenmann, V., Etienne, M.-E., Geraads, D., Guy, F., Lehmann, T., Lihoreau, F., Lopez-Martinez, N., Mourer-Chauviré, C., Otero, O., Rage, J.-C., Schuster, M., Viriot, L., . . . Brunet, M. (2002). "Geology and palaeontology of the Upper Miocene Toros-Menalla hominid locality, Chad". *Nature*, 418(6894), 152–155.
Vigne, J.-D., Zazzo, A., Saliège, J.-F., Poplin, F., Guilaine, J., and Simmons, A. (2009). "Pre-Neolithic wild boar management and introduction to Cyprus more than 11,400 years ago". *Proceedings of the National Academy of Sciences*, 106(38), 16135–16138.
Vincent, A. S. (1985). "Plant foods in savanna environments: A preliminary report of tubers eaten by the Hadza of northern Tanzania". *World Archaeology*, 17(2), 131–148.
Violatti, C. (2014). "Pottery in antiquity". *Ancient History Encyclopedia*. https://www.ancient.eu/pottery/.
Vogel, M., and Porter, L. C. (2016). "Toward a demographic understanding of incarceration disparities: Race, ethnicity, and age structure". *Journal of Quantitative Criminology*, 32(4), 515–530.
von Rueden, C. R., and Jaeggi, A. V. (2016). "Men's status and reproductive success in 33 nonindustrial societies: Effects of subsistence, marriage system, and reproductive strategy". *Proceedings of the National Academy of Sciences*, 113(39), 10824–10829.
Wade, M. J. (1976). "Group selections among laboratory populations of Tribolium". *Proceedings of the National Academy of Sciences*, 73(12), 4604–4607.
Wade, N. (2009). *The faith instinct: How religion evolved and why it endures*. The Penguin

Press HC.
Wade, T. D. (1979). "Inbreeding, kin selection, and primate social evolution". *Primates*, 20(3), 355–370.
Wainryb, C., Shaw, L. A., Langley, M., Cottam, K., and Lewis, R. (2004). "Children's thinking about diversity of belief in the early school years: Judgments of relativism, tolerance, and disagreeing persons". *Child Development*, 75(3), 687–703.
Warneken, F., and Tomasello, M. (2006). "Altruistic helping in human infants and young chimpanzees". *Science*, 311(5765), 1301–1303.
Warneken, F., and Tomasello, M. (2007). "Helping and cooperation at 14 months of age". *Infancy*, 11(3), 271–294.
Warneken, F., and Tomasello, M. (2008). "Extrinsic rewards undermine altruistic tendencies in 20-month-olds". *Developmental Psychology*, 44(6), 1785–1788.
Warneken, F., and Tomasello, M. (2013). "Parental presence and encouragement do not influence helping in young children". *Infancy*, 18(3), 345–368.
Warneken, F., Hare, B., Melis, A. P., Hanus, D., and Tomasello, M. (2007). "Spontaneous altruism by chimpanzees and young children". *PLOS Biology*, 5(7), e184.
Warneken, F., Lohse, K., Melis, A. P., and Tomasello, M. (2011). "Young children share the spoils after collaboration". *Psychological Science*, 22(2), 267–273.
Washburn, S. L. (1959). "Speculations on the interrelations of the history of tools and biological evolution". *Human Biology*, 31(1), 21–31.
Wason, P. C. (1968). "Reasoning about a rule". *Quarterly Journal of Experimental Psychology*, 20(3), 273–281.
Watkins, A. (2020). "Testing for phenotypic plasticity". *Philosophy, Theory, and Practice in Biology*, 13, 1–23.
Watts, D. P., Sherrow, H. M., and Mitani, J. C. (2002). "New cases of inter-community infanticide by male chimpanzees at Ngogo, Kibale National Park, Uganda". *Primates*, 43(4), 263–270.
Weibull, J. W., and Villa, E. (2005). "Crime, punishment and social norms (Working Paper No. 610)". *SSE/EFI Working Paper Series in Economics and Finance*. https://www.econstor.eu/handle/10419/56083.
Weinraub, M., Horvath, D. L., and Gringlas, M. B. (2002). "Single parenthood". In M. H. Bornstein (Ed.), *Handbook of parenting: Being and becoming a parent* (2nd ed., Vol. 3, pp. 109–140). Lawrence Erlbaum Associates Publishers.
Weisdorf, J. L. (2003). "Stone age economics: The origins of agriculture and the emergence of non-food specialists" (No. 03–34; Discussion Papers). University of Copenhagen. Department of Economics. https://ideas.repec.org/p/kud/kuiedp/0334.html.
Wells, A. S., and Crain, R. L. (1994). "Perpetuation theory and the long-term effects of school desegregation". *Review of Educational Research*, 64(4), 531–555.
Wells, J. C. K., and Stock, J. T. (2020). "Life history transitions at the origins of agriculture: A model for understanding how niche construction impacts human growth, demography and health". *Frontiers in Endocrinology*, 11, 325.
Wendrich, W., and Holdaway, S. (2018). "Basket use, raw materials and arguments on early and Middle Holocene mobility in the Fayum, Egypt". *Quaternary International*, 468 (J. Archaeol. Sci. 39 2012), 240–249.

Wengraf, L. (2016). "Legacies of colonialism in Africa". *International Socialist Review*, 103. https://isreview.org/issue/103/legacies-colonialism-africa/.
West-Eberhard, M. J. (1975). "The evolution of social behavior by kin selection". *The Quarterly Review of Biology*, 50(1), 1–33.
Westgate, E., Riskind, R., and Nosek, B. (2015). "Implicit preferences for straight people over lesbian women and gay men weakened from 2006 to 2013". *Collabra: Psychology*, 1(1), 1.
"White House Correspondents' Dinner" (2006). Cable-Satellite Public Affairs Network. https://www.c-span.org/video/?192243-1/2006-white-house-correspondents-dinner.
White Hughto, J. M., Reisner, S. L., and Pachankis, J. E. (2015). "Transgender stigma and health: A critical review of stigma determinants, mechanisms, and interventions". *Social Science & Medicine*, 147, 222–231.
Whitehead, H., and Rendell, L. (2014). *The cultural lives of whales and dolphins*. University of Chicago Press.
Whitehouse, H. (1996). "Rites of terror: Emotion, metaphor and memory in Melanesian initiation cults". *The Journal of the Royal Anthropological Institute*, 2(4), 703–715.
Whitehouse, H., and Lanman, J. A. (2014). "The ties that bind us: Ritual, fusion, and identification". *Current Anthropology*, 55(6), 674–695.
Whitehouse, H., McQuinn, B., Buhrmester, M., and Swann, W. B. (2014). "Brothers in arms: Libyan revolutionaries bond like family". *Proceedings of the National Academy of Sciences*, 111(50), 17783–17785.
Whiten, A. (2018). "Social, Machiavellian and cultural cognition: A golden age of discovery in comparative and evolutionary psychology". *Journal of Comparative Psychology* (Washington, D.C.: 1983), 132(4), 437–441.
WHO. (n.d.). "Infant mortality". WHO; World Health Organization. Retrieved October 25, 2020, from http://www.who.int/gho/child_health/mortality/neonatal_infant_t ext/en/.
Wickberg, D. (2000). "Homophobia: On the cultural history of an idea". *Critical Inquiry*, 27(1), 42–57.
Wilkins, J., Schoville, B. J., Brown, K. S., and Chazan, M. (2012). "Evidence for early hafted hunting technology". *Science*, 338(6109), 942–946.
Wilkinson, G. S. (1984). "Reciprocal food sharing in the vampire bat". *Nature*, 308(5955), 181–184.
Wilkinson, G. S., Carter, G., Bohn, K. M., Caspers, B., Chaverri, G., Farine, D., Günther,L., Kerth, G., Knörnschild, M., Mayer, F., Nagy, M., Ortega, J., and Patriquin, K. (2019). "Kinship, association, and social complexity in bats". *Behavioral Ecology and Sociobiology*, 73(1), 7.
Willems, E. P., and van Schaik, C. P. (2017). "The social organization of Homo ergaster: Inferences from anti-predator responses in extant primates". *Journal of Human Evolution*, 109, 11–21.
Williams, G. C. (1966). *Adaptation and natural selection: A critique of some current evolutionary thought*. Princeton University Press.
Williams, L., Gibson, S., McDaniel, M., Bazzel, J., Barnes, S., and Abee, C. (1994). "Allomaternal interactions in the Bolivian squirrel monkey (Saimiri boliviensis boliviensis)". *American Journal of Primatology*, 34(2), 145–156.

Wilson, D. (2003). *Darwin's cathedral: Evolution, religion, and the nature of society*. University of Chicago Press.
Wilson, D. S. (1975). "A theory of group selection". *Proceedings of the National Academy of Sciences*, 72(1), 143–146.
Wilson, D. S., and Dugatkin, L. A. (1997). "Group selection and assortative interactions". *The American Naturalist*, 149(2), 336–351.
Wilson, E. O. (1978). *On human nature*. Harvard University Press.
"Wolfenden Report"(1957). The British Library. https://www.bl.uk/collection-items/wolfenden-report-conclusion.
Women's Bureau. (n.d.). "100 years of working women". U.S. Department of Labor—Women's Bureau. Retrieved October 25, 2020, from https://public.tableau.com/views/Topoccupationsovertime/Occupationsovertime.
Wong, D. B. (2006). *Natural moralities: A defense of pluralistic relativism*. Oxford University Press, USA.
Woodford, M. R., Howell, M. L., Silverschanz, P., and Yu, L. (2012). "'That's so gay!': Examining the covariates of hearing this expression among gay, lesbian, and bisexual college students". *Journal of American College Health*, 60(6), 429–434.
Wrangham, R. W. (1980). "An ecological model of female-bonded primate groups". *Behaviour*, 75(3/4), 262–300.
Wrangham, R. W. (1999). "Evolution of coalitionary killing". *American Journal of Physical Anthropology*, 110(S29), 1–30.
Wrangham, R. W. (2009). *Catching fire: How cooking made us human*. Basic Books.
Wrangham, R. W. (2019). *The goodness paradox: The strange relationship between virtue and violence in human evolution*. Knopf Doubleday Publishing Group.
Wrangham, R. W., and Peterson, D. (1996). *Demonic males: Apes and the origins of human violence*. Houghton Mifflin Harcourt.
Wrenn, C. L. (2013). "Resonance of moral shocks in abolitionist animal rights advocacy: Overcoming contextual constraints". *Society & Animals*, 21(4), 379–394.
Wright, R. (1994). *The moral animal: The new science of evolutionary psychology*. Pantheon Books.
Wu, S., Wei, Y., Head, B., Zhao, Y., and Hanna, S. (2019). "The development of ancient Chinese agricultural and water technology from 8000 BC to 1911 AD". *Palgrave Communications*, 5(1), 1–16.
Xiang, P., Zhang, H., Geng, L., Zhou, K., and Wu, Y. (2019). "Individualist–collectivist differences in climate change inaction: The role of perceived intractability". *Frontiers in Psychology*, 10, 187.
Yamamoto, S., Humle, T., and Tanaka, M. (2009). "Chimpanzees help each other upon request". *PLOS ONE*, 4(10), e7416.
Yates, R. (2001). "Slavery in early china: A socio-cultural approach". *Journal of East Asian Archaeology*, 3(1), 283–331.
Yau, J., and Smetana, J. G. (2003). "Conceptions of moral, social-conventional, and personal events among Chinese preschoolers in Hong Kong". *Child Development*, 74(3), 647–658.
Young, I. M. (1990). *Justice and the politics of difference*. Princeton University Press.
Zahid, H. J., Robinson, E., and Kelly, R. L. (2016). "Agriculture, population growth, and

statistical analysis of the radiocarbon record". *Proceedings of the National Academy of Sciences*, 113(4), 931–935.

Zeder, M. A. (2011). "The origins of agriculture in the near east". *Current Anthropology*, 52(S4), S221–S235.

Zimmerman, J. (2015). "'Where's my cut?': On unpaid emotional labor—the toast". https://the-toast.net/2015/07/13/emotional-labor/.

Zink, K. D., Lieberman, D. E., and Lucas, P. W. (2014). "Food material properties and early hominin processing techniques". *Journal of Human Evolution*, 77, 155–166.

Zmyj, N., Buttelmann, D., Carpenter, M., and Daum, M. M. (2010). "The reliability of a model influences 14-month-olds' imitation". *Journal of Experimental Child Psychology*, 106(4), 208–220.

索引

（索引所标页码系本书英文版页码，即中译本边码[1]）

abolition of African chattel slavery 废除非洲奴隶制度, 203—207
Aboriginal Australians 澳大利亚原住民, 17—18
activism 行动主义
    animal rights 动物权利行动主义, 219—220
    feminist activism 女权主义运动, 188
adaptive complexity 自适应复杂性, 5
adaptive moral plasticity 自适应道德可塑性, 52—54, 121—122
affective resonance 情感共鸣, 87—88
African chattel slavery 非洲奴隶制度, 203—207
agricultural revolution 农业革命, 162—163, 170—171, 180, 229
Alexander, Michelle 米歇尔·亚历山大, 207—208
alloparenting 异亲, 27—28, 38—39, 70, 153
alpha male chimpanzees 雄性黑猩猩, 28
altruism 利他主义
    in apes 猿类利他主义, 27—28, 29—31
biological altruism 生物利他主义, 21—23, 77
biological egoism 生物利己主义, 20, 23—24, 25
group selection of 群体层面的利他主义, 22—23
in humans 人类利他主义, 17—20, 34—35
ingroup sympathy and loyalty 内群体同情和忠诚, 31—34
possibility of 利他主义可能性, 19—20
psychological altruism 心理利他主义, 23—25, 50, 123
psychological egoism 心理利己主义, 24
psychological hedonism 心理享乐主义, 24
reciprocal altruism 互惠利他, 22, 24, 40, 77—78
sympathy and 同情和利他主义, 25—27, 31—34
Anderson, Elizabeth 伊丽莎白·安德森, 208, 231

---

[1] 为便于读者阅读，中译本将英文版原书的尾注改为脚注，故部分原书尾注所在页面的页码缺失。——编者注

Andrews, Kristin 克里斯汀·安德鲁斯，194，266n.56
Anthropocene era 人类世，7
anti-Black racism 反黑人种族主义，185—186，188，207—210，228，230
anti-Semitism 反犹主义，185
anti-social behavior 反社会行为，86—87
apes 猿类
    altruism in 猿类利他主义，27—28，29—31
    moral emotions of 猿类的道德情感，49
    morality of 猿类的道德，19，50
    psychological altruism in 猿类的心理利他主义，123
    social conflict 猿类的社会冲突，37
    as social creatures 猿类作为社会性动物，27—28
Appiah, Kwame 夸梅·阿皮亚，204—205
apprenticed learning 学徒式学习，136
assurance in trust 保证，261n.86
Australopithecus lineage 南方古猿世系，17
authority norms 权威规范，154，160，161，164，194—195
autocatalytic cultural evolution 自催化文化进化，135—138，206
autonomy norms 自主规范，92，93，161

behavioral modernity 行为现代性，108，129—130，145—147，149，160
binding emotions 联结情感，37—38，43，45—46，47，54—55，90，也参见 loyalty 忠诚；sympathy 同情
bio-cultural flexibility 生物-文化灵活性，122
bio-cultural moral mind，生物-文化道德心理，2，58
bio-cultural norm psychology 生物-文化规范心理学，79—81
biological altruism 生物利他主义，21—23，77
biological egoism 生物利己主义，20，23—24，25
biological evolution 生物进化
    behavioral modernity and 行为现代性和生物进化，146
    innate psychological abilities 与生俱来的心理能力，145
    norms and 规范和生物进化，64，65—66，68，70
    tribes and 部族和生物进化，132—133，145
biological reproduction 生物繁殖，65
black swans 黑天鹅，222—223
Bloom, Paul 保罗·布鲁姆，47
Boehm, Christopher 克里斯托弗·博姆，41
Bowles, Samuel 塞缪尔·鲍尔斯，77
Boyd, Robert 罗伯特·博伊德，64
Buchanan, Allen 艾伦·布坎南，179，181

Catholic Church 天主教会，244
chattel slavery 奴隶制，参见 African chattel slavery 非洲奴隶制度

chimpanzees 黑猩猩
　　alpha males 雄性黑猩猩首领, 28
　　altruism in 黑猩猩利他主义, 30—31
　　as cultural beings 黑猩猩作为文化生物, 65
　　egoistic behavior of 黑猩猩的利己行为, 30
　　moral emotions of 黑猩猩的道德情感, 49
　　psychological altruism in 黑猩猩的心理利他主义, 123
　　sharing and cooperative behavior of 黑猩猩的共享与合作行为, 263n.39
　　social conflict 黑猩猩的社会冲突, 37
civil rights movement 民权运动, 207
class inequality 阶层不平等, 234—238
climate change 气候变化, 246—250
coalitions among apes 猿类间的联盟, 28
cognitive adaptations 认知适应, 137—138, 146—147
cognitive cultural evolution 认知文化进化, 140
cognitive gadgets 认知工具, 133
cognitive products 认知产品, 133
Cohen, Dov 多夫·科恩, 168
collaborative emotions 协作情感, 37, 41—43, 45—46, 90—92, 参见 respect 尊重; trust 信任
collective brain 集体大脑, 140, 141, 153
collectivist cultures 集体主义文化, 167—168
communitarianism 社群主义, 91

complex sociality 复杂的社会性, 7—8
confirmation bias 确认偏差, 111
consistency reasoning 一致性推理, 138
conventional norms 传统规范, 98—99
cooperation as adaptive 合作具有适应意义, 4
cooperative groups among apes 猿类中的合作群体, 27
core capacity for open-ended moral reasoning 核心开放式道德推理能力, 3
core moral emotions 核心道德情感, 3, 52
core moral norms 核心道德规范, 3, 90—96, 99, 161
cultural evolution 文化进化
　　autocatalytic cultural evolution 自催化文化进化, 135—138, 206
　　Darwinian cultural evolution 达尔文式文化进化, 65—66, 82, 149—150, 169—170, 223—224
　　emotions and 情感和文化进化, 57
　　evolution of 文化进化的进化, 132—135
　　moral emotions as driver of 道德情感是文化进化的驱动力, 96
　　norms and 规范和文化进化, 63—66, 71—73
　　roots of 文化进化的源头, 130—132
　　social institutions and 社会制度和文化进化, 167, 171
　　social organization and 社会组织和文化进化, 146

of sympathy 同情心的文化进化，90—91

tribes and 部族和文化进化，130—135，147—148

cultural group selection 文化群体选择，76—79

cultural mutations 文化变异，67

cultural selection 文化选择

　　gene-culture co-evolution and 基因-文化共同进化和文化进化，85—87

　　intelligence and 智力和文化进化，134

　　norms and 规范和文化进化，65，73，88

　　tribes and 部族和文化进化，139

cultural trade 文化贸易，161

culturally transmitted norms 由文化传播的规范，4—5，8—9，14，252—253

Darwin, Charles 查尔斯·达尔文，1，257n.7

Darwinian cultural evolution 达尔文式文化进化，65—66，82，149—150，169—170，223—224

Darwinian evolutionary science 达尔文式进化科学

　　compatibility with morality 达尔文主义原则与道德现象兼容，7

　　cultural diversity and 文化多样性和达尔文式进化科学，136

　　explanations of 对达尔文式进化科学的解释，4—6

　　gradualism 渐进主义，221—222

materialist explanation 唯物主义解释，257n.1

non-ideal ethics 非理想伦理学，192—193

origins of 达尔文式进化科学的起源，1

deep empathy 深度同理心，43—46，58，113，262—263n.23

democratic segregation 民主隔离，238

Denisovans 丹尼索瓦人，17—18，61，62，79，127

developmental psychology 发展心理学，47，80

Diamond, Jared 贾里德·戴蒙德，162，243—244

dictator game 独裁者游戏，266n.61

division of labor 劳动分工，ix，54，149，151，163，164

domestic violence 家庭暴力，229

domination in social hierarchy 社会等级中的支配关系，187

Dunbar, Robin 罗宾·邓巴，262n.4

early modernity 早期现代社会，176

economic institutions 经济制度，160—163

egalitarian ethos (egalitarianism) 平等主义，51

egalitarian moral progress 平等性道德进步，187—188

egalitarian norms of fairness 基于平等主义的公平规范，94

egoism 利己主义，20，22，23，24—26，51，76，79

emotional core of human morality 人类道德的情感核心, 48

emotional expression 情感表达, 53, 56, 102

emotional labor 情感劳动, 230

emotions 情感, 也参见 empathy 同理心; loyalty 忠诚; moral emotions 道德情感; sympathy 同情

 in ape morality, 猿类道德中的情感, 19

 binding emotions 联结情感, 37—38, 43, 45—46, 47, 54—55, 90

 collaborative emotions 协作情感, 37, 41—43, 45—46, 90—92

 deep empathy 深度同理心, 43—46, 58, 113, 262—263n.23

 as exclusive and unequal 情感的排他性和不平等性, 50—52

 flexible emotions 灵活的情感, 58

 guilt 内疚, 43—46

 human evolution and 人类进化和情感, 57—58

 moral psychology and 道德心理和情感, 9—10, 13

 norms and 规范和情感, 87—90

 reactive emotions 反应性情感, 37, 45—46, 54—55, 90

 resentment 怨恨, 43—46

 respect 尊重, 34, 40—43, 91—92

 sympathy 同情, 25—27

 trust and human cooperation 信任与人类合作, 38—40

empathy 同理心, 43—46, 58, 113, 262—263n.23

empirical knowledge 经验知识, 191, 224

equality/inequality in moral progress/moral regress 平等性道德进步/不平等性道德倒退

 class inequality 阶层不平等, 234—238

 climate injustice 气候不公, 246—250

 gender equality/inequality 性别平等/不平等, 231—234

 global injustice 全球不公, 243—246

 human evolution and 人类进化和平等性道德进步/不平等性道德倒退, 226—228

 patriarchy and 父权制和平等性道德进步/不平等性道德倒退, 228—231

 respect and 尊重和平等性道德进步/不平等性道德倒退, 41

 social injustice 社会不公, 238—243

ethno-linguistic boundaries 民族和语言的界限, 188

eukaryotic cells evolution 真核细胞进化, 22

evolutionary game theory 进化博弈论, 28

evolved apprentices 进化的学徒, 136

evolved moral mind 经由进化形成的道德心理, 2

exclusive emotions 排他性情感, 50—52

exclusive moral regress 排他性道德倒退, 188—189

exclusivity 排他性, 参见 inclusive/exclusive moral progress/moral regress 包容性道德

进步/排他性道德倒退
extended kinship 扩展的亲属关系, 152—153

factual reasoning 事实推理, 115
fairness norms 公平规范, 92—93, 94
false consciousness 错误意识, 195
family institutions 家庭制度, 152—154
farmers 农民, 177—178
feminist activism 女权主义运动, 188
first-order moral emotions 一级道德情感, 45
flexible emotions 灵活的情感, 58
folk biology 民间生物学, 72
Frank, Robert 罗伯特·弗兰克, 55
free riders 搭便车, 22—23, 76
freedom of expression 言论自由, 92

game strategy 游戏策略, 262n.22
gender equality/inequality 性别平等性/不平等性, 51, 228—234
gendered moral inequality 性别道德不平等性, 51—52
gene-culture co-evolution 基因 - 文化共同进化
 human evolution and 人类进化与基因 - 文化共同进化, 57
 impact on moral traits 基因 - 文化共同进化对道德特征的影响, 124, 170
 language and 语言和基因 - 文化共同进化, 133—134
 moral mind and 道德心理和基因 - 文化共同进化, 2
 norms and 规范和基因 - 文化共同进化, 69—73
 pluralism and 多元化与基因 - 文化共同进化, 85—87
 of tribes 部族中的基因 - 文化共同进化, 133—134, 147—148
general obligations 一般义务, 91
genocide 种族灭绝, 163, 201
Gintis, Herbert 赫伯特·金蒂斯, 77
global injustice 全球不公, 243—246
Goodall, Jane 珍妮·古道尔, 29
gossip in language evolution 语言进化中的流言蜚语, 77—78
gradualism 渐进主义, 221—222
Graham, Jesse 杰西·格雷厄姆, 94—95
group selection 群体选择, 22—23, 78—79
guilt 内疚, 43—46

Haidt, Jonathan 乔纳森·海特, 94—95, 115—116
Haldane, John B. S. 约翰·B. S. 霍尔丹, 21
Hamlin, Kiley 基利·哈姆林, 47
harm norms 伤害规范, 88, 91
hedonism 享乐主义, 24—25
Henrich, Joseph 约瑟夫·亨利希, 69, 70—71, 133—134, 140, 244
Heyes, Cecilia 塞西莉亚·海耶斯, 133
Holocene era 全新世, 7
Homo erectus 直立人, 17, 36, 61, 77,

80—81，108，127，258n.5
Homo habilis 能人，258n.5
Homo heidelbergensis 海德堡人，17—18，61—62，77，79，108，127
Homo sapiens 智人，18，62，79，81，127—128，146，170
Homophobia 恐同，177，186
horizontal inheritance 水平传播，67—68
Hrdy, Sarah 萨拉·赫迪，7，27—28
human biology and culture 人类的生物性和文化，2，18—19
human evolution 人类进化
 brief history 人类进化史，17—19
 emotions and 情感和人类进化，57—58
 of intelligence 智力的进化，4
 morality in 人类进化中的道德，3，7
 norms and 规范和人类进化，61—63
 pluralism and 多元化和人类进化，83—85
 social institutions and 社会制度和人类进化，149—152
 tribes and 部族和人类进化，127—130，198
human intelligence 人类智力，4，104—106，129
human knowledge 人类知识，8，106，107，108—109，113—115，189—190
humanity and culture 人性和文化，94
Hume, David 大卫·休谟，3，89—90
hunter-gatherers 狩猎采集者，95，104，177—178，200，229，253
hyper-omnivores 杂食动物，130—131

hyper-sociality of humans/apes 人类和类人猿的超社会性，21

ideal theory 理想理论，190
identities in institutions 制度中的身份认同，138—139
ideologies in institutions 制度中的意识形态，138—139
Impermissibility 禁止，101
improvement in human morality 人类道德的改善，179
inclusive/exclusive moral progress/moral regress 包容性道德进步/排他性道德倒退
 African chattel slavery 非洲奴隶制度，203—207
 anti-Black racism 反黑人种族主义，185—186，188，207—210，228，230
 between groups 群体间，184—185
 homophobia 恐同症，177，186
 incrementalism 渐进主义，221—224
 loyalty and 忠诚和包容性道德进步/排他性道德倒退，51
 moral progress and 道德进步和包容性道德进步/排他性道德倒退，185，200—203，254
 reasoning and 推理和包容性道德进步/排他性道德倒退，121—123
 speciesism 物种歧视，218—221
incrementalism 渐进主义，221—224
Indigenous people 原住民，241—242
individualism 个体主义，244

industrial revolution 工业革命，175
inegalitarian moral regress 不平等性道德倒退，188—189
inequality 不平等，参见 equality/inequality
   in moral progress/moral regress 平等性道德进步/不平等性道德倒退
   inequality expressed in moral emotions 道德情感中的不平等性表达，50—52
ingroup sympathy 内群体同情，31—34
innateness 先天，46—49，145
institutional morality 制度道德，9，130，148，151，195
institutions 制度，参见 social institutions 社会制度
intelligence 智力
   co-evolution with complex sociality and morality 智力与复杂社会性和道德的共同进化，7—8
   cultural selection and 文化选择和智力，134
   evolution of 智力的进化，33
   human evolution and 人类进化和智力，4
   morality and 道德和智力，7—8，106
   neuroanatomy of human intelligence 人类智力的神经解剖特征，104
   reasoning and 推理和智力，104—6
interactive reasoning 互动式推理，111—112，113—115，131—132，196，253
interdependent living 相互依赖的生活，91
intergroup competition 群体间竞争，200
intergroup violence 群体间暴力，50—51

interpersonal relationships 人际关系，4
intersectional feminism 具有交叉性的女权主义，229
intuition in moral psychology 道德心理中的直觉，99—103
intuitions based on moral emotions 基于道德情感的直觉，14
intuitive moral reasoning 直觉性道德推理，206
Inuit peoples 因纽特人，140
is-ought gap 如是和应是的鸿沟，11

Jefferson, Thomas 托马斯·杰斐逊，161
Jim Crow era 种族隔离时代，208
just-so stories "原来如此"式的说明，5，6

Kant, Immanuel 伊曼努尔·康德，3，89—90，116
kin selection 亲缘选择，21，77—78
kinship norms 亲属关系规范，91，93
Kitcher, Philip 菲利普·基彻，181
Klein, Richard 理查德·克莱因，145
knowledge 知识
   empirical knowledge 经验知识，191，224
   human knowledge 人类知识，8，106，107，108—109，113—115，189—190
   institutions and 制度和知识，175，193
   moral knowledge 道德知识，184，205—206，220，222—223，224，225，

233

social knowledge 社会知识, 106, 107—109, 131—132, 206, 251

language evolution 语言进化, 77—78, 108, 133—134
late modernity 晚期现代社会, 176
legal institutions 法律制度, 165, 178—179
linguistic communication 语言交流, 105
local moral progress 局部道德进步, 181—184
loyalty 忠诚, 19—20, 31—34, 51

Manne, Kate 凯特·曼恩, 187
market economy 市场经济, 146—147
Melanesians 美拉尼西亚人, 17—18
Mercier, Hugo 雨果·梅西埃, 109—112
military institutions 军事制度, 157—160
Mills, Charles 查尔斯·米尔斯, 205—206
misinformation spread 传播错误信息, 248—250
monogamy 一夫一妻制, 152, 164, 167
moral consistency 道德一致性, 205, 219—220, 224
moral consistency reasoning 道德一致性推理, 13, 106, 118—121, 205
moral diversity 道德多样性, 10, 151—152, 166—170, 194
moral emotions 道德情感, 14, 19, 也参见 loyalty 忠诚; respect 尊重; sympathy 同情; trust 信任

adaptive moral plasticity 自适应道德可塑性, 52—54, 121—122
cultural evolution of norms through 规范通过道德情感贯穿文化进化, 96
evolution of 道德情感的进化, 84
examples of 道德情感的实例, 43—46, 91
first-order moral emotions 一级道德情感, 45
function of 道德情感的功能, 54—57
importance of 道德情感的重要性, 37—38
ingroup sympathy and loyalty 内群体同情和忠诚, 31—34
as innate 固有的道德情感, 46—49
in late and early humans 晚期和早期人类的道德情感, 63
norms and 规范和道德情感, 74
social institutions and 社会制度和道德情感, 166—170
trust and 信任和道德情感, 264n.54
moral flexibility 道德灵活性, 200, 224
moral inequality 道德不平等性, 186—188
moral intuition 道德直觉, 84—85, 99—103, 191—192
moral knowledge 道德知识, 184, 205—206, 220, 222—223, 224, 225, 233
moral mind 道德心理
as adaptively complex 道德心理是具有适应性的复杂组合, 5—6
bio-cultural moral mind 生物–文化道德心理, 2, 58

cooperative culture and 合作文化和道德心理, 170

Darwinian explanation of 对道德心理的进化解释, 4—6

as driver of moral progress 道德心理是道德进步的驱动力, 14

evolved moral mind 进化的道德心理, 2

gene-culture co-evolution and 基因-文化共同进化和道德心理, 2

overview of 对道德心理的概述, 2—4

social institutions and 社会制度和道德心理, 166—170, 194

moral nihilism 道德虚无主义, 196

moral norms 道德规范

core moral norms 核心道德规范, 3, 93—96, 99, 161

cultural transmission of 道德规范的文化传播, 4—5, 8—9, 14, 252—253

evolution of 道德规范的进化, 84

moral exclusivity 道德排他性, 121—123

pluralism and 多元化和道德规范, 93—99

religious institutions and 宗教制度和道德规范, 155

social institutions and 社会制度和道德规范, 166—170

moral plasticity 道德可塑性, 194

moral progress 道德进步, 也参见 equality/inequality in moral progress/moral regress and inclusive/exclusive moral progress/moral regress 平等性道德进步/不平等性道德倒退和包容性道德进步/排他性道德倒退

anti-Black racism 反黑人种族主义, 185—186, 188, 207—210, 228, 230

cases of 道德进步案例, 181—182

defined 为道德进步辩护, 177, 179

evolution of 道德进步的进化, 254

human evolution and 人类进化和道德进步, 175—177

local moral progress 局部道德进步, 181—184

mechanisms of 道德进步的机制, 14, 180—181

moral inclusivity and 道德包容性和道德进步, 200—203

rational moral change 理性道德进步, 195—198

traditional ethical theory 传统伦理理论, 189—192

two kinds of 两类道德进步, 177—181, 184—189

types of 道德进步的类型, 179

moral progress theory 道德进步理论, 192—198, 250

moral psychology 道德心理学

emotions and 情感和道德心理学, 9—10, 13

history of 道德心理学的历史, 89—90

intuition in 道德心理学中的直觉, 99—103

overview of 道德心理学概述, 8—10

philosophical moral psychology 哲学道

德心理学，89
pluralist moral psychology 多元论者的道德心理学，94
moral reasoning 道德推理，也参见 reasoning 推理
    core capacity for 核心道德推理能力，3
    intuitive moral reasoning 直觉性道德推理，206
    moral consistency reasoning 道德一致性推理，13，106，118—121，205
    moral pluralism and 道德多元主义和道德推理，253
    moral progress and 道德进步和道德推理，197
    origins 起源，115—118
    social practices of 道德推理的社会实践，194
moral reciprocity 道德互惠，218—219
moral regress 道德倒退，182—184，192，201—202，203，254
morality 道德
    altruism and 利他主义和道德，34—35
    of apes 猿类的道德，19，50
morality 道德 (cont.)
    co-evolution with complex sociality and intelligence 复杂社会性与智力同道德的共同进化，7—8，106
    connection to human evolution 道德与人类进化的联系，3，7
    Darwinian cultural evolution and 达尔文式文化进化和道德，223—224
    emotional building blocks of 情感是道德的基石，261—262n.91
    emotional core of 道德情感核心，48—49
    emotions and 情感和道德，90
    evolution of 道德的进化，221
    function of 道德的功能，270n.48
    impact on reasoning 道德对推理的影响，113—115
    improvement in 道德改善，179
    institutional morality 制度道德，9，130，148，151，195
    norms and 规范和道德，63—66，71—73，81—82
    original function of 道德的功能起源，194
    religious morality 宗教道德，141—145，146—147
    second-personal morality 第二人称道德，44—45
    social institutions and 社会制度和道德，166—170
    survival morality 赖以生存的道德，252—254
multi-cellular organism evolution 多细胞生物进化，22
my-side bias 自我立场偏差，111—112

naïve normativity 纯洁规范，266n.56
narratives in institutions 制度中的故事，138—139
natural selection 自然选择
    altruism and 利他主义和自然选择，20
    cultural evolution and 文化进化和自然

选择，132
egoism and 利己主义和自然选择，51
main ingredients of 自然选择的主要因素，20
social institutions and 社会制度和自然选择，149
Neanderthals 尼安德特人，17—18，61，62，79，127—128，145—146，147
Neolithic era 新石器时代，151
neuroanatomy of human intelligence 人类智力的神经解剖特征，104
Nichols, Shaun 肖恩·尼科尔斯，88—89，91
Nisbett, Richard 理查德·尼斯贝特，168
non-ideal ethics 非理想道德，192—193
norm psychology 规范心理学，63，68，79—81，83—84，99，103，252—253
normative behavior 规范行为，266n.56
normative pluralism 规范多元主义，85—87，93—96
norms 规范
　authority norms 权威规范，154，160，161，164，194—195
　autonomy norms 自主规范，92，93，161
　bio-cultural norm psychology 生物-文化规范心理学，79—81
　conventional norms 传统规范，98—99
　core moral norms 核心道德规范，90—93
　cultural evolution and 文化进化和规范，63—66，71—73

　cultural group selection 文化群体选择，76—79
　cultural selection and 文化选择和规范，65，73，88
　culture of 规范文化，71—73
　emotions and 情感和规范，87—90
　fairness norms 公平规范，92—93，94
　functioning of 规范的功能，73—76
　gene-culture co-evolution and 基因-文化共同进化和规范，69—73
　harm norms 伤害规范，88，91
　human evolution and 人类进化和规范，61—63
　kinship norms 亲属关系规范，91，93
　morality and 道德和规范，63—66，71—73，81—82
　pluralism and 多元主义和规范，85—87，93—96
　purity norms 纯洁规范，156—157，194—195，210
　reciprocity norms 互惠规范，92
　retributive norms of fairness 公平的回报规范，94
　social learning 社会学习，66—68
　social norms 社会规范，83—84，88

Okin, Susan Moller 苏珊·莫勒·奥金，240
On the Origin of Species (Darwin)《物种起源》（达尔文），1
oppression 压迫，165—166，187，195，236，238，239，241，243，278n.28

pair bonding 配对结合，152
parenting communities 育儿团队，38—39
partner choice and trust 伙伴选择，40
partner control 伙伴控制，44
patriarchy 父权制，228—231
permissibility 许可，101
philosophical moral psychology 哲学道德心理学，89
philosophy and science 哲学和科学，12—13
Pinker, Steven 史蒂文·平克，178—179
Plato 柏拉图，116
Pleistocene era 更新世，2，7，62—63，130—131
pluralism 多元主义
    gene-culture co-evolution and 基因-文化共同进化和多元主义，85—87
    human evolution and 人类进化和多元主义，83—85
    moral norms and 道德规范和多元主义，93—99
    moral reasoning and 道德推理和多元主义，253
    normative pluralism 规范多元主义，85—87，93—96
    norms and 规范和多元主义，85—87
pluralist moral psychology 多元论者的道德心理学，94
political institutions 政治制度，150，163—166，178—179，244—246
polygamy 一夫多妻制，152，244

poverty and class inequality 贫穷和阶层不平等，237，239—240
Powell, Rachell 雷切尔·鲍威尔，179，181
practices in institutions 制度中的实践，138—139
prestige learning 声望学习，70
principle reasoning 规范推理，118—119
prisoner's dilemma 囚徒困境，40—43，262—263n.23
progress 进步，175—181，也参见 moral progress 道德进步
psychological altruism 心理利他主义，23—25，50，123
psychological egoism 心理利己主义，24
psychological hedonism 心理享乐主义，24
punishment evolution 惩罚进化，75
purity norms 纯洁规范，156—157，194—195，210
"push" case trolley problem "推人"情境下的电车难题，100—101

Quine, W. V. O. W. V. O. 奎因，114

racism/racial inequality 种族主义/种族不平等
    African chattel slavery 非洲奴隶制度，203—207
    anti-Black racism 反黑人种族主义，185—186，188，207—210，228，230
rational moral change 理性道德变革，

195—198, 202
reactive emotions 反应性情感, 37, 45—46, 55, 90
reason 推理, 89—90, 103, 106
reasoning 推理, 也参见 moral reasoning 道德推理
 collaborative reasoning 合作推理, 190—191
 consistency reasoning 一致性推理, 138
 inclusive moral progress 包容性道德进步, 121—123
 exclusivity and 排他性和推理, 121—123
 factual reasoning 事实推理, 115
 human intelligence and 人类智力和推理, 104—106
 interactive reasoning 互动推理, 111—112, 113—115, 131—132, 196, 253
 moral consistency reasoning 道德一致性推理, 13, 106, 118—121, 205
 moral scaffolding 道德撑起推理, 113—115
 principle reasoning 规范推理, 118—119
 social knowledge and 社会知识和推理, 107—109
 social reasoning and 社会性推理, 109—112
 within tribe 部族内, 144
reciprocal altruism 互惠利他主义, 22, 24, 40, 77—78
reciprocity norms 互惠规范, 92

religious institutions 宗教制度, 138—139, 150, 155—157
religious morality 宗教道德, 141—145, 146—147
resentment 怨恨, 43—46
respect 尊重, 34, 40—43, 91—92
retributive norms of fairness 公平的回报规范, 94
Richerson, Peter 彼得·理查森, 64
rituals in institutions 制度中的仪式, 138—139
role reversal 角色转换, 120—121
role segregation 角色隔离, 231

Safina, Carl 卡尔·萨芬纳, 26
saltationism 骤变论, 222
same-sex marriage/relationships 同性婚姻/关系, 167
science and philosophy 科学和哲学, 12—13
scientific institutions 科学机构, 248
second-personal morality 第二人称道德, 44—45
second-wave feminism 第二波女权浪潮, 229
segregation 隔离, 238
self-domestication process 自我驯化机制, 80—81
sexism/sexist ideology 性别歧视/性别歧视意识形态, 51, 187—188, 195
sexual abuse/assault 性暴力/性侵犯, 229—230

sexual division of reproductive labor 生殖方面的性别分工，51—52

sexual orientation discrimination 性取向歧视，201

shared intentionality 共享意向性，43—44

Sidgwick, Henry 亨利·西季威克，116

Singer, Peter 彼得·辛格，185

Slavery 奴隶，163, 185, 201, 203—207, 241—242

Smith, David Livingstone 大卫·利文斯通·史密斯，201

social adaptations 社会适应，137—138, 146—147

social brain hypothesis 社会脑假说，262n.4

social conflict 社会冲突，36—37

Social Darwinism 社会达尔文主义，10—12

social injustice 社会不公，238—243

social institutions 社会制度，9, 10, 129, 142

    economic institutions 经济制度，160—163

    family institutions 家庭制度，152—154

    human evolution and 人类进化和社会制度，149—152

    legal institutions 法律制度，165, 178—179

    military institutions 军事制度，157—160

    moral diversity of 社会制度的道德多样性，166—170

    moral mind and 道德心理和社会制度，166—170, 194

    political institutions 政治制度，150, 163—166, 178—179

    religious institutions 宗教制度，138—139, 150, 155—157

    tribes as 部族作为社会制度，129, 138—141, 142

social knowledge 社会知识，106, 107—109, 131—132, 206, 251

social learning 社会学习，66—68, 86, 132, 135

social norms 社会规范，83—84, 88

social plasticity 社会可塑性，105, 106, 108—109

social reasoning 社会性推理，109—112

social revolutions 社会革命，176

social roles 社会角色，51, 175, 186—187, 231, 237

special obligations with kinship norms 特殊义务与亲属关系规范，91

speciesism 物种歧视，218—221

Sperber, Dan 丹·斯珀伯，87—88, 109—112

stag hunts 猎鹿，32, 49, 261n.86

Sterelny, Kim 金·斯特尔尼，136

Stowe, Harriet Beecher 哈里特·比彻·斯托，204

subordination in social hierarchy 社会等级制度中的从属关系，187

survival 生存，252—254

survival of the fittest 适者生存，10—12

"switch" case trolley problem "换轨"情境下的电车难题，100—101
symbolic thought 象征性思维，146
sympathy 同情
　altruism and 利他主义和象征性思维，25—27，31—34
　in ape morality 猿类道德中的象征性思维，19—20
　in children 儿童象征性思维，27
　cultural evolution of 象征性思维的文化进化，90—91
　harm norms and 伤害规范和象征性思维，88
　for ingroup members 对内群体成员的象征性思维，51
　ingroup sympathy 内群体同情，31—34

Táíwò, Olufemi 奥卢菲米·塔瓦，242
Taleb, Nassim 纳西姆·塔勒布，222
Tasmanians 塔斯马尼亚人，141
technological revolution 技术革命，175—176，178
third-wave feminism 第三波女权浪潮，229
Tomasello, Michael 迈克尔·托马塞洛，38，39，43
traditional ethical theory 传统伦理理论，189—192
tribes 部族
　behavioral modernity and 行为现代性和部族，129—130，145—147
　collective brain and 集体大脑和部族，140
　collective brain of 部族的集体大脑，140，141
　cultural evolution and 文化进化和部族，130—135，147—148
　gender inequality in 部族中的性别不平等，239
　human evolution and 人类进化和部族，127—130，198
　Inuit peoples 因纽特人部族，140
　outsiders of 外来者，144—145
　religious institutions and 宗教制度和部族，156
　religious morality 宗教道德，141—145
　social institutions and 社会制度和部族，138—141
　Tasmanians 塔斯马尼亚人，141
trolley problems 电车难题，99—103
trust 信任
　assurance in 信任保障，261n.86
　in children 儿童间的信任，27
　human cooperation and 人类合作和信任，38—40
　importance of 信任的重要性，91—92
　moral emotions and 道德情感和信任，264n.54
　reciprocity norms and 互惠规范和信任，92

ultimatum game 最后通牒游戏，75—76，266n.61
Uncle Tom's Cabin (Stowe)《汤姆叔叔的小

屋》(斯托),204
urban revolution 城市革命,175
urbanization 城市化,169—170
utilitarianism 功利主义,190

vertical inheritance 纵向传播,67—68

Waal, Frans de 弗朗斯·德瓦尔,29—30
war/warfare 战争,201
Warneken, Felix 菲利克斯·沃内肯,43—44
Wason selection task 沃森选择任务,110—111
Wrangham, Richard 理查德·兰厄姆,7

译后记

翻译此书的缘由极为简单，2023年中，广西师范大学出版社的楼晓瑜老师向我发出邀约。虽然彼时我手上尚有很多未完成的工作，但广西师范大学出版社在我个人阅读史中所占地位实在举足轻重，余秀华的诗集、陈丹青先生与梁文道先生的杂文集、马世芳先生的乐评集、白先勇和双雪涛的小说，以及《献给阿尔吉侬的花束》《娱乐至死》《强风吹拂》《天真的人类学家》《耳语者》等一系列翻译作品都是我的案头之爱。毫不夸张地说，广西师范大学出版社是我的梦中情社。就像没有足球运动员可以拒绝皇家马德里俱乐部抛出的橄榄枝一样，面对心中的出版界女神，我实在无法说"不"，我想让自己的名字出现在印有"广西师范大学出版社"logo和字样的图书封面上，这份欲念是如此简单而纯粹。当然，就本书主题而言，它与我多年来关注的研究方向完全一致，所以我确实没有太大负担，可以在自己的舒适区中闲庭信步。

我猜测，大概没有多少人会倒着从译后记开始阅读一本书，所以我假定，此刻你已经读完了《超越猿类》全书。既然如此，想必我无须画蛇添足，再对维克多·库马尔和里奇蒙·坎贝尔两位作者的语言风格或全书脉络进行总结。

"自然的獠牙与利爪，沾满了红色的血液。"这句话出自英国诗人丁尼生1850年写的一首追悼诗,丁尼生表达了上帝之爱与大自然冷酷无情的强烈对比。他借着大自然的口说,不只个人会腐朽,物种也一样。"物种已绝灭了千千万万,我全不在乎,一切终将逝去。"九年之后,达尔文出版了他的《物种起源》。自那时起,人们常常引用丁尼生的这句诗来形容残忍的生存斗争。

在生命的竞赛中,我们都受到生存斗争的驱使,从自我利益出发,人们永远都不应该帮助竞争对手。哦,不帮助似乎还不够,为什么不给他们制造一些麻烦呢?我们是相互掠夺资源的生物,好好先生注定赢不了这场竞赛,那些牺牲自己利益来帮助他人的傻瓜肯定会被自私自利的同类打败。

可是,利他主义者明明就存在啊!我们不但会互相帮助,还会帮助陌生人,我们会为遥远山区的儿童捐款,我们会向素未谋面的受灾人民伸出援助之手。从进化论来看,利他主义者不早就应该灭绝了吗?我们为什么会为与己无关的生命谋取福利?

在艾萨克·阿西莫夫的科幻名著《永恒的终结》中,主人公安德鲁·哈伦是一个能够穿越时空的时间技师,他的工作职责是纠正过去的某些错误,将灾难扼杀在萌芽中。在一次执行任务的过程中,哈伦爱上了一个名叫诺尔的未来女人。哈伦知道,自己接下来要做的事情会导致诺尔根本无法出生。为了避免这个悲惨的命运,哈伦把诺尔藏在了一个遥远的未来时空里,在那里她可以安然无恙。后来,他对诺尔透露了自己的所作所为,并且向她承认,对于一个时空技师来说,自己的行动无疑已经构成了犯罪。诺尔既震惊又感动,她深情地询问对方:"你是为了我吗?安德鲁,是为了我吗?"他的回答是:"不,诺尔,我是为了我自己,我无法忍受没有你的日子。"

安德鲁的回答可能听起来有点油腻,但它正映射出了利他的进化谜团:有时,利他正是利己!通过两位学者在本书中的阐述,我们可以看到，忠诚、同情、信任、尊重、羞耻、互惠、自主、公平等等，这些看起来大相径庭的心理特征，竟然可以严丝合缝地相互契合，为合作这一目标而服务，而合作会带来长期收益，只有自然选择和进化才能做出如此完美的设计！在基因和文化进化的双重驱动下，人类自然而然地"为了"利己而走向利他。

然而，人类可以是最善良的物种，也可以是最邪恶的物种。我们以自我为中心，我们唯利是图，我们陶醉在自己的成功中，我们具有强烈的道德排他性与道德不平等性。进化既让人类去关怀"自己人"，又让人类去仇视"外人"，我们的良善之心也是我们的黑暗之心，这真让人感到沮丧！正如古希腊剧作家索福克勒斯在《安提戈涅》中所指出的："许多事物都既美妙又可怕，但人类尤为如此。"

面对人性的阴暗面，我们可以做些什么？忒瑞西阿斯是古希腊神话里一位底比斯的盲人先知，他因为不小心看到雅典娜洗澡而被刺瞎，后来雅典娜做出弥补，给了他预知未来的能力。但是这种能力让忒瑞西阿斯苦不堪言，因为他可以看到未来，却无力改变未来。他曾对俄狄浦斯说："拥有智慧，却无法从这种智慧中获益，没有比这更让人悲伤的事了。"如果我们只是知道人类的道德缺陷，却不去改变，便会上演同样的悲剧。

如两位作者所分析的，我们不能仅仅依靠"天生"的善心就成为更好的人，但人类是智慧生物，任何猿类都能够摘得香蕉，但是只有人类能够触摸星星。猿类在森林里生活、竞争、繁殖、死亡，这就是它们的全部故事，但人类能够探索、研究和创造。我们点燃火把、制造电力、分裂原子、编辑基因、发射火箭，更重要的是，我们不但会凝视浩瀚的宇宙苍穹，也会凝视自己的内心。事实上，二者殊途同归，我们所有的心理活动都源于神奇的大脑，而组成我们大脑的每一颗原子，都源于最初的宇宙大爆炸，它们跨越万古，漂移亿万光年，暂时被封存在我们的颅骨中，同时赋予了我们探索、求知和反思的能力。

我们可以运用理性认识世界，可以用意志来压制自己的私欲，可以用智慧来克服不正当的偏好，当我们意识到自己的行为已经步入歧途后，我们可以将自己带回正轨。所以我们缔结了国际公约，成立了许多国际组织，旨在保护全人类的普遍权利；我们建立了定额分配和多元化制度，以保证少数群体在决策中享有一定话语权；我们还积极完善社会保障体系，推行累进税率，从而尽可能实现公正与平等。

在《哈利·波特与密室》一书中，哈利·波特得知伏地魔将自己的一部分能力转移到了他的体内，所以他应该在分院时被分到斯莱特林学院。邓布利多告诉哈利，他身上确实有很多符合斯莱特林标准的素质——蛇佬腔、足智多谋、意志坚强，还有某种对法律条规的藐视，但分院帽却把他分在了格兰芬多，为什么呢？哈利一开始用心灰意冷的口气回答：“它之所以把我放在格兰芬多，只是因为我提出不去斯莱特林。”邓布利多微笑着说：“正是这样，这就使你和汤姆·里德尔大不一样了。哈利，表现我们真正的自我，是我们自己的选择，这比我们所具有的能力更重要。”

没错，我们的所作所为定义了自身。人类社会既能造就苦难，也能成就幸福，就像巴尔扎克钟爱的巴黎，是"一处充满真实痛苦与虚假欢愉的山谷"。在某种程度上，人性就是一个战场，一个不同行为选择彼此冲突和斗争的战场。

所以，准备上场吧，握紧你的理性魔杖，我们都是对抗邪恶人性的战士！

殷融

2024年6月7日

大学问，广西师范大学出版社学术图书出版品牌，以"始于问而终于明"为理念，以"守望学术的视界"为宗旨，致力于以文史哲为主体的学术图书出版，倡导以问题意识为核心，弘扬学术情怀与人文精神。品牌名取自王阳明的作品《〈大学〉问》，亦以展现学术研究与大学出版社的初心使命。我们希望：以学术出版推进学术研究，关怀历史与现实；以营销宣传推广学术研究，沟通中国与世界。

截至目前，大学问品牌已推出《现代中国的形成（1600—1949）》《中华帝国晚期的性、法律与社会》等100余种图书，涵盖思想、文化、历史、政治、法学、社会、经济等人文社会科学领域的学术作品，力图在普及大众的同时，保证其文化内蕴。

"大学问"品牌书目

大学问·学术名家作品系列
朱孝远《学史之道》
朱孝远《宗教改革与德国近代化道路》
池田知久《问道：〈老子〉思想细读》
赵冬梅《大宋之变，1063—1086》
黄宗智《中国的新型正义体系：实践与理论》
黄宗智《中国的新型小农经济：实践与理论》
黄宗智《中国的新型非正规经济：实践与理论》
夏明方《文明的"双相"：灾害与历史的缠绕》
王向远《宏观比较文学19讲》
张闻玉《铜器历日研究》
张闻玉《西周王年论稿》
谢天佑《专制主义统治下的臣民心理》
王向远《比较文学系谱学》
王向远《比较文学构造论》
刘彦君 廖奔《中外戏剧史（第三版）》
干春松《儒学的近代转型》
王瑞来《士人走向民间：宋元变革与社会转型》
罗家祥《朋党之争与北宋政治》
萧　瀚《熙丰残照：北宋中期的改革》

大学问·国文名师课系列
龚鹏程《文心雕龙讲记》
张闻玉《古代天文历法讲座》
刘　强《四书通讲》

刘　强《论语新识》
王兆鹏《唐宋词小讲》
徐晋如《国文课：中国文脉十五讲》
胡大雷《岁月忽已晚：古诗十九首里的东汉世情》
龚　斌《魏晋清谈史》

大学问·明清以来文史研究系列
周绚隆《易代：侯岐曾和他的亲友们（修订本）》
巫仁恕《劫后"天堂"：抗战沦陷后的苏州城市生活》
台静农《亡明讲史》
张艺曦《结社的艺术：16—18世纪东亚世界的文人社集》
何冠彪《生与死：明季士大夫的抉择》
李孝悌《恋恋红尘：明清江南的城市、欲望和生活》
李孝悌《琐言赘语：明清以来的文化、城市与启蒙》
孙竞昊《经营地方：明清时期济宁的士绅与社会》
范金民《明清江南商业的发展》
方志远《明代国家权力结构及运行机制》
严志雄《钱谦益的诗文、生命与身后名》
严志雄《钱谦益〈病榻消寒杂咏〉论释》
全汉昇《明清经济史讲稿》
陈宝良《清承明制：明清国家治理与社会变迁》

大学问·哲思系列
罗伯特·S.韦斯特曼《哥白尼问题：占星预言、怀疑主义与天体秩序》
罗伯特·斯特恩《黑格尔的〈精神现象学〉》
A. D. 史密斯《胡塞尔与〈笛卡尔式的沉思〉》
约翰·利皮特《克尔凯郭尔的〈恐惧与颤栗〉》
迈克尔·莫里斯《维特根斯坦与〈逻辑哲学论〉》
M. 麦金《维特根斯坦的〈哲学研究〉》
G·哈特费尔德《笛卡尔的〈第一哲学的沉思〉》
罗杰·F.库克《后电影视觉：运动影像媒介与观众的共同进化》
苏珊·沃尔夫《生活中的意义》
王　浩《从数学到哲学》
布鲁诺·拉图尔 尼古拉·张《栖居于大地之上》
何　涛《西方认识论史》
罗伯特·凯恩《当代自由意志导论》

维克多·库马尔 里奇蒙·坎贝尔《超越猿类：人类道德心理进化史》
许　煜《在机器的边界思考》

大学问·名人传记与思想系列
孙德鹏《乡下人：沈从文与近代中国（1902—1947）》
黄克武《笔醒山河：中国近代启蒙人严复》
黄克武《文字奇功：梁启超与中国学术思想的现代诠释》
王　锐《革命儒生：章太炎传》
保罗·约翰逊《苏格拉底：我们的同时代人》
方志远《何处不归鸿：苏轼传》
章开沅《凡人琐事：我的回忆》
区志坚《昌明国粹：柳诒徵及其弟子之学术》

大学问·实践社会科学系列
胡宗绮《意欲何为：清代以来刑事法律中的意图谱系》
黄宗智《实践社会科学研究指南》
黄宗智《国家与社会的二元合一》
黄宗智《华北的小农经济与社会变迁》
黄宗智《长江三角洲的小农家庭与乡村发展》
白德瑞《爪牙：清代县衙的书吏与差役》
赵刘洋《妇女、家庭与法律实践：清代以来的法律社会史》
李怀印《现代中国的形成（1600—1949）》
苏成捷《中华帝国晚期的性、法律与社会》
黄宗智《实践社会科学的方法、理论与前瞻》
黄宗智 周黎安《黄宗智对话周黎安：实践社会科学》
黄宗智《实践与理论：中国社会经济史与法律史研究》
黄宗智《经验与理论：中国社会经济与法律的实践历史研究》
黄宗智《清代的法律、社会与文化：民法的表达与实践》
黄宗智《法典、习俗与司法实践：清代与民国的比较》
黄宗智《过去和现在：中国民事法律实践的探索》
黄宗智《超越左右：实践历史与中国农村的发展》
白　凯《中国的妇女与财产（960—1949）》
陈美凤《法庭上的妇女：晚清民国的婚姻与一夫一妻制》

大学问·法律史系列
田　雷《继往以为序章：中国宪法的制度展开》

北鬼三郎《大清宪法案》
寺田浩明《清代传统法秩序》
蔡　斐《1903：上海苏报案与清末司法转型》
秦　涛《洞穴公案：中华法系的思想实验》
柯　岚《命若朝霜：〈红楼梦〉里的法律、社会与女性》

大学问·桂子山史学丛书
张固也《先秦诸子与简帛研究》
田　彤《生产关系、社会结构与阶级：民国时期劳资关系研究》
承红磊《"社会"的发现：晚清民初"社会"概念研究》

大学问·中国女性史研究系列
游鉴明《运动场内外：近代江南的女子体育（1895—1937）》

其他重点单品
郑荣华《城市的兴衰：基于经济、社会、制度的逻辑》
郑荣华《经济的兴衰：基于地缘经济、城市增长、产业转型的研究》
拉里·西登托普《发明个体：人在古典时代与中世纪的地位》
玛吉·伯格等《慢教授》
菲利普·范·帕里斯等《全民基本收入：实现自由社会与健全经济的方案》
王　锐《中国现代思想史十讲》
王　锐《韶响难追：近代的思想、学术与社会》
简·赫斯菲尔德《十扇窗：伟大的诗歌如何改变世界》
屈小玲《晚清西南社会与近代变迁：法国人来华考察笔记研究（1892—1910）》
徐鼎鼎《春秋时期齐、卫、晋、秦交通路线考论》
苏俊林《身份与秩序：走马楼吴简中的孙吴基层社会》
周玉波《庶民之声：近现代民歌与社会文化嬗递》
蔡万进等《里耶秦简编年考证（第一卷）》
张　城《文明与革命：中国道路的内生性逻辑》
洪朝辉《适度经济学导论》
李竞恒《爱有差等：先秦儒家与华夏制度文明的构建》
傅　正《从东方到中亚——19世纪的英俄"冷战"（1821—1907）》
俞　江《〈周官〉与周制：东亚早期的疆域国家》
马嘉鸿《批判的武器：罗莎·卢森堡与同时代思想者的论争》
李怀印《中国的现代化：1850年以来的历史轨迹》
葛希芝《中国"马达"："小资本主义"一千年（960—1949）》